식용유지제품의 지식

(Knowledge of Edible Fat & Oil Products)

손 종 연 저

도서출판 진 로

머 리 말

이 책은 근래 식생활의 서구화에 따라 지방의 섭취가 증가하고 있는 실정에서, 식용유지 및 가공유지제품에 대한 올바른 이해와 기초 지식을 제공할 목적으로 집필하였다. 또한, 대학에서 유지관련 분야를 공부하려는 학생의 교재나 유지의 생산, 판매관련 분야의 종사자들의 참고서로서 쉽게 활용할 수 있도록 저술하고자 노력하였다.

책의 내용은 우선 식용유지의 기본적인 성질 등을 화학적 기초에 중점을 두어 설명하였고, 이어 유지의 제조, 2차 가공유지제품 등 식품 가공학적 입장에서의 응용분야를 포함시켰다.

또한 식용유지는 효율적인 에너지원인 동시에 필수지방산과 지용성 비타민의 공급원으로써 중요한 3대 영양소 중의 하나이지만, 과잉의 유지섭취는 비만, 동맥경화, 심장질환 등을 유발할 수 있으며, 현재 식품 중의 총 지방, 포화지방, 콜레스테롤의 함유량 표시가 의무화되어 있는 것도 이러한 이유 때문이다.

한편, 이와 같은 질병은 약이 아닌 기능성 물질로 예방 또는 개선하고자 하는 사회적 인식이 높아지고 있다.

따라서 유지의 생체내의 흡수, 대사, 질병이나 노화 등의 영양생리학적 관점에서의 유지를 추가 설명하고, 또 최근 주목받고 있는 지방대체품 및 기능성 유지 등에 대해서도 설명하였다.

화학에 대한 소견이 없는 사람이라도 알 수 있도록 가능한 한 쉽게 설명하였으며, 보다 많은 최신의 지식을 실생활에 적용할 수 있도록 서술하고자 노력하였다. 그림이나 표 중의 화학반응부분에는 화학구조식아래에 화학물질의 이름을 병기하여, 화학에 친근감이 없더라도 유지에 관한 전반적인 사항을 알기 쉽게 하고자 하였다.

내용에 혹시 잘못 서술된 내용이나 독단적인 견해가 들어 있을지도 모른다. 독자 여러분의 넓은 관용과 충고를 바라는 바이다.

끝으로 본서를 출판해 주신 도서출판 진로의 임종철사장님께 깊은 사의를 표하는 바이다.

2014년 7월

저자 **손 종 연**

차 례

2장. 식용유지의 제조

3장. 식용유지의 가공기술과 이용

4장. 가공유지제품

6장. 식용유지와 조리 · 튀김

7장. 식용유지와 영양

8장. 식용유지와 건강

1장. 유지(油脂)

1.1. 유지의 정의

기름이라는 말은 일상적으로 막연하게 사용되며, 보통 상온에서 점성을 갖는 것, 물과 섞이지 않고, 물보다 가벼운 것을 말한다.

또한, 기름이라고 하면 콩기름, 참기름과 같은 식물성기름, 돈지, 우지, 버터 등의 동물성 기름, 석유, 휘발유 등의 광물성 기름을 모두 포함하는 것이 일반적이다.

그러나 동물성, 식물성기름은 광물성기름과 화학적으로 전혀 다르다. 동물성, 식물성기름은 섭취하면 소화, 흡수되어 영양원으로 이용할 수 있지만, 광물성기름은 전혀 이용할 수 없을 뿐만 아니라, 유해하다.

이 때문에 동물성이나 식물성기름은 유지(油脂, fat and oil), 광물성기름은 광물유로 구분한다.

유지는 편의상 상온에서 액상인 기름을 유(油), 고체인 기름을 지방(脂肪)이라고 한다. 동물성유지의 대부분이 지방이며, 대표적인 것으로 우유지방인 유지방(乳脂肪)이 있다.

1.2. 유지의 구조

유지는 글리세롤 1개와 지방산 3개가 결합한 에스터화합물이며, 중성지질이라고도 한다. 또한, 정식명은 트리아실글리세롤(triacyl glycerol)이며, 일반명은 트리글리세라이드(triglyceride)이다.

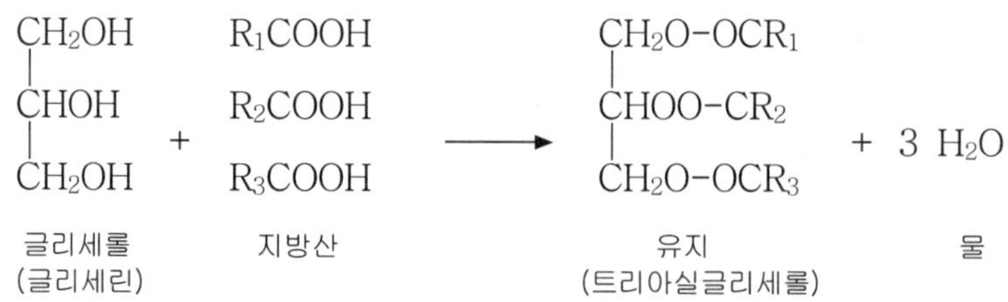

R_1, R_2, R_3는 알킬기(CH_3CH_2..........CH_2-)를 말한다.

[그림 1-1] 유지의 화학 구조

모노글리세라이드, 다이글리세라이드 : 대부분의 식용유는 트리글리세라이드형태로 존재하지만, 일부는 모노글리세라이드, 다이글리세라이드 형태로 존재한다.

모노글리세라이드와 다이글리세라이드는 분자 내에 친유성 그룹인 지방산과 친수성그룹인 수산기(-OH)를 모두 갖고 있어 식품유화제로 널리 이용된다.

[그림 1-2] 모노글리세라이드와 다이글리세라이드의 화학 구조

1.3. 유지를 구성하는 지방산

유지를 가수분해하여 얻어지는 모노카복실산(monocarboxylic acid), 즉 탄화수소 말단에 카복실기(-COOH)를 갖는 화합물(탄소 수 4개 이상)을 지방산(fatty acid)이라고 한다.

지방산의 탄소 수는 카복실기의 탄소를 포함하여 나타낸다. 예를 들어, 부티르산($CH_3CH_2CH_2COOH$)의 탄소 수는 4개(C 4:0)로 나타낸다.

1. 포화지방산, 불포화지방산

지방산의 탄화수소부분에 이중결합이 있는 것을 불포화지방산, 이중결합이 없는 것을 포화지방산이라고 한다.

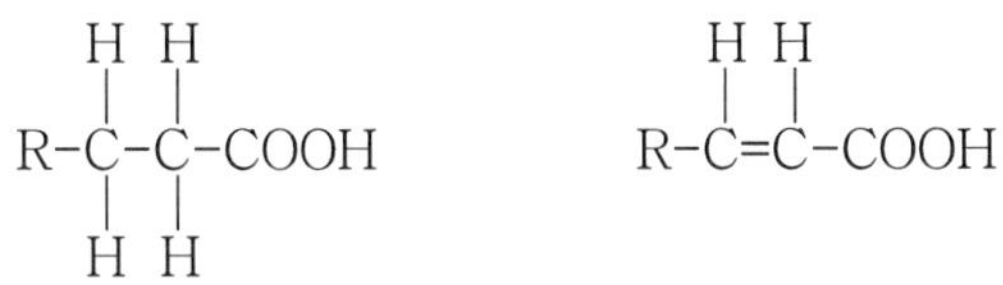

포화지방산 불포화지방산

[그림 1-2] 포화지방산과 불포화지방산

1) 포화지방산의 성질

포화지방산은 화학적으로 안정하며, 고체지방성분으로 많이 함유되어 있다. 포화지방산은 분자량이 증가함에 따라 탄화수소 부분(비극성)이 많아지기 때문에 물에 녹기 어려워진다. 천연에 존재하는 지방산은 대부분 탄소 수가 4~30개이고, 홀수의 탄소수를 갖는 지방산은 극히 적고, 대부분 짝수의 탄소수를 갖는다.

포화지방산은 탄소수가 많을수록 융점이 높으며, 탄소 10개 이하의 포화지방산은 실온에서 휘발성이며 액체이고, 탄소 12개 이상은 고체이다.

[표 1-1] 주요 포화지방산과 융점

관용명	탄소수: 이중결합수	(IUPAC 통칭)	융점
부티르산 (butyric acid)	C 4:0	부타노산 (butanoic acid)	-7.9
카프로산 (caproic acid)	C 6:0	헥사노산 (hexanoic acid)	-3.4
카프릴산 (caprylic acid)	C 8:0	옥타노산 (octanoic acid)	16.7
카프르산 (capric acid)	C 10:0	데카노산 (decanoic acid)	31.6
라우르산 (lauric acid)	C 12:0	도데카노산 (dodecanoic acid)	44.2
미리스트산 (myristic acid)	C 14:0	테트라데카노산 (tetradecanoic acid)	53.9

카프로산(caproic acid), 카프릴산(caprylic acid)은 염소(라틴어-caper)의 불쾌한 냄새가 나는 지방산이란 의미에서 유래

[표 1-1] 계속

관용명	탄소수: 이중결합수	(IUPAC 통칭)	융점
팔미트산 (palmitic acid)	C 16:0	헥사데카노산 (hexadecanoic acid)	63.1
스테아르산 (stearic acid)	C 18:0	옥타데카노산 (octadecanoic acid)	69.6
아라키드산 (arachidic acid)	C 20:0	에코사노산 (eicosanoic acid)	75.3
베헨산 (vehenic acid)	C 22:0	도코사노산 (docosanoic acid)	79.9
리그노세르산 (lignoceric acid)	C 24:0	테트라코사노산 (tetracosanoic acid)	84.2
세로트산 (cerotic acid)	C 26:0	헥사코사노산 (hexacosanoic acid)	87.7

2) 불포화지방산의 성질

불포화지방산은 1분자 중에 1~7개의 이중결합을 가지며, 포화지방산에 비해 화학적으로 불안정하여 융점도 낮아 액체로 존재한다.

대부분의 동식물성 유지에는 탄소 수 18개 이하, 이중결합 수는 3개 이하의 것이 대부분이다.

올레산은 이중결합을 1개(C 18:1), 리놀레산은 이중결합을 2개(C 18:2), 리놀렌산(C 18:3)은 이중결합을 3개 갖으며, 이 중 올레산과 리놀레산은 동식물성 유지에 널리 존재하는 대표적인 불포화지방산이다. 한편, 이중결합 4~6개의 고도불포화지방산은 어유 중에 존재한다.

불포화지방산은 생리적, 영양학적으로 포화지방산보다 중요한 의미를 갖는다.

[표 1-2] 주요 불포화지방산과 융점

관용명	탄소수: 이중결합수	IUPAC 통칭	융점
일가 불포화 지방산			
미리스트올레산 (myristoleic acid)	C 14:1	cis-9-테트라데세노산 (cis-9-tetradecenoic acid)	
팔미트올레산 (palmitoleic acid)	C 16:1	cis-9-헥사데세노산 (cis-9-tetradecenoic acid)	2.0
올레산 (oleic acid)	C 18:1(n-9)	cis-9-옥타데세노산 (cis-9-octadecenoic acid)	13.0

[표 1-2] 계속

관용명	탄소수: 이중결합수	IUPAC 통칭	융점
엘라이드산 (elaidic acid)	C 18:1	trans-9-옥타데세노산 (trans-9-octadecenoic acid)	46.5
에루스산 (erucic acid)	C 22:1	cis-13-도코세노산 (cis-13-docosenoic acid)	33.5
다가불포화지방산			
리놀레산 (linoleic acid)	C 18:2(n-6)	9,12-옥타데카다이에노산 (9,12-octadecadienoic acid)	-5.8
α-리놀렌산 (α-linolenic acid)	C 18:3(n-3)	9,12,15-옥타데카트리에노산 (9,12,15-octadecatrienoic acid)	-11.0
γ-리놀렌산 (γ-linolenic acid)	C 18:3(n-6)	6,9,12-옥타데카트리에노산 (6,9,12-octadecatrienoic acid)	
아라키돈산 (arachidonic acid)	C 20:4(n-6)	5,8,11,14-에이코사테트라에노산 (5,8,11,14-eicosatetraenoic acid)	-49.5
EPA (에이코사펜타엔산)	C 20:5(n-3)	5,8,11,14,17-에이코사펜타에노산 (5,8,11,14,17-eicosapentaenoic acid)	
DHA (도코사헥사엔산)	C 22:6(n-3)	4,7,10,13,16,19-도코사헥사에노산 4,7,10,13,16,19-docosahexaenoic acid	

3) 고도불포화지방산(polyunsaturated fatty acid, PUFA)

불포화지방산 중에서 2개 이상의 이중결합을 갖는 것을 고도불포화지방산 또는 다가불포화지방산이라고 한다.

2. 단쇄, 중쇄, 장쇄지방산

탄소수가 적은 지방산, 즉 탄소 수 6개 이하의 지방산을 단쇄지방산(short chain fatty acid) 또는 저급지방산이라고 하며, 탄소 수 8~12개의 지방산을 중쇄지방산(medium chain fatty acid, 중급지방산)이라고 한다.

또 탄소 수 14개 이상의 지방산을 장쇄지방산(long chain fatty acid) 또는 고급지방산이라고 한다.

따라서 유지 중에 저급지방산이 많으면 유지의 융점이 낮아지고, 고급지방산이 많으면 유지의 융점도 높아진다.

3. 시스 및 트랜스지방산

불포화지방산은 1개의 이중결합에 대해 입체적으로 다른 2 종류의 기하이성체가 존재할 수 있다. 이 중에서 이중결합에 붙어 있는 수소가 같은 방향으로 있는 것을 시스(cis) 지방산이라고 하며, 서로 반대쪽으로 있는 것을 트랜스(trans) 지방산이라고 한다.

유지를 구성하고 있는 천연 지방산은 모두 시스형이다.

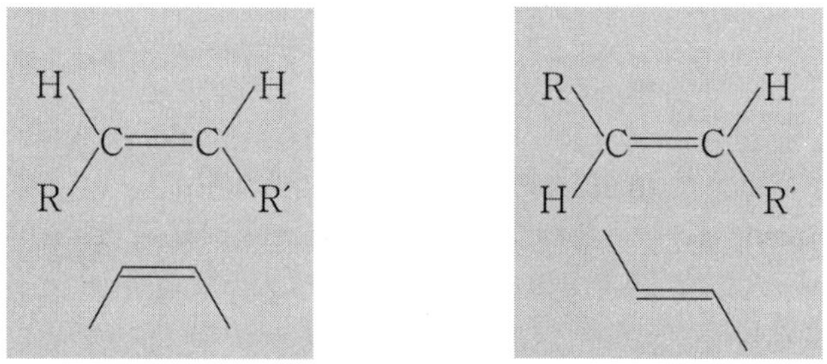

시스형　　　　트랜스형

[그림 1-4] 시스형과 트랜스형 지방산

1) 올레산 - 엘라이드산의 이성화

같은 탄소 수 18개, 이중결합 1개의 지방산이라도 올레산은 시스형이고, 엘라이드산(elaidic acid)는 트랜스형이다. 일반적으로 시스 지방산보다는 트

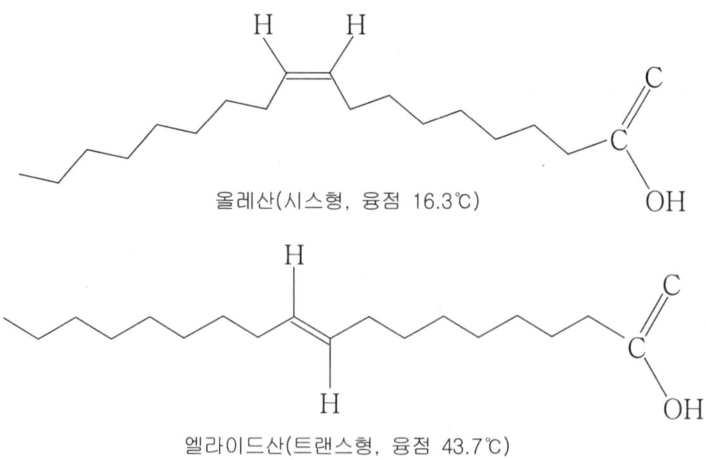

[그림 1-5] 올레산(시스형)과 엘라이드산(트랜스형)의 구조 및 융점

랜스지방산의 융점이 높다. 따라서 시스지방산인 올레산의 융점은 16.3℃으로 상온에서 액상을 나타내는 반면, 엘라이드산의 융점은 43.7℃으로 상온에서 고체상을 나타낸다.

2) 가공, 조리 중의 트랜스지방산의 형성

유지를 구성하는 지방산은 모두 시스지방산이지만, 고온에서 가열하거나 경화유 제조과정 중에 일부가 트랜스지방산으로 전환된다.

시스에서 트랜스지방산으로의 전환은 활성에너지를 얻어 전이상태를 거쳐야만 가능하다. 이러한 에너지는 가열에 의해 쉽게 공급될 수 있다.

따라서 트랜스지방산은 고온에서 조리되는 튀김식품(도넛, 포테이토칩, 후라이드 치킨 등)에 많이 함유되어 있다. 배전참기름에도 트랜스지방산(약 0.2 g/100g)이 함유되어 있다. 이는 가열하지 않고 압착하여 추출하는 올리브유와 달리, 참기름은 고온에서 볶은 후 압착하여 추출하기 때문에 트랜스지방산이 생성되는 것이다.

또한 트랜스지방산은 경화유(수소첨가유)의 제조과정 중에서도 생성된다.

3) 트랜스지방산과 심장질환

트랜스 지방산을 지속적으로 과잉섭취하면, 혈중의 LDL 콜레스테롤의 증가 및 HDL 콜레스테롤의 감소로 인하여 심장질환이나, 비만을 유발할 수 있다. 최근, 각종 암과 당뇨병 등의 발병 원인과의 관련성이 밝혀지고 있어, 섭취에 주의해야 한다.

트랜스지방산을 1일 5 g 섭취할 때 심장질환의 발병 가능성이 25% 증가하며, 포화지방산을 5 g 섭취하면 2% 증가한다는 연구보고도 있다.

4) 혈중 콜레스테롤의 농도와 포화지방산, 트랜스 지방산과의 관계

Perdersen JI의 혈중 콜레스테롤 농도에 미치는 식이 지방산의 영향 예측식을 보면,

$$\Delta \text{ 총 콜레스테롤(mmol/L)} = 0.01\Delta C\ 12{:}0 + 0.12\Delta C\ 14{:}0 + \underline{0.057\Delta\ C16{:}0} + 0.039\Delta transF + 0.031\Delta trans\ V - 0.0044\Delta C\ 18{:}1 - 0.017\Delta(C\ 18{:}2,\ C\ 18{:}3)$$

* trans F는 경화어유, trans V는 부분수소첨가 경화유

여기에서 팔미트산(C 16:0)의 섭취는 트랜스지방산 섭취이상의 혈중 콜레스테롤 상승에 기여하는 것을 알 수 있다. 특히, 경화유를 식물성유지인 팜유로 대체하는 경우가 있지만, 팜유에는 팔미트산이 40% 정도 함유되어 있다.

따라서 트랜스지방산의 함량을 줄이는 방안으로 포화지방산의 함량이 높은 유지로 대체하는 것은 바람직한 방법이라고 할 수 없다.

5) 트랜스지방의 섭취량

세계보건기구(WHO)는 1일 섭취량 2~3 g, 1일 섭취량 에너지의 1% 이내로 섭취할 것을 권고하고 있다. 예를 들어, 성인의 경우, 하루 평균 2,000 kcal의 열량을 섭취한다면, 2.2 g 이하, 어린이는 1,800 kcal로 2.0 g 이하의 트랜스지방을 섭취해야 한다.

현재 우리나라에서도 모든 식품에 트랜스지방산함량 표시를 의무화하고, 식품 중의 허용량과 권장량을 제시하고 있다.

트랜스지방의 섭취를 줄이려면 경화유로 만들어진 식품, 특히, 경화유로 만들어진 마가린, 냉동피자, 전자레인지용 팝콘, 파이, 과자 등의 섭취를 줄이고, 튀김식품의 섭취를 줄이는 것이 좋다.

또한 생산자 입장에서는, 트랜스지방산 함량이 적은 경화유의 제조, 경화유의 대체유지 사용 등의 방안을 모색하여야 한다.

근래에는 무트랜스지방의 마가린, 전자레인지용 팝콘 등이 시판되고 있다.

[표 1-3] 일부 식품 중의 트랜스지방 함량(2006년 식약청 자료)

식 품	트랜스지방 함량(g/100g)	
	2005년	2006년
비스킷/초콜릿가공품	3.0	1.8
스 낵	0.9	0.5
감자튀김	3.8	2.0
치 킨	1.4	0.2

6) 트랜스지방 제로 식품

미국식품의약국(FDA, Food and Drug Administration)에 따르면, 트랜스지방의 함량이 가공식품 30 g당 0.5 g 미만인 경우 트랜스지방 제로로 표기할 수 있다. 우리나라의 식약청(식품의약품안전청, KFDA)에 따르면 0.2 g 미만인 경우, 트랜스지방 제로로 표기할 수 있다.

4. 그 외의 지방산

1) 삼중결합을 갖는 지방산

불포화지방산은 보통 이중결합을 갖고 있지만, 매우 특수한 예로 삼중결합을 가진 지방산도 있다. 대표적인 것이 타리르산(tariric acid)이다. 식용유지에는 거의 존재하지 않는다.

$$CH_3-(CH_2)_{10}-C\equiv C-(CH_2)_4-COOH$$

타리르산(tariric acid)

2) 수산기를 가진 지방산

리시놀레산(ricinoleic acid)은 수산기(-OH기)를 갖는 대표적인 것으로, 올레산의 12번째 탄소에 수산기(-OH)가 붙어 있는 지방산이다.

$$CH_3(CH_2)_5\underset{|}{\overset{OH}{C}}H-CH_2-CH=CH-(CH_2)_7COOH$$

리시놀레산(ricinoleic acid, 12-hydroxy-9-octadecenoic acid)의 구조

수산기를 가진 지방산은 자연에 존재하는 식용유지 중에는 거의 없고, 유지가 산화될 때 형성된다.

그러나 피마자유(castor oil, 아주까리기름)에는 리시놀레산이 약 95%정도 함유되어 있다.

이 수산기 때문에 피마자유는 다른 기름과 달리 에탄올에 녹고, 석유에테르에는 녹지 않는 유일한 기름이다. 또한 점도도 다른 유지 중에서 가장 크다.

식용보다는 윤활제 등의 공업용으로 사용되고 있다. 식품첨가물로는 캔디류의 이형제 및 정제류의 코팅제 이외의 용도로 사용해서는 안된다. 단, 이형제로 사용한 경우, 피마자유의 사용량은 캔디류 1 kg에 대하여 0.5 g 이하이어야 한다.

3) 공액지방산(conjugated fatty acid)

공액지방산은 분자 내에 공액 이중결합을 갖는 불포화지방산을 말한다. 공액 이중결합이란 지방산의 이중결합이 단일결합 1개를 사이에 두고 일정하게 배열해 있는 형태를 말한다.

공액지방산은 비공액 지방산보다 산화, 중합반응이 빠르기 때문에, 건조되기 쉬운 특징을 갖고 있다.

엘레오스테아르산(eleostearic acid)은 대표적인 공액지방산이다. 즉, 리놀렌산(C 18:3)의 이중결합은 카복실기로부터 9, 12, 15번째에 이중결합이 있는 반면, 엘레오스테아르산은 9, 11, 13번째 탄소에 이중결합이 있다.

18 17 16 15 14 13 12 11 10 9 8 7 6 5 4 3 2 1

CH_3-C-C=C-C-C=C-C-C=C-C-C-C-C-C-C-C-COOH

리놀렌산(비공액 지방산)

CH_3-C-C-C-C=C-C=C-C=C-C-C-C-C-C-C-C-COOH

엘레오스테아르산(공액 지방산)

[그림 1-6] 리놀렌산과 엘레오스테아르산의 화학구조

동유(桐油, tung oil) : 유동(기름오동나무)씨에서 짠 건성기름. 식용으로 사용되지 않지만 도료로 널리 사용.

천연유지들은 대부분 비공액 이중결합의 형태로 존재하고 있지만, 동유(桐油, tung oil)에는 85% 정도의 엘레오스테아르산이 함유되어 있으며, 이 때문에 동유는 건조성이 매우 크며, 도료용 유지로 사용된다.

5. 불포화지방산의 이중결합 위치표시법

불포화지방산의 이중결합 위치는 ① 카복실기로부터 첫 번째 탄소로부터 번호를 붙여 나타내는 방법과 ② 메틸기로부터 번호를 붙여 나타내는 방법이 있다.

1) 카복실기로부터 이중결합 위치표시법

리놀레산, 리놀렌산의 경우(그림 1-7), 리놀레산은 카복실기의 탄소를 1번으로 했을 때, 9, 10번 사이와 12, 13번 사이에 이중 결합이 있기 때문에, 리놀레산은 9와 12번에 이중결합을 갖는다(Δ9,12)라고 표시한다.

또한 리놀렌산의 경우, 9, 12, 15번에 이중결합을 갖는다((Δ9,12,15)라고 표시한다.

```
     18    17 16 15 14 13 12 11 10  9  8  7  6  5  4  3  2  1
    CH3-C-C-C-C-C=C-C-C=C-C-C-C-C-C-C-C-COOH
 n-1        2  3  4  5  6  7  8  9
```

공식명칭 : cis-9, cis-12-octadecadienoic acid

일반명칭 : 리놀레산

기　　타 : 1) Δ9, 12-리놀레산
　　　　　2) C 18:2, 9, 12-리놀레산
　　　　　3) n-6계(ω-6계) 리놀레산

탄소 18개 지방산	불포화도	메틸기로부터의 이중결합 위치	카복실기로부터의 이중결합 위치
스테아르산	0	-	-
올 레 산	1	n-9	10 9 -C=C-
리놀레산	2	n-6	13 12　　10 9 -C=C-, -C=C-
리놀렌산	3	n-3	16 15　　13 12　　10 9 -C=C-, -C=C-, -C=C-

[그림 1-7] 불포화지방산의 위치 표시법

2) 메틸기로부터 이중결합의 위치표시법

카복실기의 반대쪽의 탄소(그림 1-7)에서 가장 좌측의 메틸기를 1번째의 탄소로 세는 방법으로, 이때는 'n(또는 ω)'을 붙인다.

리놀레산에서는 메틸기로부터 세어 6과 7사이에 최초의 이중결합이 있기 때문에, 리놀레산은 n-6(ω-6)계 지방산이라고 한다. 리놀렌산은 메틸기의 탄소를 1번으로 했을 때, 3, 4번 사이에 최초의 이중결합이 있으므로, n-3(ω-3)계 지방산이 된다. 또한 올레산은 9, 10번 사이에 이중결합이 있기 때문에, n-9(ω-9)계 지방산이 된다.

예를 들어, 아라키돈산(이중결합위치: 5, 8, 11, 14)의 경우, 에이코사(20)는 탄소수를 나타내고, 테트라(4)는 이중결합의 수를 나타낸다. 그리고 탄소 14와 15사이에 이중결합을 갖고 있기 때문에 n-6계가 된다.

또, EPA(C 20:5)는 에이코사(eicosa, 탄소수 20), 펜타엔(pentaen, 이중결합 5)이고, 그 위치는 5, 8, 11, 14, 17이기 때문에 n-3형이다.

n-3계 지방산 :
α-리놀렌산, EPA, DHA

n-6계 지방산 :
리놀레산, γ-리놀렌산, 아라키돈산

n-9계 지방산 :
올레산

DHA는 탄소수 22(docosa), 이중결합수 6(hexaen, 이중결합위치 4, 7, 10, 13, 16, 19)이므로 n-3계에 해당한다.

6. 지방산의 명명법(IUPAC 명명법)

알칸계 탄화수소 :
methane(C_1)
ethane(C_2)
propane(C_3)
butane(C_4)

① 포화지방산은 알칸계 탄화수소 이름의 어미 -e를 -oic으로 고쳐 acid를 붙인다.

예) hexane(C_6) ⟶ hexanoic acid
Octane(C_8) ⟶ octanoic acid

[표 1-4] 화학명을 쓸 때의 수사접두어

수	명 칭	수	명 칭	수	명 칭
1	mono	11	undeca	21	heneicosa
2	di	12	dodeca	22	docosa
3	tri	13	trideca	23	tricosa
4	tetra	14	tetradeca	24	tetracosa
5	penta	15	pentadeca	25	pentacosa
6	hexa	16	hexadeca	26	hexacosa
7	hepta	17	heptadeca	27	heptacosa
8	octa	18	octadeca	28	octacosa
9	nona	19	nonadeca	29	nonacosa
10	deca	20	eicosa	30	triaconta

EPA :
EicosaPentaenoic Acid
DHA :
DocosaHexaenoic Acid

② 불포화지방산은 이중결합이 1개일 경우, 어미 -ane를 -enoic으로, 2개 이상일 경우, 어미 -ne를 dienoic(2개), trienoic(3개), tetraenoic(4개), pentaenoic(5개), hexaenoic(6개)으로 고치고 acid를 붙인다.

예 1) 올레산 $CH_3(CH_2)_7\overset{9}{C}H=\overset{8}{C}H(CH_2)_7\overset{1}{C}OOH$
9-octadecenoic acid

예 2) 리놀레산 $CH_3(CH_2)_4\overset{13}{C}H=\overset{12}{C}H-CH_2-\overset{10}{C}H=\overset{9}{C}H(\overset{8}{C}H_2)_7\overset{1}{C}OOH$
9,12-octadecadienoic acid

1.4. 유지의 특성

유지를 구성하고 있는 지방산은 전체의 95%를 차지하고, 결국 유지의 물성과 화학적 성질은 지방산에 의해 크게 영향을 받는다. 이 때문에 유지에 결합하는 지방산의 종류, 비율, 결합위치의 차이에 따라 그 성질이 달라진다.

1. 지방산조성과 융점

식용유지는 많은 글리세라이드로 구성되어 있다. 예를 들어, 한 유지의 구성 지방산이 2개라고 가정하면, 트리글리세라이드의 수는 6개가 된다. 구성지방산이 10개인 경우의 트리글리세라이드의 수는 550개가 된다.

구성지방산의 수 n이라고 할 때 가능한 트리글리세라이드의 수 N은 다음 식에 의해 나타낼 수 있다.

$$N = 1/2(n^3 + n^2)$$

이와 같이 유지는 융점이 다른 여러 지방산으로 구성되어 있기 때문에 일정한 융점을 갖고 있지 않다. 즉, 유지는 다른 순수한 유기화합물처럼 일정 온도에서 한번에 녹지 못하고, 서서히 액상으로 변하게 된다.

그러나 전체적으로 불포화지방산보다 포화지방산을 많이 함유하거나 단쇄지방산보다는 장쇄지방산을 많이 함유한 유지의 융점이 높다.

2. 글리세라이드 조성과 융점

구성지방산이 같더라도 글리세롤에 결합하는 지방산의 구성배열이 다르면, 그 융점은 달라진다. 예를 들면, 카카오버터는 사슴, 양, 소 등의 지방산 조성과 매우 유사하지만, 이들 지방보다 융점이 낮고, 물리적 성질도 다르다. 즉, 카카오버터의 융점은 33℃ 부근인 반면, 양기름의 융점은 44~47℃로 상당히 다르다. 그 이유는 양기름은 융점이 다른 많은 종류의 트리글리세라이드로 구성된 반면, 카카오버터는 같은 트리글리세라이드를 약 80% 정도 함유하고 있기 때문이다.

이와 같이 유지의 융점은 지방산 조성뿐만 아니라, 글리세롤에 대한 지방산의 결합위치에 따라서도 좌우된다.

[표 1-5] 일부 동식물성 유지의 지방산 조성 및 융점

	팔미트산	스테아르산	올레산	리놀레산	융점(℃)
카카오버터	24	35	38	2	30~36
사슴기름	24	31	36	2	
양기름	27	27	35	2	44~55
우 지	30	25	36	1	40~50

3. 동질다형현상(polymorphism)

유지는 동질다형현상이라는 특이한 성질을 갖고 있다. 즉, 유지는 온도처리에 따라 2개 이상의 결정구조를 가지며, 결정형태에 따라 각각 다른 융점을 나타낸다. 이러한 현상을 동질다형현상이라고 한다.

유지의 결정구조는 무정형(γ형) α, β형의 3가지 형태로 존재하거나 무정형(γ형) α, β', β형의 4가지 형태로 존재한다.

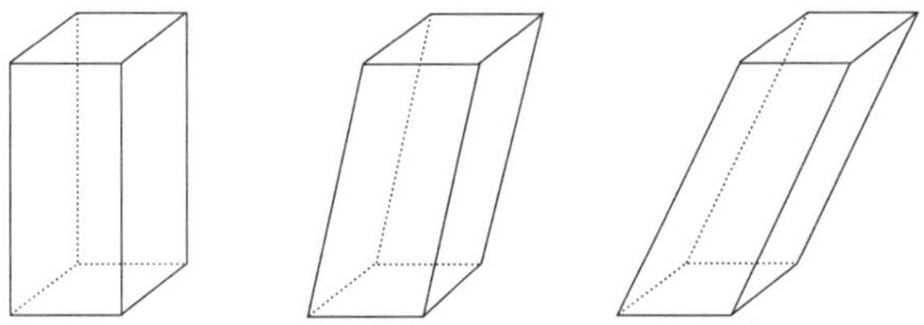

[그림 1-5] 유지의 α형, β형 및 β'형 결정구조

보통 유지를 가열한 후 급냉하면 α형 결정이 얻어진다. α형 결정을 다시 가열한 후 냉각하면 β'형이 된다. β'형 결정을 다시 가열하여 냉각하면 β형 결정이 된다.

이중에서 β형 결정이 가장 안정하고, 융점도 높다. 일단 안정한 결정으로 전이되면, 유지의 α형→ β'형 → 중간형 → β형 결정으로의 전이는 불가역적으로 되어 다시 온도를 올려도 원래의 결정구조로 돌아가지 않는다.

각 결정은 동일물질이면서 융점이 다르며, 이 중에서 β형은 가장 안정하고 융점이 높은 결정형이다.

유지 결정구조의 안정성 : α < β' < β

예를 들어, 트리스테아린(tristearin)을 가열하여 녹인 후 냉각하면 무정형(γ형)이 된다(표 1-6). 이 γ형을 다시 가열하면 54.5℃에서 녹고, 냉각하면 분자들이 재배치되어 α형 결정을 갖는다. α형을 다시 가열하면 65.0℃에서 녹고, 냉각하면 β형 결정을 만든다. 이 β형의 결정을 가열하면 72℃에서 녹고, 냉각하면 다시 무정형(γ형)으로 되돌아간다.

[표 1-6] 각종 단순트리글리세라이드의
동질다형현상에 의해 생기는 무정형과 결정형의 융점

트리글리세라이드의 종류	무정형 (γ형)(℃)	α형 결정 (℃)	β′형 결정 (℃)	β형 결정 (℃)
트리카프린(tricaprin, $C_{10:0}$)	−15	18	−	31.5
트리라우린(trilaurin, $C_{12:0}$)	15	35	−	46.4
트리미리스틴(trimyristin, $C_{14:0}$)	33	46.5	54.5	57
트리팔미틴(tripalmitin, $C_{16:0}$)	45	56	63.5	65.5
트리스테아린(tristearin, $C_{18:0}$)	54.5	65	−	72
트리올레인(triolein, $C_{18:1}$)	−32	−12	−	4.9
트리엘라이딘(trielaidin, $C_{18:1}$)	15.5	37	−	42
트리에루신(trieucin, $C_{22:1}$)	6	25	−	30

유지의 결정구조과 성질 : 유지의 결정구조에 따라 유지의 성질이 달라진다(표 1-7). α형 결정은 불안전하고, β′형 결정은 1 μm 정도의 미세한 결정으로 부드러운 성질을 나타낸다. β형 결정은 25~30 μm의 큰 결정으로 거친 성질을 나타낸다.

[표 1-7] 유지의 결정성과 성질

결정형 크기(μ)	α 5	β′ 1 이하	Intermediate 3~5	β 20~30
성 질	불안전 β형으로 전이	미세기포를 다량 함유 결이 곱다	집합하여 덩어리를 형성	큰 기포를 소량 함유 결이 거칠다
제과특성		크림성 우수 쇼트닝성 우수	크림성 양호 쇼트닝성 양호	크림성 양호 쇼트닝성 불량
유지원료	−	우지, 면실유, 팜유 라드(랜덤형 에스터교환)	대두극도 경화유	대두유, 홍화유, 야자유, 팜핵유의 극도경화유, 라드
용 도	−	버터케이크, 버터크림, 쿠키, 비스킷	버터, 쿠키, 샌드크림, 스프레드유지	파이크러스트, 초콜릿

일반적으로 마가린, 쇼트닝 등의 경우에는 β'형 결정이 많을수록 조직이 부드럽고 품질이 좋다. 특히 버터크림과 같이 크림성을 요구하는 경우에 가장 적합하다. 여러 사슬길이의 지방산으로 된 유지는 β'형에서 안정한 경향이 있고, 이러한 유지로는 면실경화유, 팜유, 우지, 버터, 경화어유 등이 있다.

또한 β형 결정은 단단하고, 입경도 큰 결정이 되어 기능과 품질을 저하시킨다.

또 초콜릿에 이용되는 코코아버터에서는 β형 결정이 양호한 품질을 주기 때문에 템퍼링(tempering)처리를 행한다. 크림성을 필요로 하지 않는 초콜릿의 경우는 안정성이 좋은 β형이 바람직하다. 지방산 조성이 단순한 유지는 β형에서 안정한 경향이 있으며, 이러한 유지로는 대두경화유, 해바라기경화유, 돈지, 카카오버터지 등이 있다.

유지의 결정 구조는 냉각을 급속히 하느냐, 완만히 하느냐, 몇 ℃에서 멈추는가에 따라 달라진다. 따라서 이러한 성질은 마가린, 쇼트닝, 버터, 초콜릿 등의 고체지방을 취급할 때 매우 중요하며, 제품의 바림직한 물성을 주기 위해서는 동질현상을 이해하고, 유지의 조합, 가온, 냉각 등의 조건을 결정해야 한다.

4. 트리글리세라이드 명명법

트리글리세라이드는 글리세롤 1분자에 2~3종류의 지방산이 결합한 혼합 트리글리세라이드와 모두 같은 지방산으로 결합한 단일 트리글리세라이드가 있으며, 이들의 명명법은 다음과 같다.

혼합 트리글리세라이드인 경우 : 3개의 지방산 중에서 처음 2개는 지방산의 어미 -ic을 -o로, 마지막 지방산은 어미 -ic을 in으로 바꾸고, 글리세롤에 결합되어 있는 위치에 따라 α', β, α(또는 1, 2, 3)를 붙인다.

α' (1) CH_2OH
β (2) CHOH　　　글리세롤의 위치 표시
α (3) CH_2OH

예 1) 글리세롤의 α' 위치에 팔미트산, β위치에 올레산, α위치에 스테아르산이 결합된 경우

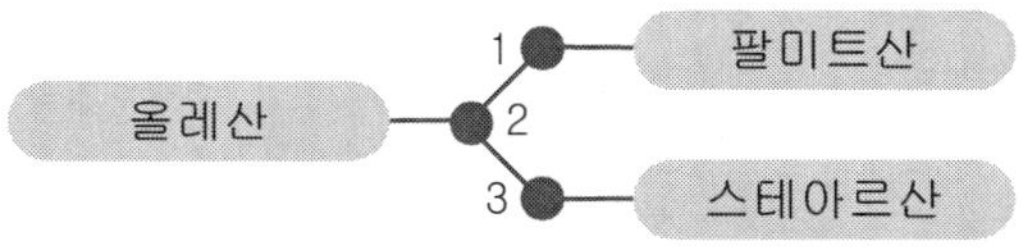

α′-팔미토-β-올레오-α-스테아린
(α′-palmito-β-oleo-α-stearin 또는 1-palmito-2-oleo-3-stearin)

예 2) 글리세롤의 α', α 위치에 스테아르산, β위치에 팔미트산이 결합된 경우

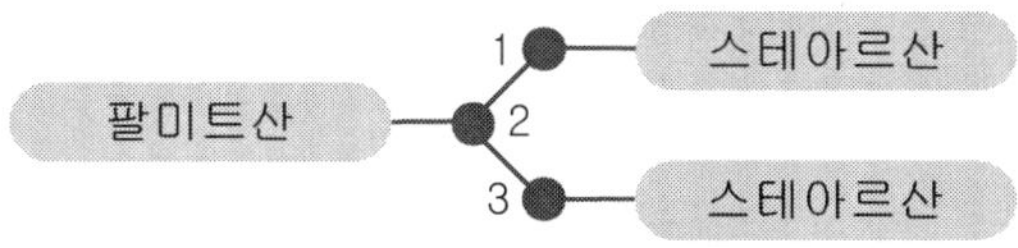

α′,α-다이스테아로팔미틴
(α′,α-distearopalmitin 또는 1,3-distearopalmitin)

단순 글리세라이드의 경우 : 어두에 tri-를 붙이고 지방산 어미 -ic를 -in으로 고쳐 붙인다.

예 1) 글리세롤의 α', β, α위치에 스테아르산이 결합된 경우

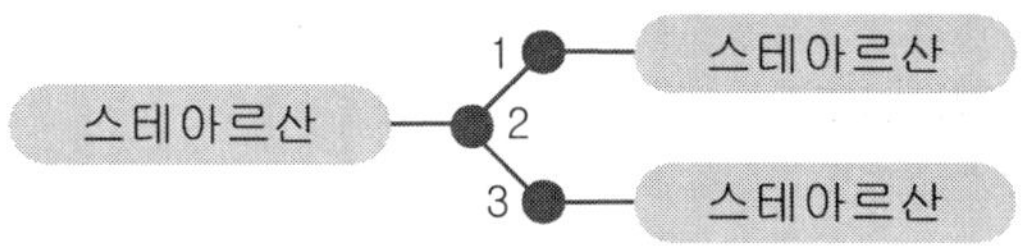

트리스테아린(tristearin)

5. 가소성(plasticity)

점토나 마요네즈와 같이 약한 힘에서는 변형되지 않지만, 일정 이상의 힘을 가하면, 변형되어 원래의 형태로 되돌아가지 않는 성질을 가소성이라고 한다.

마가린과 같이 냉장온도~실온까지의 넓은 온도 변화에도 가소성을 유지하는 것을 가소성의 범위가 넓다고 한다.

반면, 초콜릿처럼 체온보다 약간 낮은 온도에서 한순간에 녹아 버리는 것

을 가소성의 범위가 좁다고 한다.

가소성이 있는 고체기름은 고체지방과 액체유가 혼합되어 있는 상태이며, 저융점에서 고융점의 트리글리세라이드가 혼재되면, 가소성의 범위가 넓어진다. 반면, 융점이 비슷한 트리글리세라이드만으로 구성된 것은 가소성의 범위가 좁다.

초콜릿의 원료인 코코아버터는 융점이 비슷한 트리글리세라이드가 많기 때문에 가소성의 범위가 좁다.

SFI(solid fat index, **고체지방지수**) : 유지에 함유되어 있는 고체지방의 백분율을 SFI 또는 고체지방지수라고 하며, 유지제품의 가소성을 나타내는 지표가 된다. 즉, SFI의 수치가 0이면 완전 액체이며, SFI가 5 이하이면 너무 유연하고, SFI가 10~35이면 가소성을 나타낸다. 그러나 SFI가 40 이상이면 너무 단단하게 되어 가소성을 잃는다.

고체지방지수(SFI)는 유지가 고체에서 액체로 변화할 때 유지가 팽창하는 성질을 이용하여 측정한다. 즉, SFI는 일정 온도에 있어서 유지 1 kg 중의 고체화된 부분이 완전히 녹아 팽창한 양을 mL로 나타낸 수치를 말한다.

SFI의 수치는 재현성이 좋지만, 실험의 번잡성 때문에 최근에는 NMR법을 이용하여 측정하는 경우가 많다. NMR법은 고체지방의 함량(SFC)를 측정하는 방법이다.

1.5. 유화(emulsion)

서로 섞이지 않는 두 액체가 침전되지 않고, 잘 분산된 콜로이드상태를 유화라고 하며, 그 용액을 유화액이라고 한다, 유지는 유화액의 성분으로 이용된다.

1. 유화제(emulsifier, emulsifying agent)

물과 기름은 서로 혼합되지 않지만, 유화제를 이용하면 한쪽은 미세 입자가 되어 다른 한쪽에 안정하게 분산시킬 수 있다. 이것을 유화라고 한다. 또 서로 혼합되지 않는 두 액체를 안정한 분산상태, 즉 유화상태로 만드는 물질을 유화제라고 한다.

HLB값(hydrophilic-lipophilic balance) : 유화제의 친수성과 친유성의 상대적 비율을 수치적으로 표시한 것을 HLB(hydrophilic-lipophilic balance)라고 한다.

HLB를 나타내는 방법은 여러 가지가 있으나 Griffin(1940년)이 제창한 방법이 지금도 널리 이용된다. HLB 값은 0~20의 수치로 나타낸다.

$$\text{HLB 값} = 20 \times \frac{M_H}{M}$$

M_H : 친수기부분의 분자량

M : 계면활성제의 분자량

HLB값이 0에 가까울수록 친유성이 강하며, 20에 가까울수록 친수성이 강한 유화제이다.

2. O/W형(수중유적형) 유화 및 W/O형(유중수적형) 유화

유화에는 물 중에 유지입자가 분산된 O/W형(수중유적형, oil in water) 유화와 유지 중에 물이 분산된 W/O형(유중수적형, water in oil)유화가 있다.

O/W형의 유화식품으로는 우유, 아이스크림, 생크림, 마요네즈 등이 있으며, W/O형의 유화식품으로는 버터, 마가린 등이 있다.

O/W형 유화가 되거나 W/O형 유화가 되는 것은 유화제의 종류에 따라 좌우된다. 즉, 친수성이 강한 유화제를 사용하면 O/W형 유화가 되고, 친유성이 강한 유화제를 사용하면 W/O형 유화가 된다.

따라서 W/O형 유화에는 친유성이 강한 HLB 3.5~6.0의 유화제를 사용하며, O/W형 유화에는 친수성이 강한 HLB 8~18의 유화제를 사용한다.

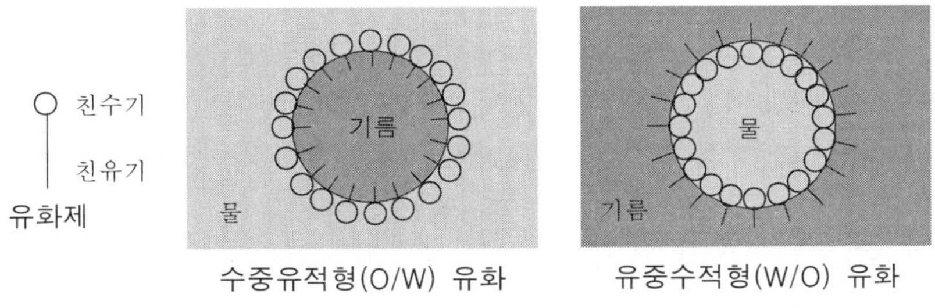

[그림 1-9] O/W형 유화 및 W/O형 유화의 형태

[표 1-8] 유화제의 HLB값에 따른 성질

비율		HLB값	물에 대한 거동	작용기능
친수성	친유성			
0	100	0	분산안함	
10	90	2	약간분산	1~3 소포제
20	80	4	약간분산	3~6 W/O형 유화제
30	70	6	약간분산	
40	60	8	유상(乳狀)분산	7~9 습윤제
50	50	10	안정유상(乳狀)분산	
60	40	12	투명분산	8~18 O/W형 유화제
70	30	14	콜로이드용액	13~15 세정제
80	20	16	콜로이드용액	15~18 가용제
90	10	18	콜로이드용액	
100	0	20	콜로이드용액	

3. 유화제의 종류

유화제로는 모노글리세라이드, 다이글리세라이드, 레시틴(포스파티딜콜린), 설탕지방산에스터, 솔비탄지방산에스터 등이 있다.

또 전분, 한천, 펙틴, 덱스트린, 알진산, 아라비아검 등은 유화안정제로 이용되고 있다.

1) 글리세린지방산에스터(모노글리세라이드)

모노글리세라이드를 구성하는 지방산부분은 극성이 낮아, 물에는 잘 안 녹고, 기름이나 유기용매에는 잘 녹는 성질을 갖는다. 이 같은 성질을 친유성(소수성, hydrophobic)이라고 한다.

반면에 OH기 부분은 극성이 강하여 물에는 잘 녹고, 기름이나 유기용매에는 잘 녹지 않는 성질을 갖는다. 이러한 성질을 친수성(hydrophilic)이라고 한다.

모노글리세라이드나 다이글리세라이드는 분자 내에 친유성기(지방산부분)와 친수성기(-OH기)를 모두 갖고 있어 유화작용을 나타낸다(그림 1-2). 즉, 모노글리세라이드를 물과 기름의 혼합액에 넣으면 친유성기는 기름에 작용하고, 친수성기는 물에 작용하여 물과 기름을 분산시킨다.

시판 모노글리세라이드는 대부분 유지와 글리세롤의 에스터교환(글리세롤리시스)에 의해 제조된다(4장 참조).

2) 프로필렌글라이콜 지방산에스터

프로필렌글라이콜과 지방산의 반응으로 얻어지는 유화제이다. 프로필렌글라이콜 모노스테아르산에스터(HLB 값 1.8)는 HLB값이 가장 낮은 식품유화제 중의 하나이다.

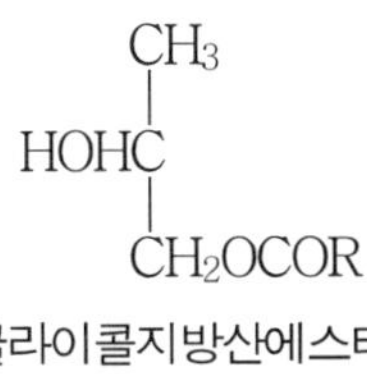

프로필렌글라이콜지방산에스터
(propylene glycol fatty acid ester)

3) 레시틴

레시틴은 천연의 식품유화제이며, 옛날부터 대두레시틴이 많이 이용되어져 왔다. 보통 인지질 전체를 레시틴이라고 하지만, 레시틴은 포스파티딜콜린(phosphatidyl choline)의 일반명이다.

인지질은 친유성의 지방산과 친수성인 인산과 염기를 모두 갖고 있어, 유화제로 이용된다.

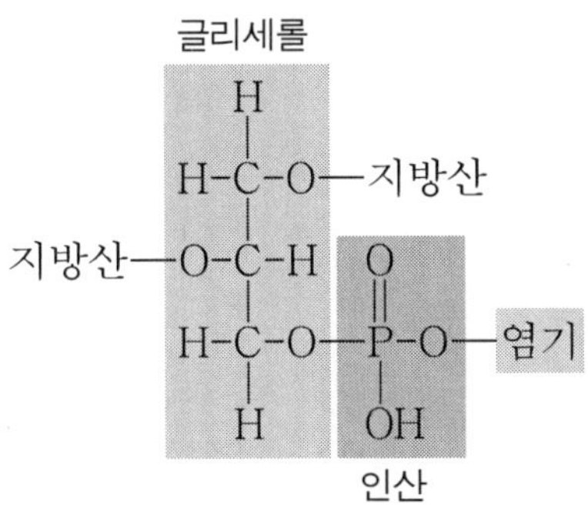

염기부분	$-O-CH_2-CH_2-N^+(CH_3)_3$ 콜린(choline)	$-CH_2CH_2NH_2$ 에탄올아민	$-CH_2CH(NH_2)COOH$ 세린	이노시톨 고리 구조 이노시톨
	포스파티딜콜린(레시틴)	포스파티딜에탄올아민	포스파티딜세린	포스파티딜이노시톨

[그림 1-10] 인지질의 구조 및 종류

4) 설탕지방산에스터

설탕과 지방산의 모노, 다이 폴리에스터이다. 설탕은 다가알코올로 많은 OH기를 갖기 때문에 HLB의 범위가 넓다.

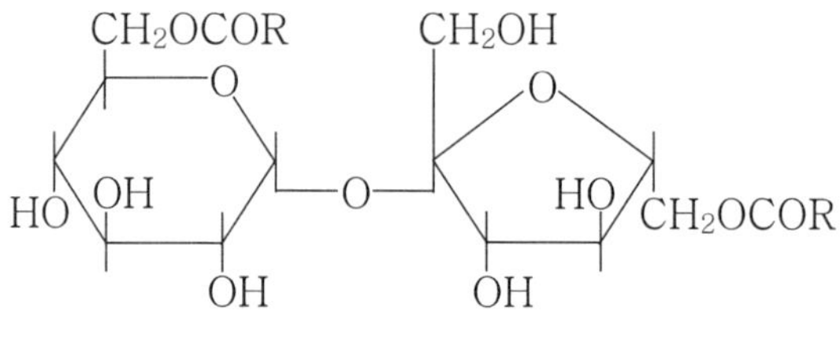

설탕(자당) 지방산에스터(sucrose fatty acid ester)

5) 솔비탄지방산에스터

솔비톨과 지방산의 반응으로 얻어지는 친유성의 유화제이다. Span이라는 상품명으로 판매되고 있다.

한편, 솔비탄지방산에스터에 산화 에틸렌을 부가시킨 폴리옥시에틸렌 솔비탄지방산에스터는 식품첨가물로 이용되지 않지만, HLB값이 높아(친수성이 높음) O/W형 유화에 적합하며, Tween이라는 상품명으로 판매되고 있다.

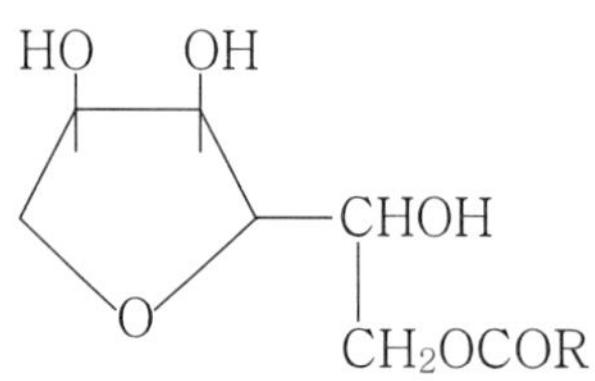

솔비탄지방산에스터 (sorbitan fatty acid ester)

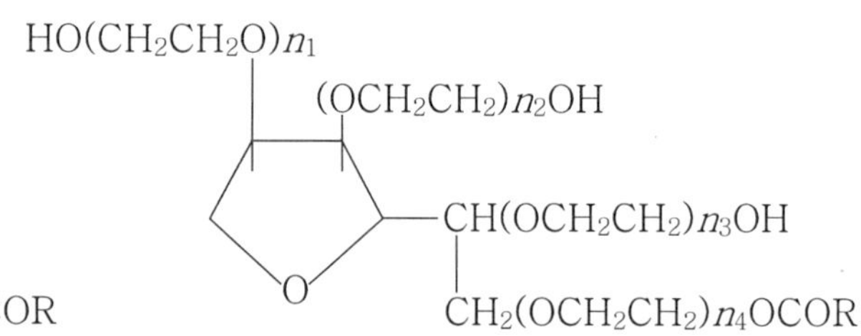

폴리옥시에틸렌 솔비탄지방산에스터 (polyoxyethylene sorbitan fatty acid ester)

R기	솔비탄지방산 에스터	폴리옥시에틸렌 솔비탄지방산 에스터
monolaurate	Span 20 (HLB 8.6)	Tween 20 (HLB 16.7)
monopalmitate	Span 40 (HLB 6.6)	Tween 40 (HLB 15.6)
monosteaeate	Span 60 (HLB 4.8)	Tween 60 (HLB 14.9)
monooleate	Span 80 (HLB 4.6)	Tween 80 (HLB 15.0)
tristearate	Span 65 (HLB 2.0)	Tween 65
trioleate	Span 85 (HLB 1.7)	Tween 85 (HLB 11.0)

1.6. 식용유지의 분류

일반조리에는 대두유, 옥수수기름 등의 식물성유지나 돈지, 우지와 같은 동물성유지가 많이 이용되며, 어유는 직접조리에 이용되지 않는다. 그 이유는 어유는 비린내가 강하고, 산화속도가 매우 크기 때문이다.

양기름은 융점(44~55℃)이 높아 조리에 이용하지 않는다.

이와 같이 동식물성 유지는 모두 식용으로 이용할 수 없으며, 이용에 한

[표 1-9] 일반적으로 사용되는 식용유지

종 류	정 의
콩기름(대두유)	콩으로부터 채취한 원유를 식용에 적합하도록 처리한 것
옥수수기름(옥배유)	옥수수의 배아로부터 채취한 원유를 식용에 적합하도록 처리한 것
채종유(유채유 또는 카놀라유)	유채로부터 채취한 원유를 식용에 적합하도록 처리한 것
미강유(현미유)	미강으로부터 채취한 원유를 식용에 적합하도록 처리한 것
참기름	참깨를 압착하여 얻은 압착참기름 또는 이산화탄소(초임계추출)로 추출한 초임계추출 참기름과 참깨로부터 추출한 원유를 정제한 추출참깨유
들기름	들깨를 압착하여 얻은 압착들기름 또는 이산화탄소(초임계추출)로 추출한 초임계추출 들기름과 들깨로부터 추출한 원유를 정제한 추출들깨유
홍화유(사플라워유 또는 잇꽃유)	홍화씨로부터 채취한 원유를 식용에 적합하도록 처리한 것으로, 홍화유, 고올레산홍화유
해바라기유	해바라기의 씨로부터 채취한 원유를 식용에 적합하도록 처리한 것으로 해바라기유(압착해바라기유 포함), 고올레산해바라기유
목화씨기름(면실유)	목화씨로부터 채취한 원유를 식용에 적합하도록 처리한 것으로 목화씨기름, 목화씨샐러드유, 목화씨스테아린유
땅콩기름(낙화생유)	땅콩으로부터 채취한 원유를 식용에 적합하도록 처리한 것으로 땅콩기름, 정제땅콩기름
올리브유	올리브과육을 물리적 또는 기계적인 방법에 의하여 압착·여과한 압착올리브유, 올리브원유를 정제한 정제올리브유, 압착올리브유와 정제올리브유를 혼합한 혼합올리브유
팜유류	팜의 과육으로부터 채취한 팜유, 팜유를 분별한 팜올레인유 또는 팜스테아린유, 팜의 핵으로부터 채취한 팜핵유
야자유	야자과육으로부터 채취한 원유를 식용에 적합하도록 처리한 것
고추씨기름	고추씨로부터 채취한 원유를 식용에 적합하도록 처리한 것으로 압착고추씨기름과 고추씨기름
혼합식용유	이 공전에서 제품유형이 정하여진 2종 이상의 식용유지(다만, 압착한 참기름, 압착한 들기름, 향미유 제외)를 단순히 혼합한 것

계가 있는 것이 많다. 그 외에 많은 동식물성유지도 식용 가능하지만, 실제로 이용되는 것은 소수에 불과하다(표 1-9).

식용유지의 정의(식품공전) : 식용유지류라 함은 유지를 함유한 식물(파쇄분 포함) 또는 동물로부터 얻은 원유나 이를 원료로 하여 제조, 가공한 것으로 콩기름, 옥수수기름, 채종유, 미강유, 참기름, 들기름, 홍화유, 해바라기유, 목화씨기름, 땅콩기름, 올리브유, 팜유류, 야자유, 혼합식용유, 가공유지, 쇼트닝, 마가린, 고추씨기름, 향미유 등을 말한다.

1.7. 식용유지의 지방산 및 트리글리세라이드 조성

1. 식용유지의 지방산 조성

1) 식물성유지

채취하는 원료에 따라 종자유, 배아유, 과실유, 핵유로 분류된다(표 1-10).

식물성유지 중에서 팜유나 올리브유 등과 같이 과실의 과육에서 채취한 기름에는 주성분은 팔미트산, 올레산이며, 리놀레산(10% 정도)도 함유하고 있다.

종자에서 채취한 기름에는 팔미트산, 올레산, 리놀레산(20~70%)을 주성분으로 하는 것이 많다.

한편, 코코넛유(야자유)와 팜핵유에는 라우르산이 많이 함유되어 있다.

일반적으로, 종자에서 채취한 기름에는 필수지방산인 리놀레산의 함량이 배아나 과육에서 채취한 기름보다 높다.

[표 1-10] 채취부위에 따른 식물성유지의 분류

채취 부위	주요지방산	대표적인 유지
종 자	리놀레산, 올레산, 팔미트산	대두유, 아마인유, 해바라기유
배 아	리놀레산, 올레산, 팔미트산	옥수수유, 현미유
과실의 과육	팔미트산, 올레산 이외에 리놀레산	팜유, 올리브유
핵	라우르산	야자유, 팜핵유

[표 1-11] 유지의 주요 지방산 조성

	$C_{4:0}$	$C_{6:0}$	$C_{8:0}$	$C_{10:0}$	$C_{12:0}$	$C_{14:0}$	$C_{16:0}$	$C_{18:0}$	$C_{18:1}$	$C_{18:2}$	$C_{18:3}$	포화 (%)	다가불포화(%)
홍 화 유							7.3	2.6	13.4	76.4	0.2	9.9	76.6
해바라기유							6.7	3.7	19.0	69.9	0.7	10.4	70.6
면 실 유						0.7	20.6	2.4	18.4	56.9	0.5	23.7	57.4
올리브유							10.6	3.2	75.0	10.4	0.8	13.1	11.2
땅콩기름[1]							11.5	4.0	41.5	34.9	0.2	22.3	35.1
미 강 유						0.2	16.6	1.7	42.0	36.6	1.4	19.4	38.0
참 기 름							9.2	5.3	39.0	44.8	0.3	15.1	45.1
옥수수유							11.2	2.1	34.7	50.5	1.5	13.3	52.0
대 두 유							10.3	3.8	24.3	52.7	7.9	14.8	60.6
채 종 유[2]							4.2	1.7	58.6	21.8	10.8	6.5	32.6
팜 유					0.2	1.0	44.5	4.5	39.3	9.6	0.3	50.3	9.9
팜 핵 유		0.3	3.9	4.0	49.6	16.0	8.0	2.4	13.7	2.0		84.2	2.0
코코넛유[3]			8.0	6.0	47.0	18.0	9.0	3.0	7.0	2.0		91.0	2.0
버 터	3.2	2.3	1.4	3.1	3.7	13.1	31.5	11.1	24.6	2.6	0.7	68.8	3.3
하드마가린					1.4	0.8	20.1	6.2	41.7	26.2	2.5	28.0	28.7
소프트마가린					0.1	0.3	16.6	6.1	41.0	32.0	2.7	22.7	34.7
우 지						3.7	28.9	17.6	43.0	3.3	0.3	47.8	3.6
돈 지						2.3	29.2	12.1	42.5	9.8	0.7	43.6	10.5
닭						0.7	25.0	9.3	38.7	15.8	0.5	35.0	16.5
오리						0.9	21.8	10.4	35.6	19.3	0.8	33.1	21.5

[1] 땅콩기름에는 $C_{20:0}$, $C_{24:0}$를 5~7% 함유, [2] 채종유는 저엘루스산 채종유, [3] 코코넛유는 야자유라고도 함.

2) 동물성유지

(1) **유지방** : 가축의 유즙(乳汁)에 함유되어 있는 유지방은 부티르산(C 4:0), 카프로산(C 6:0) 등의 저급지방산을 함유하는 것이 특징이다. 이들 저급 지방산은 우유나 유제품의 독특한 풍미를 부여하지만, 우유에 발생하는 이취(off-flavor)의 원인이 되기도 한다.

[표 1-12] 동물성유지의 주요 지방산

채취 원료	주요 지방산	대표적 유지
유지방	올레산, 팔미트산, 스테아르산 (이외 부티르산, 카프로산 등의 저급지방산 함유)	버터
동물지	올레산, 팔미트산, 스테아르산	우지, 돈지
어 유	DHA, EPA 등의 고도불포화지방산	정어리기름

(2) **돈지, 우지 등의 동물성유지** : 우지와 돈지에는 팔미트산, 스테아르산, 올레산이 많다.

(3) **어유** : 어유에는 동물성 및 식물성유지에 비해 고도불포화지방산의 함량이 높고, 불포화지방산의 종류도 많다.

[표 2-13] 주요 어유의 지방산 조성

	$C_{14:0}$	$C_{16:0}$	$C_{16:1}$	$C_{18:0}$	$C_{18:1}$	$C_{18:2}$	$C_{18:3}$	$C_{20:0}$	$C_{20:4}$	$C_{20:5}$	$C_{22:1}$	$C_{22:6}$	포화지방산 (%)	다가불포화지방산 (%)
연 어	5.4	12.6	6.6	3.9	23.3	0.8	0.5	8.4	1.6	7.8	7.8	13.0	23.5	28.2
정어리	7.9	19.0	7.7	3.3	13.0	2.6	1.0	5.4	1.9	13.0	4.0	10.7	31.9	35.2
대 구	1.2	17.3	2.7	4.3	12.7	0.5	0.2	2.1	3.9	16.7	0.6	32.9	23.8	56.8
꽁 치	7.7	11.1	4.3	1.9	6.6	1.7	1.2	17.2	1.7	6.4	19.3	10.6	22.2	27.6
뱀장어	4.5	19.5	7.6	7.0	22.6	0.9	0.5	6.5	1.3	3.9	2.4	7.0	28.7	18.3
전갱이	3.7	23.0	7.5	4.0	35.4	2.3	0.5	1.3	2.0	7.9	1.3	14.5	35.6	29.2
가다랑어	2.6	23.6	3.7	9.7	15.7	1.4	0.5	0.8	2.5	6.2	0.5	24.8	39.0	38.2
참 치	2.8	19.1	3.6	9.3	24.7	1.1	0.5	4.8	2.7	3.6	5.1	15.6	33.4	26.1
고등어	4.0	18.5	5.1	4.3	26.5	1.4	0.8	3.9	2.1	9.0	2.7	13.2	29.3	30.6
방 어	5.7	20.9	7.0	6.1	18.9	1.5	0.8	4.0	2.0	7.2	2.5	14.3	35.2	30.0
가자미	4.0	17.3	10.6	4.1	16.0	0.4	0.4	3.3	1.4	14.8	0.9	14.2	26.8	40.1

2. 식용유지의 트리글리세라이드 조성

식용유지는 글리세롤에 결합하는 지방산의 종류(불포화지방산, 포화지방산)와 그 비율에 따라 융점이 달라진다.

식용유지의 트리글리세라이드는 대부분 글리세롤 1분자에 2~3종류의 지방산이 결합한 혼합 트리글리세라이드이며, 모두 같은 지방산으로 결합한 단일 트리글리세라이드는 비교적 적다.

일부 식용유지의 트리글리세라이드 조성을 보면(표 1-14), 올리브유, 콩기름 등의 식물성유지에는 UUU(U_3)와 SUU(SU_2)가 많지만, 돈지, 우지 등의 동물성유지에는 SSU(S_2U)와 SUU(SU_2)가 많다.

[표 1-14] 유지의 트리글리세라이드 조성(%)

종 류	지방산(%)		트리글리세라이드(%)			
	포화(S)	불포화(U)	SSS	SSU	SUU	UUU
면실유	28.4	71.6	0	13	59	28
땅콩기름	19.2	80.8	0	1	56	43
올리브유	15.1	84.9	0	0	45	55
카카오버터	59.8	40.2	2	77	21	0
팜 유	52.5	47.5	8	54	32	6
돈 지	37.4	62.6	2	26	55	17
우 지	57.9	42.1	15	46	37	2
양기름	60.8	39.2	28	29	40	3

S : 포화지방산, U : 불포화지방산

즉, 글리세롤에 결합하는 3개의 지방산 중에 2개 이상이 불포화지방산이면 상온에서 액체로 존재하여 유(油, oil)라고 하며, 대두유, 면실유, 참기름, 옥수수기름, 올리브유 등의 식물성기름의 주성분이 된다.

반면에, 3개의 지방산 중 2개 이상이 포화지방산이면 융점이 높아 상온에서 고체로 존재하여 지(脂, fat)라고 하며, 돈지, 우지, 팜유, 경화유 등의 주성분이 된다.

돈지, 우지, 양기름의 융점 : 양기름의 융점(44~55℃)이 돈지나 우지에 비해 높은 이유는 돈지나 우지에 비해 포화지방산의 함량이 높은 것도 있지만, SSS(S_3)의 함량이 상대적으로 높기 때문이다. 이러한 이유로 양기름은 체온에서 녹지 않고, 입안의 용해성이 나쁘기 때문에 식용유로의 사용이 제한되고 있다.

유(油)와 지(脂) : 유(油)란 상온에서 액체인 기름을 말하며, 지(脂)란 상온에서 고체인 기름을 말한다.

일반적으로 식물성 기름은 액체이기 때문에 식물유(植物油)라고 부르며, 동물성 기름은 고체이기 때문에 동물지(動物脂)라고 부르는 경우가 많다.

그러나 어유와 같이 동물에서 분리한 유(油)도 있고, 카카오버터와 같이 식물에서 얻어진 지(脂)도 있다. 또한 야자유(코코넛유)는 여름에는 액체이지만 겨울에는 고체인 경우도 있기 때문에, 유(油)와 지(脂대)의 분류는 명확한 것은 아니고, 단지 편의적인 것에 불과하다.

[표 1-15] 일부 정제 식용유지의 융점과 응고점

식용유지	융점(℃)	식용유지	응고점(℃)
우 지	40~50	대두유	-8~-10
돈 지	33~46	채종유	-20~-24
버터지방	28~36	면실유	-7~-8
카카오버터	30~36	홍화유	-20 부근
코코넛유	23~28	해바라기유	-10~-15
팜 유	27~50	옥수수유	-7~-10
팜핵유	24~40	아마인유	-16~-25

3. 유지에 따른 지방산결합 형태

글리세롤에 결합되는 지방산의 위치는 지방산의 탄소수와 불포화도에 의해 좌우되며, 유지의 종류에 따라 다르다. 일반적으로 글리세롤의 2번 위치에 탄소수가 적은 지방산이나 불포화지방산이 결합하기 쉬운 것으로 알려져 있다.

식물성유지 : 식물성유지의 경우는 특히, 2번 위치에 올레산, 리놀레산, 리놀렌산이 결합하고, 1,3번 위치에 포화지방산이 결합하는 경우가 많다.

예를 들어, 카카오버터의 경우, 2번 위치에 올레산이 주로 결합하고, 1,3번 위치에 팔미트산과 스테아르산이 결합한다.

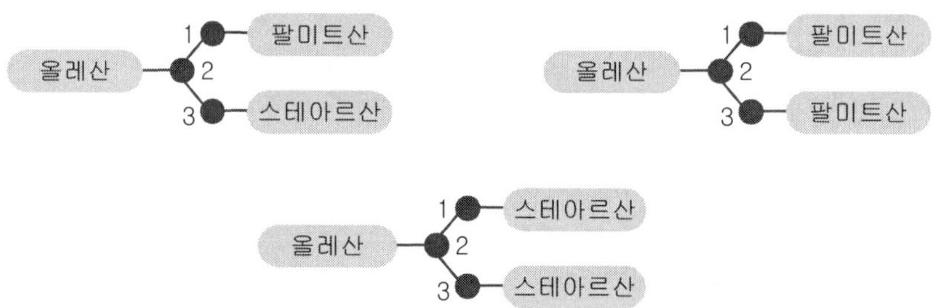

카카오버터의 주요 트리글리세라이드의 결합형태

우지와 돈지 : 동물성유지의 경우는 식물성유지에 비해 지방산의 결합경향이 명확하지 않다.

우지의 경우, 팔미트산은 주로 1,3번 위치에 결합하고, 2번 위치에 주로 미리스트산과 불포화지방산이 결합한다. 돈지의 경우는 1,3번 위치에 올레산 등의 불포화지방산이 결합하고, 2번 위치에 팔미트산이 결합한다.

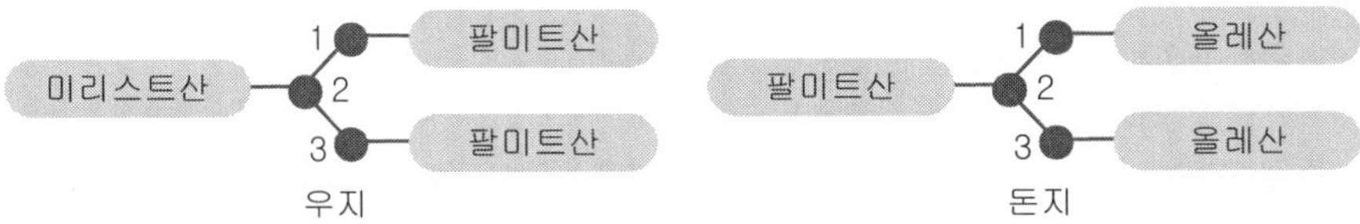

우지, 돈지의 주요 트리글리세라이드의 결합형태

어유 : 어유는 주로 이중결합을 1개 갖는 불포화지방산, 특히, 에이코센산(C 20:1, eicosenoic acid), 도코센산(C 22:1, docosenoic acid)은 1,3번 위치에, 고도불포화지방산인 EPA(C 20:5)와 DHA(C 22:6)은 주로 2위치에 각각 결합하고 있다.

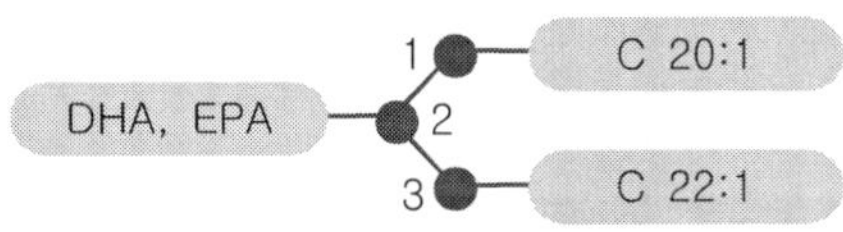

어유의 주요 트리글리세라이드의 결합형태

4. 요오드가에 따른 식물성유지의 분류

식물성유지는 요오드가(iodine value)를 근거로 하여 건성유, 반건성유, 불건성유로 분류한다. 즉, 공기 중에 방치했을 때, 기름이 얇은 막으로 도포하여, 쉽게 건조되는 것을 건성유, 건조성이 없는 것을 불건성유라고 하며, 건성유와 불건성유의 중간 정도의 경향을 나타내는 것을 반건성유라고 한다.

동물성유지는 대부분 불건성유이며, 어유는 대부분 건성유이다. 이 분류방법은 페인트 원료 유지의 공업용 유지에 있어서 특히 유효하다.

1) 건성유(drying oils)

고도 불포화 지방산인 리놀레산 및 리놀렌산을 비교적 많이 포함하고 있어 건조성이 강한 기름을 말한다. 요오드가 130 이상인 들기름, 해바라기유, 홍화유 등이 여기에 속한다.

건성유는 주로 산화에 의해 생성하는 중합유의 피막을 이용하여 페인트, 인쇄 잉크 등의 공업원료로 많이 이용되지만, 식용으로 이용되는 경우도 있다.

2) 반건성유(semi-drying oils)

주로 리놀레산, 올레산 및 리놀렌산으로 구성되어 있는 건조성이 중간 정도인 기름을 말한다. 요오드가가 100~130으로 대두유, 옥수수유, 참기름, 채종유, 면실유 등이 여기에 속한다. 주로 식용과 비누 제조 등의 원료로 이용된다.

3) 불건성유(non-drying oil)

주로 올레산으로 구성되는 건조성이 매우 낮은 기름이다. 요오드가는 100 이하로 올리브유, 코코넛유(야자유), 땅콩기름, 카카오버터, 팜유, 우지, 돈지 등이 여기에 속하며, 주로 식용 및 비누 등의 원료로 이용된다.

5. 구성지방산에 따른 식물성유지의 분류

식물성유지는 각종의 지방산을 함유하고 있어 유지를 구성하는 주요 지방산에 따라 다음과 같이 분류하기도 한다(표 1-16).

[표 1-16] 주요 구성 지방산에 따른 식물성유지의 분류

주요 지방산	식용유지
라우르산계	코코넛유, 팜핵유
올레산계	올리브유, 카놀라유. 고올레산홍화유, 고올레산해바라기유
올레산-리놀레산계	면실유, 옥수수유, 미강유, 땅콩기름, 참기름, 대두유
리놀레산계	해바라기유, 홍화유
리놀렌산계	들기름
에루스산계	종래 채종유, 겨자유
하이드록시산계	피마자유[1)]

1) 피마자유에는 지방산구조 내에 1개의 OH를 갖는 리시놀레산(ricinoleic acid)이 존재

1.8. 식용유지의 종류 및 특성

1. 식물성 유지

1) 콩기름(대두유, soybean oil)

대두의 유지함량(20%)은 다른 식물성 유지원료에 비해 적지만, 생산량이 많아 전체 식용유 사용량의 1/3을 차지하고 있다. 팜유와 함께 세계에서 가장 많이 사용되고 있는 기름이다.

대두유(콩기름, soybean oil)

구성 지방산 조성 : 리놀레산(55%), 올레산(25%)이 풍부하며, 리놀렌산(7~10%)도 비교적 풍부하다.

대두유의 영양 : 대두유 중의 리놀레산과 리놀렌산은 생체 내에서 LDL의 함량을 낮추고, HDL을 증가시켜, 혈중 콜레스테롤의 저하효과가 있다. 특히, n-6계(리놀레산)과 n-3(리놀렌산) 지방산은 서로 생리적 길항작용을 하는 것으로 알려져 있고, n-6계와 n-3계 지방산의 섭취비율은 4:1의 비율을 권장하고 있다.

대두유에는 다른 식물성 유지에 비해 비교적 많은 리놀렌산(n-3)을 함유하고 있어 영양학적 측면에서 바람직하다. n-3계 지방산(리놀렌산)은 대두유 이외에 카놀라유(10%), 들기름(60%)에 많이 함유되어 있다.

대두유의 산화안정성 : 리놀렌산은 필수지방산이기 때문에 식용유의 영양적인 측면에서는 바람직하지만, 산화되기 쉽고, 변향취를 발생하기 쉽다는 단점이 있다.

또 정제 후에 대두유에 잔존하는 클로로필은 광증감물질로 작용하여 광증감산화를 촉진한다. 따라서 빛을 받으면 풍미가 떨어지기 때문에 암소에 보관할 필요가 있다.

용도 : 샐러드기름, 튀김기름으로 사용하는 것 외에 경화하여 마가린 등의 원료에도 대량으로 사용하고 있다.

또 페인트, 인쇄잉크 등의 공업용으로도 이용되고 있다.

탈지대두박 : 탈지대두박(분말)에는 50%의 단백질을 함유하고 있어 단백질 자원 및 사료 등에 이용한다.

[표 1-17] 분말상 대두단백의 종류와 성분

종 류	획 분				
	대두유	섬유질	가용성당질	단백질	단백질 함량
대두	O	O	O	O	37.4%
탈지대두분	X	O	O	O	51.5%
추출대두단백	X	X	O	O	60%
농축대두단백	X	O	X	O	70~90%
분리대두단백	X	X	X	O	90% 이상

2) **옥수수기름(옥배유**, corn oil)

옥수수기름은 우선 옥수수에서 전분을 분리, 제조할 때 부산물로 얻어지는 배유(유지함량 30~40%)에서 추출한 기름이다. 이 때문에 옥배유라고도 한다.

주요 구성 지방산 및 성상 : 리놀레산(50%), 올레산(35%)이 풍부하며, 리놀렌산은 거의 없다. 옥수수기름에는 혈중 콜레스테롤의 흡수를 억제하는 식물스테롤(373.8 mg/100g)도 상당히 많다.

또한 대두유에는 클로로필이 함유되어 광증감산화의 원인이 되지만, 옥수수기름에는 클로로필이 함유되어 있지 않다.

옥수수기름(옥배유, corn oil)

용도 : 옥수수기름은 열안정성이 좋고, 고유의 풍미가 있어 고소한 맛을 부여하기 때문에, 튀김용, 부침용, 볶음용에 많이 사용된다.

이외에 가정용 마가린, 스낵제품 등 보존성이 요구되는 가공식품에 널리 이용되는 고급식용유이다.

[표 1-18] 콩기름, 옥수수기름, 채종유, 미강유의 규격(식품공전)

항목 \ 유형	콩기름	옥수수기름	채종유	미강유
(1) 산가	0.6 이하	0.6 이하	0.6 이하	0.6 이하
(2) 요오드가	123~142	103~130	95~127	92~115

3) 채종유(유채유, 평지씨유, rapeseed oil)

채종유는 유채씨(유지함량 40%)에서 채유한 기름으로, 유채유, 평지씨유라고도 한다. 과거에는 식용이외에 등잔용으로 사용되어져 왔다.

채종유(유채유, 평지씨유, rapeseed oil)

주요 구성 지방산 : 채종유에는 다른 식물성유지에서는 볼 수 없는 에루스산(erucic acid, C 22:1)이라는 특이한 지방산을 40~50%나 함유하고 있다. 이외에 리놀레산(20%), 리놀렌산(10%)도 비교적 풍부하다.

에루스산은 성장 저해, 심장 질환, 간장 질환을 일으키는 것으로 밝혀졌다. 이러한 이유로 현재 에루스산의 함량이 높은 채종유는 사용하지 않는다.

또한 채유한 후의 탈지박에 존재하는 글루코시놀레이트(glucosinolate)는 갑상선종을 유발하는 것으로 밝혀졌다.

카놀라유(canola oil) : 카놀라유는 채종유의 에루스산과 글루코시놀레이트의 함량을 줄인 채종유를 말한다. 현재 시중에서 유통되는 채종유는 거의 카놀라유이며, 에루스산 1% 이하, 글루코시놀레이트 함량은 20 μmol/g 정도이다.

카놀라(Canola)라는 말은 Canadian Oil Low Acid의 머릿글자로 만들어진 말이다. 즉, 에루스산 함량이 낮은 채종유를 의미한다.

카놀라씨(canola seed)와 카놀라유(canola oil)

카놀라유의 주요지방산 조성 : 주요지방산은 올레산(60%), 리놀레산(20%), 리놀렌산(10%)으로, 다른 식물성유지에 비해 비교적 리놀렌산의 함량이 높다.

용도 : 카놀라유는 올레인산의 함량이 많아 열이나 산화안정성이 좋고, 풍미가 약하기 때문에 튀김용이나 생식용에 적합하다. 다른 식용유와 혼합하여 튀김유로 이용하기도 한다.

4) 미강유(현미유, 쌀겨유, ricebran oil)

현미를 도정할 때 생기는 쌀겨(미강, 유지함량 20%)에서 채유되는 기름으로, 현미유, 쌀겨유라고도 한다.

그러나 쌀겨에는 유리지방산의 함량(10%)이 다른 식물성유지에 비해 매우 높고, 고융점의 왁스성분의 함량(5% 정도)이 많아, 정제수율이 좋지 않다. 이는 쌀겨에 함유되어 있는 라이페이스(lipase)에 의한 가수분해에 기인된다.

따라서 채유를 할 때는 쌀겨를 건조하여 수분을 2~3%로 낮추고 신속하게 처리해야 한다. 또 왁스성분을 제거하는 탈납공정이 필요하다. 왁스성분은 식품 이형제, 윤활제, 화장품 등에 널리 이용된다.

미강유(현미유, 쌀겨유, ricebran oil)

주요 구성 지방산 : 올레산(40%), 리놀레산(35%)이 풍부하며, 요오드가는 100이다.

미강유 중의 생리활성 물질 : 미강유에는 γ-오리잔올(γ-oryzanol, ferulic acid ester)를 함유하고 있다(179 mg/100g). γ-오리잔올은 항산화작용 및 혈중 콜레스테롤의 저하작용 등의 기능성 때문에, 식품, 화장품, 의약품에 널리 이용되고 있다.

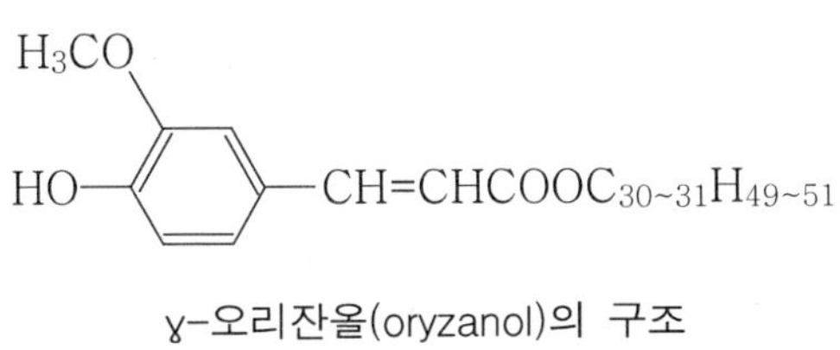

γ-오리잔올(oryzanol)의 구조

또한 미강유에는 혈중 콜레스테롤의 흡수를 억제하는 식물스테롤의 함량(783.6 mg/100g)이 식물성유지 중에서 가장 높다.

용도 : 산화안정성과 열안정성이 좋고, 쌀의 고소하고 담백한 풍미를 갖고 있어, 쌀과자, 스낵, 마요네즈 등에 사용되고, 튀김유에도 이용된다.

또 밥을 지을 때 현미유를 첨가하면 찰기와 광택이 있는 밥이 된다.

5) 참기름(sesame oil)

참깨 종자(유지함량 45~50%)에서 채유되는 기름으로, 예로부터 우리나라에서 가장 애호하는 기름이다.

참깨는 예로부터 불로장생의 묘약으로 불려왔으며, 한방에서는 강장제, 혈액순환, 피부, 모발 등에 효과가 있다고 되어 있다.

배전참기름과 참깨샐러드유

주요구성 지방산 : 주요지방산은 올레산(40%), 리놀레산(45%)로, 열에 강하여 튀김유로 적당한 기름이다.

배전참기름, 참깨샐러드유, 추출참깨유 : 참기름은 보통 압착법으로 채유되며, 참깨를 볶아 압착하여 착유한 것을 배전참기름이라고 하며, 참깨를 볶지 않고 그대로 압착하여 착유한 것을 참깨샐러드유라고 한다.

우리나라에서는 참기름이라고 하면 배전참기름을 말하며, 미국이나 유럽에서는 정제 참기름을 의미한다.

한편, 우리나라에서는 용제를 사용하여 얻은 참깨기름은 추출참깨유라고 표시하며, 압착에 의해 제조된 참기름과 구분하고 있다. 들기름의 경우도 용제를 사용하여 얻은 기름은 추출들깨유로 표시하고 있다.

참기름의 규격 기준 : 참기름 중의 리놀렌산은 총 지방산의 0.5% 이하이며, 에루스산은 검출되어서는 안 된다. 참기름 중 리놀렌산 함량이 0.5% 이상일 경우 다른 식용유지를 혼입한 것으로 판단할 수 있다.

또한 에루스산은 채종유에만 존재하는 지방산이므로, 검출 시에는 채종유를 혼합한 것으로 판단할 수 있다.

배전참기름과 벤조피렌 함량 : 배전참기름은 볶는 온도와 시간이 증가할수록 참기름의 추출수율과 색, 향기가 증가하지만, 발암성 물질인 벤조피렌(benzopyrene)의 함량도 함께 증가하므로 주의하여야 한다.

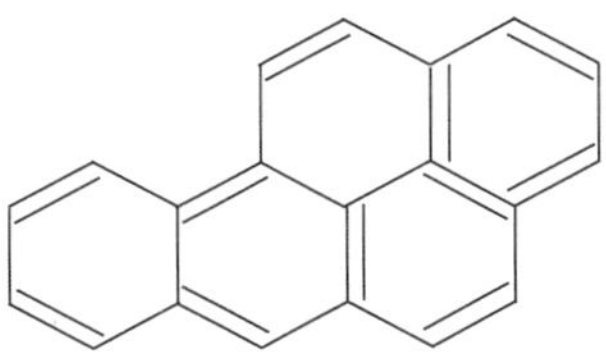

벤조피렌(benzopyrene)의 구조

벤조피렌은 식품 중의 탄수화물, 지방, 단백질의 불안전 연소로 생성되며, 현재 식용유에도 2.0 ug/kg 이하로 규제하고 있다.

참기름을 180℃에서 15~20분간 볶는 경우에는 안전한 것으로 알려져 있다.

참기름 중의 생리활성 물질 : 참기름에는 참깨 리그난(lignan)이라는 항산화물질이 함유되어 있다.

참깨 리그난의 대표적인 것으로는 세사민, 세사몰린, 세사민올, 세사몰 등이 있으며, 참기름 중에 0.5~1.0% 정도 함유되어 있다(그림 1-11).

그러나 참깨 종자 중에는 항산화물질인 세사몰과 세사민올은 미량 함유되어 있으며, 참기름 중에 존재하는 세사몰린이나 세사민이 가공 또는 저장 중에 가수분해되어 항산화물질인 세사몰, 세사민올 등을 형성하는 것으로 알려져 있다(그림 1-12).

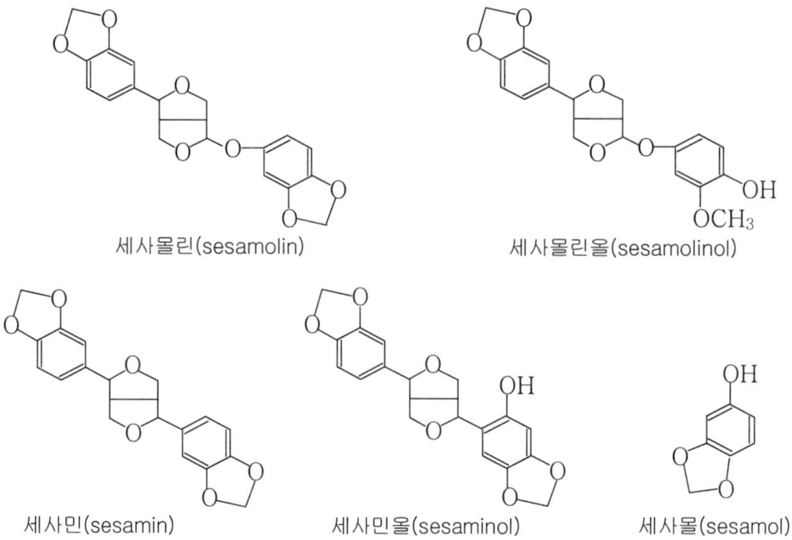

[그림 1-11] 참기름중의 항산화성분 및 전구체

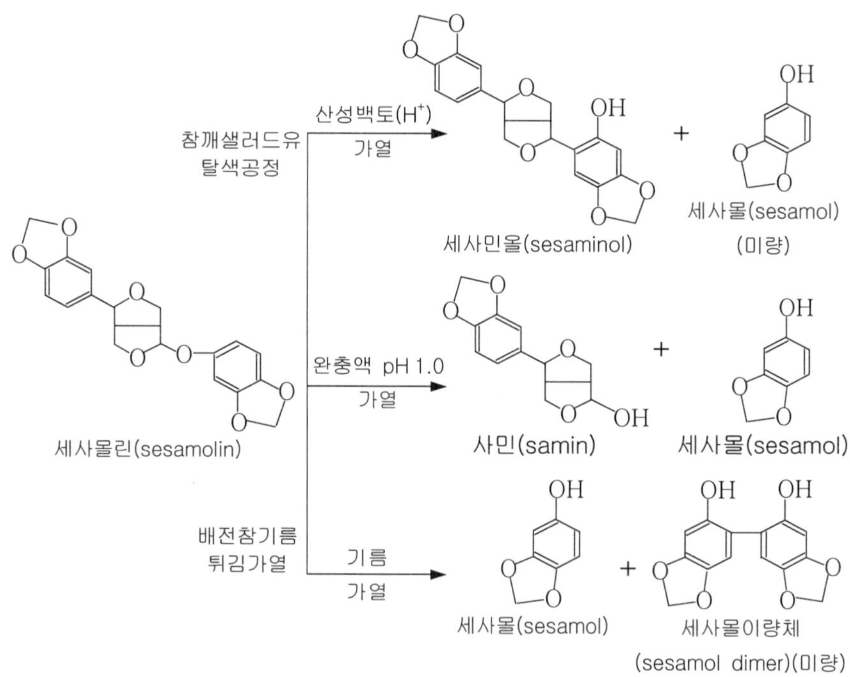

[그림 1-12] 세사몰린(sesamolin)의 분해와 생성물

실제로 튀김 중에 세사몰은 그 전구체인 세사몰린에서 생성되어 튀김유나 튀김식품의 산화를 억제한다.

또 배전 참기름의 경우, 볶음과정 중에 생성되는 아미노-카보닐반응 생성물이 항산화작용을 나타낸다.

참기름은 다른 식물성유지에 비해 산화안정성이 매우 우수하다. 이러한 이유는 참깨 중의 항산화성분인 참깨리그난과 토코페롤, 그리고 볶음과정 중에 생성된 갈변물질 등의 상호작용에 기인된다.

이외에도 참깨리그난은 간기능 회복(알코올 분해촉진), 콜레스테롤의 흡수 억제, 노화방지에 효과가 있다.

Villavecchia 반응 : 참기름 중의 세사몰은 퍼퓨럴(furfural)과 반응하여 핑크색의 정색반응 나타내므로 이를 이용하여 참기름의 혼탁 여무를 판별할 수 있다

세사몰 + 퍼퓨럴(방향족화합물) ⟶ 핑크색의 정색반응

실험방법은 시료(10 g)에 동량의 염산(HCl)과 2% 퍼퓨럴(in ethanol) 0.1 mL을 가하여, 핑크색으로 정색되면 증류수(10 mL)를 가해 그 경계면에 색깔이 잔존하면 양성반응으로 본다.

용도 : 참기름은 열안정성이 좋아 튀김유로 적당하다. 그러나 배전참기름은 볶는 과정에서 볶는 과정 중에 독특한 향미를 부여하여 무침, 볶음 등에 조미료로 널리 이용된다.

6) 들기름(perilla oil)

들깨 종자(유지함량 45~50%)에서 압착으로 채유되는 기름으로, 독특한 형기를 갖고 있다. 용제를 사용하여 얻은 기름은 추출들깨유라고 표시한다.

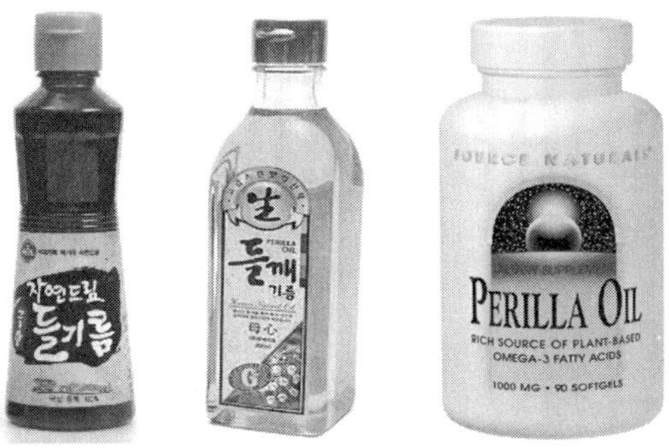

들기름(perilla oil)

주요 구성 지방산 조성 : 주요 지방산은 α-리놀렌산(60%), 리놀레산(13%), 올레산(20%)로, 식용유지 중에서 리놀렌산이 가장 풍부하다. α-리놀렌산은 체내에서 대사되어 n-3계의 고도불포화지방산인 EPA와 DHA로 전환 된다.

n-3계의 필수지방산인 리놀렌산의 함량이 높아, 영양학적으로 우수한 기름에 속하지만, 산패가 매우 빠르기 때문에 특히 주의해야 한다.

용도 : 산화가 매우 빠르기 때문에 유럽에서는 페인트원료 등의 공업용으로 많이 이용된다. 우리나라에서는 참기름 대용품이나 조리용으로 이용된다.

[표 1-19] 참기름, 들기름의 성분규격(식품공전)

<table>
<tr><th>유형
항목</th><th>참기름</th><th>추출참깨유</th><th>들기름</th><th>추출들깨유</th></tr>
<tr><td>(1) 산가</td><td>4.0 이하</td><td>0.6 이하</td><td>5.0 이하</td><td>0.6 이하</td></tr>
<tr><td>(2) 요오드가</td><td>103~118</td><td>103~118</td><td>160~209</td><td>160~209</td></tr>
<tr><td rowspan="3">(3) 산화방지제
(g/kg)</td><td rowspan="2">-</td><td rowspan="2">-</td><td colspan="2">다음에서 정하는 것 이외의 산화방지제가 검출되어서는 아니된다.</td></tr>
<tr><td>부틸히드록시아니솔

디부틸히드록시톨루엔
터셔리부틸히드로퀴논</td><td>0.2 이하(병용할 때에는 부틸히드록시아니솔,
디부틸히드록시톨루엔 및 터셔리부틸히드로퀴논으로서의 사용량의 합계가 0.2 이하)</td></tr>
<tr><td>-</td><td>-</td><td colspan="2">몰식자산프로필 0.1 이하</td></tr>
<tr><td>(4) 리놀렌산(%)*</td><td>0.5 이하</td><td>-</td><td>-</td><td>-</td></tr>
<tr><td>(5) 에루스산(%)</td><td>검출되어서는 아니된다.</td><td>-</td><td>-</td><td>-</td></tr>
</table>

* 팔미트산(C16:0), 스테아르산(C18:0), 올레산(C18:1), 리놀레산(C18:2), 리놀렌산(C18:3), 아라키딘산(C20:0) 중 리놀렌산 함량

들기름의 보관 : 산패가 매우 빠르기 때문에, 빛을 차단할 수 있는 갈색병에 담아 잘 밀봉하여 냉장 보관해야 한다.

대두레시틴, 아스코빌 팔미테이트(ascorbyl palmitate), 카테킨 등 항산화물질의 첨가로 산화안정성을 개선할 수 있다.

또 들기름은 혼합유로의 상업적 제조 및 판매가 금지되어 있으나, 가정에서 들기름과 참기름을 혼합(8 : 2 비율 정도) 하여 사용하면 향미개선과 함께 산화안정성을 높일 수 있다.

참기름의 유통기간은 1년~1년 6개월 정도이지만, 들기름은 6개월 정도로 가급적 빨리 소비하는 것이 좋다.

7) 홍화유(잇꽃씨유, safflower oil)

홍화씨(유지함량 40%)에서 채유한 기름으로, 잇꽃씨유라고도 한다. 잇꽃이란 몸에 이로운 꽃이라는 의미이다.

주요 구성 지방산 조성 : 리놀레산(75%), 올레산(13%)로, 식물성 유지 중에서 리놀레산의 함량이 가장 많은 것이 특징이다.

리놀레산은 혈중 콜레스테롤의 저하 효과가 있기 때문에 소비가 급증하고 있지만, 산화되기 쉽기 때문에 주의해야 한다.

따라서 홍화유는 질소 충진하거나 다른 식용유와 혼합하여 사용하는 경우가 많다.

고올레산 홍화유(high oleic safflower oil) : 홍화유(고리놀레산 품종)는 혈중 콜레스테롤의 저하효과는 높지만, 산화안정성이 문제가 된다.

따라서 품종개량으로 리놀레산함량은 크게 줄이고, 올레산(70% 이상)함량을 높여 산화안정성을 개선한 홍화유가 개발되었으며 이를 고올레산홍화유라고 한다.

홍화유와는 달리 혈중 콜레스테롤의 저하효과는 기대할 수 없다. 올리브유와 비슷한 지방산 조성을 갖는다.

홍화씨(safflower seed)와 홍화유 및 고올레산 홍화유

[표 1-20] 홍화유, 고올레산 홍화유, 해바라기유, 고올레산해바라기유의 규격(식품공전)

유형 / 항목	홍화유	고올레산 홍화유	해바라기유	고올레산 해바라기유
(1) 산가	0.6 이하	0.6 이하	0.6 이하 (압착해바라기유는 4.0 이하)	0.6 이하
(2) 요오드가	140~150	80~100	120~142	75~88

용도 : 홍화유는 생식, 샐러드유, 혈중 콜레스테롤 저하목적 등에 이용되며, 고올레산홍화유는 열에 안정하여 튀김이나 볶음에 이용된다.

8) 해바라기유(sunflower oil)

해바라기씨(유지함량 30~40%)에서 채유한 기름으로 해바라기씨유라고도 한다.

주요 구성 지방산 조성 : 주요 구성 지방산은 리놀레산(70%), 올레산(20%)로, 현재 시판되고 있는 식용유 중에서 홍화유를 제외하고는 가장 리놀레산의 함량이 높다. 따라서 산화되기 쉬운 기름으로 주의해야 한다.

고올레산 해바라기유(high oleic sunflower oil) : 해바라기씨유는 홍화씨와 같이 리놀레산 함량이 높아 혈중 콜레스테롤의 저하효과 높지만 산화안정성이 문제가 된다.

따라서 품종개량으로 리놀레산의 함량을 크게 줄이고, 올레산(75% 이상)을 높여 산화안정성을 개선한 해바라기유를 개발하여 이를 고올레산 해바라기유라고 한다.

해바라기씨(sunflower seed)와 해바라기유와 고올레산 해바라기유

해바라기유 중의 토코페롤함량 : 해바라기유에는 다른 기름에 비해, 토코페롤의 함량이 높다. 비정제 해바라기유에는 80~90 mg/100g 정도, 정제유에는 40 mg/100mg 정도 함유하고 있다.

[표 1-21] 일부 식물성유지의 비타민 E 함량

종 류	토코페롤 함량(mg/100g)
해바라기유	39.0
목화씨기름(면실유)	29.8
홍 화 유	27.4
현미유(미강유)	26.1
옥수수유	20.7

용도 : 샐러드유, 과자, 쇼트닝, 마가린 제조에 이용한다.

9) 목화씨기름(면실유, cottonseed oil)

목화에서 면섬유를 채취하고 남은 종자(유지함량 25%)에서 채유한 기름으로, 면실유라고도 한다.

목화씨에는 고시폴(gossypol)이라는 독성물질이 있어 정제 중에 제거하여야 한다. 정제과정에서 불충분하게 제거되면 신장출혈 등을 유발한다. 시판제품에서는 알칼리로 세척, 제거하기 때문에 염려할 필요는 없다.

목화씨(cotton seed)와 목화씨기름(면실유, cottonseed oil)

주요 구성 지방산 조성 : 주요 지방산은 리놀레산(50%), 올레산(20%), 팔미트산(20%)이며, 리놀렌산은 거의 함유하지 않아, 비교적 산화안정성이 좋다.

목화씨 샐러드유 : 목화씨기름에는 고융점의 글리세라이드 함량이 높아, 저온 저장시에 유지를 혼탁시키거나 침전되므로, 샐러드유나 마가린 원료로 사용할 때는 탈납공정을 통해 제거해야 한다. 이와 같이 탈납공정을 거쳐 고융점의 글리세라이드를 제거한 목화씨기름을 목화씨샐러드유라고 한다.

용도 : 면실유는 풍미가 좋고, 생식이나 튀김 등 다양하게 사용할 수 있다. 튀김유, 참치통조림, 샐러드유, 쇼트닝, 마가린 등에 이용된다.

[표 1-22] 목화씨기름, 목화씨 샐러드유, 목화씨스테아린유의 규격(식품공전)

항목 \ 유형	목화씨기름	목화씨 샐러드유	목화씨스테아린유
(1) 산가	0.6 이하	0.6 이하	0.6 이하
(2) 요오드가	102~120	105~123	83~105
(3) 냉각시험	-	5시간 30분 맑고 투명하여야 한다.	-

10) **땅콩기름(낙화생유**, peanut oil)

땅콩에 함유된 기름(유지함량 40~50%)을 볶아 압착 또는 용매추출하여 얻어진 기름으로, 낙화생유라고도 한다.

땅콩기름(낙화생유, peanut oil)

주요 지방산 : 주요 지방산은 올레산(40%), 리놀레산(35%)으로, 올레산이 많기 때문에 산화안정성이 좋다.

한편, 다른 식용유지와는 달리 아라키드산(arachidic acid, C 24:0)과 리그노세르산(lignoceric acid, C 20:0)이라는 지방산을 5~7% 정도 함유하고 있다.

이들 포화지방산은 뜨거운 알코올에 녹인 후 냉각하면 현탁이나 침전을 나타내기 때문에 땅콩기름의 판별이나 혼합여부를 판단하는데 이용된다.

용도 : 땅콩 특유의 향기가 있고 중화요리에 필수적인 기름이다. 고도 불포화 지방산의 함량이 적어 열에 대단히 안정하고, 산화안정성이 좋아 튀김유, 마가린, 쇼트닝의 원료로 이용된다.

[표 1-23] 땅콩기름, 정제땅콩기름의 규격(식품공전)

유형 항목	땅콩기름	정제땅콩기름
(1) 산가	2.0 이하	0.6 이하
(2) 요오드가	84~103	84~103
(3) 산화방지제 (g/kg)	다음에서 정하는 것 이외의 산화방지제는 검출되어서는 아니된다.	
	부틸히드록시아니졸 디부틸히드록시톨루엔 터셔리부틸히드로퀴논	0.2 이하(병용할 때에는 부틸히드록시아니졸, 디부틸히드록시톨루엔 및 터셔리부틸히드로퀴논으로서의 사용량의 합계가 0.2 이하)
	몰식자산프로필 0.1 이하	

땅콩버터(peanut butter) : 땅콩을 으깨 이겨서 버터모양으로 만든 식품으로, 피넛버터라고도 한다.

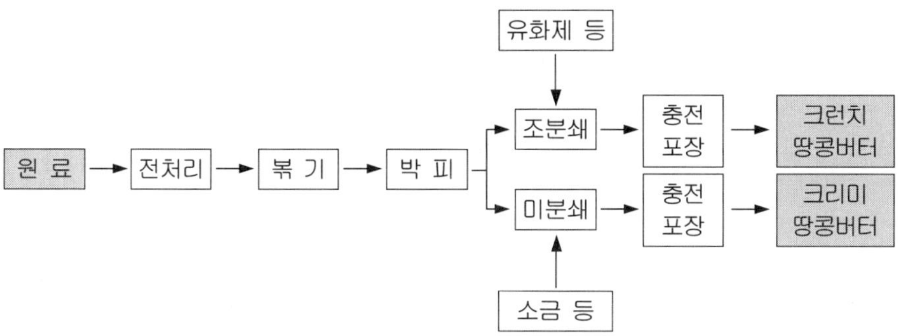

[그림 1-13] 땅콩버터의 제조공정(식품공전 예)

[표 1-24] 시판 땅콩버터의 성분 예

시판 땅콩버터	성 분	
	유지	기타
예 1	땅콩(90%), 대두유	포도당, 소금, 글리세린지방산에스터
예 2	땅콩(89.9%), 식물성유지(팜유)	설탕(7.7%), 소금(0.6%)
예 3	땅콩 90%, 대두경화유	설탕, 포도당, 글리세린지방산에스테르
예 4	땅콩 90%, 식물성경화유 (유채유, 면실유, 대두유)	설탕(3%), 소금(1%)

11) 올리브유(olive oil)

올리브유는 올리브열매(유지 함량 40~60%)를 압착(냉압법)이나 용매추출로 채유되는 기름으로, 참기름과 함께 세계 최고의 역사를 갖는 기름이다.

올리브유는 스페인, 이탈리아, 그리스 등의 지중해연안 국가에서 90% 이상 생산되며, 한국에서는 생산되지 않아 모두 수입에 의존하고 있다.

올리브의 숙성도는 올리브유의 품질을 결정하는 가장 큰 요인이며, 최상의 올리브유는 일찍 수확된 올리브(1/3~2/3 정도 검어진 것)에서 얻어진다. 일찍 수확된 올리브는 과일향이 나며, 구별되는 향(주로 후추 향)을 지닌다. 과숙된 올리브는 향기가 없는 순한 올리브유가 되지만, 올리브유의 생산량은 많아진다.

올리브 열매

주요 구성 지방산 : 올레산(70% 이상)이 풍부하며, 팔미트산(10%)도 많이 함유되어 있다. 올레인산이 많이 함유되어 있어 산화안정성이 좋다.

올리브유의 종류 : 올리브유는 압착올리브유, 정제올리브유(refined olive oil), 혼합올리브유(pure olive oil), 올리브박유(olive pomace oil)로 분류된다.

올리브유(olive oil)의 종류

[표 1-25] 올리브유의 종류

분　류	종　　류	특　　징
버진올리브유 (virgin olive oil)	엑스트라버진 올리브유 (엷은 녹색, 산도 1%이하)	최상급의 올리브유로 압착법에 의해 착유한 것
	파인버진 올리브유 (산도 1.5%이하)	엑스트라 버진 올리브를 짜고 남은 올리브를 한번 더 짜낸 것
	세미화인 올리브유) (산도 3.3%이하)	
정제올리브유 (refined olive oil)	(산도 0.5%이하)	품질이 나쁜 버진 올리브유를 열만 가하여 추출한 후, 정제한 기름
혼합올리브유 (pure olive oil)	(진한 황색, 산도 1.5%이하)	정제 올리브유에 맛과 향을 위해 엑스트라 버진, 파인 버진 올리브유 등을 혼합한 것
올리브박유 (olive pomace oil)	올리브박원유 (crude olive pomace oil)	올리브박의 기름을 용매로 추출한 것(거의 백색)
	정제 올리브박유 (산도 0.5% 이하)	크루드 올리브박유를 정제한 것
	올리브박유 (산도 1.5% 이하)	정제 올리브박유에 엑스트라 버진 , 파인버진 올리브유 등을 혼합한 것

(1) 압착 올리브유(버진 올리브유) : 올리브유를 압착법(냉압법)으로 채유하면 녹황색의 독특한 향과 맛을 가지며, 이를 버진 올리브유라고도 한다.

버진올리브유(virgin olive oil)란 열을 가하거나 화학적으로 정제하지 않고 압착과정에 의해서만 추출된 올리브유를 의미한다.

압착올리브유의 종류 : 압착 올리브유는 풍미와 함유된 유리지방산의 함량에 따라 엑스트라 버진(extra virgin), 파인버진(fine virgin) 및 세미화인(semifine) 올리브유의 3등급으로 분류된다.

[그림 1-14] 올리브유 압착기

① 엑스트라 버진 올리브유 : 착유하여 처음 얻어지는 최상품의 올리브유를 엑스트라 버진 올리브유(extra virgin olive oil)이라고 하며, 풍미가 가장 좋고 가격도 가장 비싸다. 산도는 1% 이하이다.

용도 : 엑스트라 버진 올리브유는 일반 정제 식용유와 달리 정제과정을 거치지 않았기 때문에 유리지방산의 함량이 높아 발연점이 낮다(180℃ 이하). 따라서 압착올리브유는 튀김유로 사용하지 않는 것이 좋다.

식초나 간장을 섞어 빵에 찍어 먹거나 샐러드 드레싱, 기름절임용 등 주로 가열하지 않고 그대로 먹는 요리에 사용한다.

② 파인버진 올리브유(파인 버진) : 산도 1.5% 미만으로 엑스트라 버진을 짜고 남은 올리브를 한번 더 짜낸 올리브유를 말한다.

용도 : 일반적으로 파스타, 생선요리, 닭요리 등에 사용된다.

③ 세미화인 올리브유 : 산도 3.3% 이하의 올리브유를 말한다.

(2) **정제 올리브유** : 압착 올리브유 중에서 향미가 나쁘거나 산도가 3.3% 이상인 올리브유에 열을 가하여 추출한 후 정제한 것이 정제 올리브유이다. 정제올리브유는 압착올리브유와 동일한 화학적 구조(지방산 및 트리글리세라이드 조성 등)를 갖지만, 맛과 향이 없다.

따라서 정제올리브유는 그대로 시판되는 경우는 없고, 압착올리브유와 혼합된 올리브유형태로 판매되고 있다.

(3) **혼합올리브유(퓨어 올리브유)** : 압착올리브유와 정제올리브유를 혼합

한 올리브유를 혼합 올리브유 또는 퓨어 올리브유(pure olive oil)라고 한다.

퓨어 올리브유의 퓨어(pure)란 올리브유 이외에는 다른 기름이나 화학성분을 첨가하지 않아다는 것을 의미한다.

보통 정제 올리브유 80%에 엑스트라 버진 올리브유 20%를 혼합하지만, 엑스트라 버진 올리브유를 5~10% 정도 혼합한 제품도 있다.

용도 : 혼합 올리브유는 비교적 발연점이 높고, 올리브유 특유의 향이 거의 없어, 튀김, 부침, 볶음 등에 사용할 수 있다. 참치통조림, 마가린 제조에도 이용된다.

(4) **올리브박유(olive pomace oil, 올리브포마스유)** : 올리브유 착유박에 잔존하는 기름(6% 정도)을 용매로 추출한 것으로, 올리브박유는 올리브유라고 하지 않으며, 주로 공업용에 이용된다. 공업용으로는 비누, 섬유윤활용, 머릿기름, 의약품으로는 도찰제(塗擦劑), 관장제, 주사용용제로 이용된다.

[표 1-26] 압착올리브유, 정제올리브유, 혼합올리브유의 규격(식품공전)

항목 \ 유형	압착올리브유	정제올리브유	혼합올리브유
(1) 산가	2.0 이하	0.6 이하	2.0 이하
(2) 요오드가	75~94	75~94	75~94

압착올리브유 중의 생리활성물질 : 압착올리브유에는 항산화물질인 올레유러핀(oleuropin) 등의 폴리페놀 화합물이 함유되어 있다. 이들 성분은 올리브 열매보다 올리브 잎에 많다.

또한, 올리브유에는 스쿠알렌(squalene)이 비교적 많이 함유되어 있어 예로부터 중동지방에서 상처회복을 위한 외용제로 사용되어져 왔다.

올리브유의 보관 : 올리브유는 주변 환경의 다른 냄새를 쉽게 흡수하는 성질이 있기 때문에 공기투과율이 낮은 유리병에 보관하는 것이 좋다.

특히, 압착 올리브유의 녹황색은 클로로필에 기인되는 것이며, 클로로필이나 이들의 분해산물은 광증감물질로 작용하여 빛에 노출되면 광증감산화반응에 의한 산패가 일어나므로, 갈색병에 넣어 암소에 보관하는 것이 좋다.

또 올리브유에는 올레산의 함량이 높아 10℃에서 혼탁해지고, 0℃에서 연고상태로 된다. 따라서 올리브유를 냉장보관하면 반고체상이 되므로 주의할 필요가 있다.

12) **팜유**(palm oil)

팜유는 야자과의 오일 팜(oil palm)의 과육(유지함량 50%)에서 얻어지는 기름으로, 주로 말레이시아와 인도네시아 등의 동남아시아에서 제조된다. 대두유와 함께 세계적으로 가장 많이 이용되는 유지이다.

팜 과육은 저장이나 수송 중에 라이페이스에 의한 급격한 유리지방산의 증가로 품질을 저하되기 때문에, 팜유 농장 근처의 공장에서 바로 압착, 착유하여 원유 또는 반정제유 상태로 수입된다.

정제되지 않은 팜유는 0.05~0.2%의 카로틴을 함유하고 있어 붉은 색을 나타낸다.

[그림 1-15] 오일팜(oil palm)나무와 오일팜열매

주요 지방산 : 주요지방산은 올레산(40%), 팔미트산(45%)으로, 팜유는 식물성유지임에도 불구하고 동물성 기름과 유사한 지방산 조성을 갖고 있다. 이러한 지방산 조성 때문에 팜유는 동물성유지와 같이 반고체 기름이다.

팜유(palm oil)

용도 : 열안정성이 좋기 때문에 업무용 튀김유(라면, 과자), 마가린, 쇼트닝 배합유로 많이 이용된다. 특히, 담백한 맛과 보존성이 요구되는 포테이토 칩 등에는 팜유 단독 또는 다른 식용유(미강유 등)와 혼합하여 사용되고 있다.

팜올레인, 팜스테아린 : 팜유는 반고체의 기름이지만, 실온에서 액상부분과 고체부분으로 공존하기 때문에 식용으로 취급하기 곤란하다. 이 때문에 분별 처리하여 필요로 하는 성상을 갖는 유지형태로 이용되고 있다.

분별처리로 얻어진 저융점 부분의 액상유를 팜올레인(palm olein)이라고 하며, 고융점 부분의 고체지를 팜스테아린(palm stearin)이라고 한다.

팜올레인(palm olein)과 팜스테아린(palm stearin)
* RBD palm stearin(Refined Bleached Deodorized Palm stearin)

[표 1-27] 팜유, 팜올레인, 팜스테아린의 요오드가, 융점 및 지방산 조성

	요오드가	융점(℃)	지방산 조성					
			C 12:0	C 14:0	C 16:0	C 18:0	C 18:1	C 18:2
팜유	51.0	37.0	0.3	1.1	45.2	4.3	38.8	9.5
팜올레인	54.0	23.0	0.2	1.1	40.3	4.2	**42.2**	10.1
팜스테아린	36.0	52.0	0.1	1.3	**59.1**	4.7	28.0	6.0

팜올레인은 주로 액상 식물성유로 산화안정성을 요구하는 튀김유 등에 사용되며, 팜스테아린은 물성보완을 위해 다른 식물성유와 혼합하여 마가린 등에 이용된다.

또한, 팜올레인을 더 분별하면 상온에서 거의 굳지 않는 팜유(superolein) 제조가 가능하기 때문에 근래 이들의 이용이 증가하고 있다.

팜핵유(palm kernel oil) : 오일 팜(oil palm)의 핵(유지함량 40~50%)에서 압착 또는 추출법으로 얻어진 기름을 팜핵유라고 한다. 팜유를 착유할 때 부산물로 생기는 핵을 압착 또는 용매 추출한다.

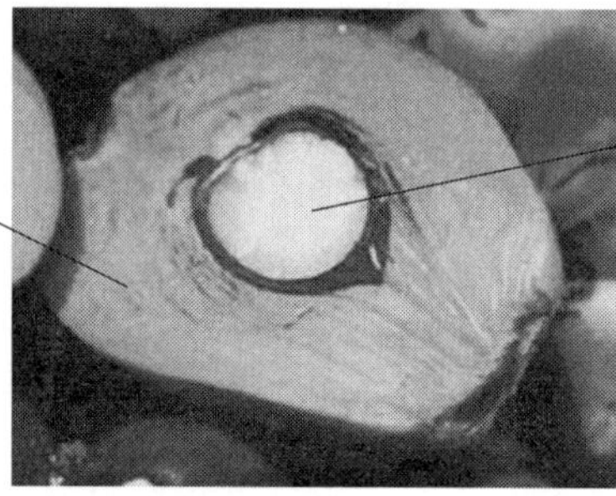

[그림 1-16] 팜유와 팜핵유의 채위 부위

팜핵유의 구성 지방산 및 성상 : 주요지방산은 라우르산(45%), 미리스트산(20%), 팔미트산(10%)이며, 이외에 카프릴산(C 8:0)과 카프르산(C 10:0)도 약 8~10% 정도 함유되어 있다.

이와 같이 팜핵유는 팜유와는 전혀 다른 지방산 조성을 가지며, 오히려 야자유와 비슷한 지방산 조성을 갖는다. 이러한 지방산 조성으로 인하여, 팜핵유의 융점(24~30℃)은 팜유(30~50℃) 보다 낮으며, 야자유의 융점(24~27℃)와 비슷하다.

용도 : 주로 야자유나 카카오버터 대용품으로 사용되며, 마가린, 제과용에도 이용된다.

또한 분별처리에 의해 얻어진 팜핵올레인과 팜핵스테아린이나 수소첨가에 의한 제조된 팜핵경화유는 마가린, 식물성크림 제조 등에 이용된다.

[표 1-28] 팜유, 팜올레인유, 팜스테아린유, 팜핵유의 규격(식품공전)

항목 \ 유형	팜유	팜올레인유	팜스테아린유	팜핵유
(1) 산가	0.6 이하	0.6 이하	0.6 이하	0.6 이하
(2) 과산화물가	-	5.0 이하	3.0 이하	-
(3) 요오드가	44~60	-	-	14~22

13) 코코넛유(야자유, coconut oil)

야자의 흰색 과육(copra, 유지함량 30~40%)에 함유되어 있는 기름을 압착한 것을 코코넛유라 하며, 코프라유(copra oil), 야자유라고도 한다.

[그림 2-9] 코코넛나무와 코코넛열매

- 코프라(copra) : 코코넛열매의 배유부분을 말린 것을 코프라(copra)라고 한다. 코코넛열매의 과육부분에는 수분함량이 많아 유지가 가수분해되기 쉽기 때문에 코프라에서 채유한다. 코프라의 유지함량은 55~65%이다.

코프라(copra)

구성 지방산 및 성상 : 라우르산(45~50%), 카프로산(C 8:0), 카프릴산(C 10:0), 미리스트산(C 14:0)의 중쇄 포화지방산이 40~45%로, 전체 포화지방산의 함량이 90%를 차지한다.

팜핵유와 같이 대표적인 라우르산계 유지이다.

이와 같이, 코코넛유는 불포화지방산이 적고, 대부분 포화지방산으로 구성되어 다른 식물성유지에 비해 융점이 높아(24~27℃) 입안에서 녹는 촉감이 좋다. 또 산화안정성이 좋아 장기간 보존이 가능하다.

정제 코코넛유와 버진 코코넛유 : 정제 코코넛유(refined coconut oil)는 코프라(copra)에 열을 가하여 압착하여 얻어진 기름을 다시 정제공정을 거친 기름이다. 현재는 1차 압착으로 짜낸 후 남아있는 기름을 유기용제로 2차 추출한다.

정제 코코넛유는 코코넛 고유의 향이 없으며, 무색이다.

정제코코넛유와 버진코코넛유

버진 코코넛유(virgin coconut oil)는 열을 가하지 않고 코코넛과육을 기계적 압착하여 얻어진 코코아밀크상태를 정치, 발효하거나 원심분리하여 얻어진 기름이다. 버진 코코넛유은 고유의 코코넛 향이 있으며, 무색이다. 식용이외에 비누, 화장품 등에도 널리 사용된다. 이 중 가장 우수한 품질의 것을 엑스트라 버진 코코넛유라고 한다.

- 코코넛주스 : 코코넛 열매 내부에 들어있는 액체를 말하며, 음료수로 이용된다.
- 코코넛 밀크(크림) : 코코넛열매의 배유(copra)를 물과 함께 갈아 얻어진 흰색의 액상성분을 말한다.

코코넛밀크(coconut milk)

용도 : 코코넛유는 아이스크림, 식물성(합성)크림, 제과, 유제품 등에 이용되는 식용가공유지, 쇼트닝 등의 원료로 널리 이용되고 있다.

특히, 코코넛유(야자유)를 수소첨가반응(hydrogenation)하여 제조되는 야자경화유는 카카오버터 대용품으로 코팅초콜릿 제조에 많이 사용되며, 제약용유지, 코팅용유지로 널리 이용되고 있다.

라우르산계 유지(야자유, 팜핵유)의 이용

라우르산계 유지는 일부 마가린의 원료로 이용되는 경우가 있지만, 일반적으로 적합하지 않다. 그 이유는 라우르산계 유지는 수분과 공존시 라이페이스에 의한 가수분해로 생성된 라우르산에 의해 비누냄새를 나타내는 단점이 있기 때문이다.

그러나 코딩용 초콜릿, 휘핑크림, 커피크림 등 다양한 용도로 이용할 수 있다.

① 카카오버터 대용품으로의 이용 : 카카오버터는 가격이 비싸기 때문에 대용품이 요구되고 있다. 카카오버터 대용품으로 라우르산계 유지의 경화유 또는 분별유가 널리 이용된다. 경화유는 단순히 수소첨가에 의해 융점을 32~41℃로 만들 수 있다.

특히, 팜핵유에서 분별한 팜핵경화유도 카카오버터와 유사한 성질을 갖고 있어 카카오버터의 대용품으로 이용되며, 코코아분말, 당과 혼합하여 과자, 비스킷 등의 코팅, 초콜릿과자 등에 이용하기도 한다.

[표 1-29] 라우르산계 유지를 이용한 코딩용 초콜릿의 배합 예

	배합성분 및 비율
예 1	식물성유지(팜핵유/야자유), 코코아파우더(13.3%), 전지분유(우유), 유청분말, 백설탕, 대두레시틴, 바닐라
예 2	식물성유지(팜핵유), 코코아파우더 10%, 전지분유(우유) 12%, 대두레시틴, 설탕, 합성착향료(바닐린)
예 3	식물성유지(팜핵유) 34.1%, 코코아파우더 27.45%, 대두레시틴 0.65%, 설탕 37.4%, 천연바닐라분말 0.4%

그러나 라우르산계 유지는 카카오버터와의 상용성이 나쁘기 때문에 카카오버터와 혼합하여 사용하지 않는다.

• 아이스크림 코팅용 : 아이스크림의 코팅에 이용하는 경우, 저온에서의 깨짐을 방지하기 위해, 액상 식물성유나 식물성 경화유를 혼합하여 사용한다.

② 유제품(휘핑크림, 커피크림, 버터)에 대한 이용 : 라우르산계 유지, 특히 야자경화유는 휘핑크림, 커피크림원료로 적합하다. 보통 사용목적에 따라 식물성 경화유, 팜유, 액상유를 혼합하여 사용한다.

또한 라우르산계 유지는 유지방과 사용성이 좋기 때문에 생크림이나 버터에 혼합하여 사용하는 경우가 많다. 예를 들어, 팜핵경화유는 캔디 제조시 버터를 부분적으로 대체하여 단가를 낮추는데 이용하기도 한다.

③ 스낵식품에 대한 이용 : 종래의 스넥제품은 튀김(frying)에 의해 만들어졌지만 최근 압출 성형기(extruder)로 팽화한 후 유지를 스프레이한 제품이 증가하고 있다.

라우르산계 유지나 이들의 경화유는 산화안정성이 크고, 건조가 빨라 상온에서 고체화되고, 방습효과가 있어 스낵식품에 적합하다.

그러나 수분을 함유한 식품의 경우는 가수분해의 문제가 있기 때문에 건조식품에 국한된다.

[표 1-30] 야자유, 혼합식용유, 가공유지의 규격(식품공전)

<table>
<tr><th>항목 \ 유형</th><th>야자유</th><th colspan="2">혼합식용유</th><th>가공유지</th></tr>
<tr><td>(1) 산가</td><td>0.6 이하</td><td colspan="2">0.6 이하</td><td>0.6 이하</td></tr>
<tr><td>(2) 과산화물가</td><td>-</td><td colspan="2">-</td><td>3.0 이하</td></tr>
<tr><td>(3) 요오드가</td><td>7~11</td><td colspan="2">-</td><td>-</td></tr>
<tr><td rowspan="4">(3) 산화방지제 (g/kg)</td><td rowspan="4">-</td><td colspan="3">다음에서 정하는 것 이외의 산화방지제가 검출되어서는 아니된다.</td></tr>
<tr><td>부틸히드록시아니솔</td><td colspan="2" rowspan="2">0.2 이하(병용할 때에는 부틸히드록시아니졸. 디부틸히드록시톨루엔 및 터셔리부틸히드로퀴논으로서의 사용량의 합계가 0.2 이하)</td></tr>
<tr><td>디부틸히드록시톨루엔
터셔리부틸히드로퀴논</td></tr>
<tr><td colspan="3">몰식자산프로필 0.1 이하</td></tr>
</table>

14) 카카오버터(카카오지, cacao butter)

카카오버터는 테오브로마 카카오(*Theobroma cacao*)나무의 종실인 카카오콩(지방함량 50~55%)을 압착 또는 용매 추출로 얻어진 기름이다.

 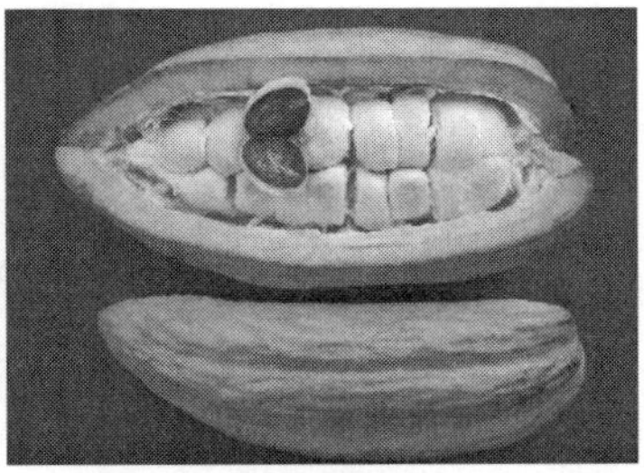

[그림 1-18] 카카오나무와 카카오콩

카카오버터(카카오지, cacao butter)와 코코아(cocoa)

카카오버터는 초콜릿제조에 이용되며, 압착박은 코코아의 원료로 사용된다.

주요 구성 지방산 및 성상 : 올레산(40%), 팔미트산(25%), 스테아르산(30%)의 3종의 지방산이 95% 이상을 차지한다(표 2-18).

[표 2-18] 카카오버터, 돈지, 버터의 지방산 비율

지방산	융점(℃)	유지중의 비율비(%)		
		카카오버터	돈지	우지
리놀레산(C 18:2)	-11.0	-	9.8	3.3
부티르산(C 4:0)	-7.9	-	-	-
리놀렌산(C 18:3)	-5.0	4	0.7	0.3
카프로산(C 6:0)	-3.8	-	-	-
팔미트올레산(C 16:1)	0.5	-	3	3
올레산(C 18:1)	13.0	40	42.5	43
카프릴산(C 8:0)	16.5	-	-	1
카프르산(C 10:0)	31.1	-	-	-
라우르산(C 12:0)	42.6	-	-	-
미리스트산(C 14:0)	53.8	-	2.3	3.7
팔미트산(C 16:0)	62.6	25	29.2	28.9
스테아르산(C 18:0)	69.3	30	12.1	17.6

이와 같이 카카오버터는 복잡한 지방산의 조성을 갖고 있는 우지나 돈지와는 대조적인 특징을 갖고 있다.

카카오버터의 융점과 트리글리세라이드의 결합 조성 : 카카오버터의 융점은 33℃ 부근이며, 고체에서 액체로 완전히 변화하는데 불과 2~3℃의 매우 좁은 온도범위에서 완료된다. 이것은 트리글리세라이드의 결합조성을 보면 쉽게 이해할 수 있다.

카카오버터의 트리글리세라이드 결합조성은 대부분(75~80% 이상)이 융점이 낮은 올레산이 가운데 결합되고, 외측에는 융점이 높은 스테아르산이나 팔미트산이 결합되어 있다.

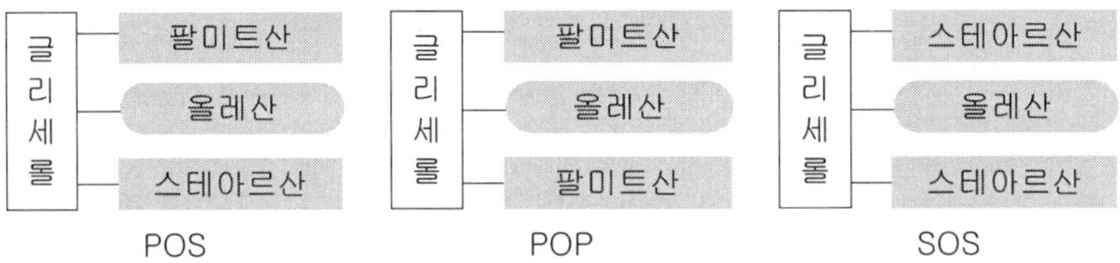

P : 팔미트산, O : 올레산, S : 스테아르산

[그림 1-19] 카카오버터의 주요 트리글리세라이드 구성성분

이 같은 구조의 유지는 온도가 상승하면, 먼저 가운데의 지방산이 녹기 시작하여, 외측에 위치한 지방산의 융점에 가까워지면 전체가 단숨에 녹아버리는 특징을 갖고 있다. 그 때문에 카카오버터는 고체에서 완전히 액체로 변화하는데, 불과 2~3℃의 매우 좁은 온도범위에서 완료된다. 즉, 카카오버터는 가소성을 나타내는 온도범위가 대단히 좁고, 고체에서 액체로의 변화가 매우 빠르다. 이 같은 특성으로 초콜릿은 사람의 체온(약 37℃)에서도 빠르게 용해하여, 대단히 입안의 촉감이 좋게 한다.

15) 고추씨기름

고추씨기름은 고추씨(유지함량 25%)에서 압착이나 용매추출에 의해 얻어지는 기름으로, 압착고추씨기름과 고추씨기름을 말한다. 일반적으로 고추씨를 볶은 후 압착하여 제조한다.

주요 지방산은 리놀레산(64.4%), 올레산(17.3%)이다.

고추씨기름

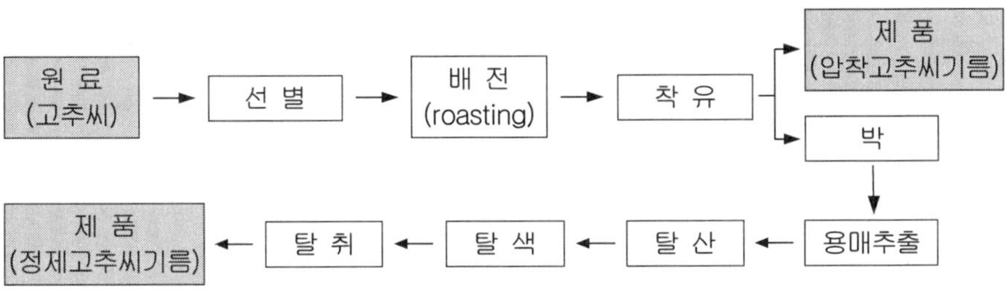

고추씨기름의 제조과정

[표 1-32] 압착고추씨기름, 고추씨기름, 향미유의 규격(식품공전)

항목 \ 유형	압착고추씨기름	고추씨기름	향미유
(1) 산가	3.0 이하	0.6 이하	3.0 이하
(2) 요오드가	120~139	120~139	-
(3) 타르색소	-	-	검출되어서는 아니된다.

16) 포도씨유(grape seed oil)

와인을 제조할 때 부산물로 얻어지는 포도씨(지방 함량 20%)를 압착하여 얻어지는 기름이다. 스페인, 이탈리아, 프랑스 등 와인 생산이 많은 나라에서 많이 만들어진다.

주요 구성 지방산 및 성상 : 리놀레산(70%), 올레산(20%)으로 해바라기유와 비슷한 조성을 갖고 있다.

포도씨유에는 다른 식물성유지에 비해 항산화효과나 혈중 콜레스테롤의 저하 효과가 있는 카테킨, 토코페롤, β-시토스테롤의 함량이 높다. 토코페롤의 함량은 올리브유의 2배, 참기름의 3.5배 정도이다.

포도씨유(grape seed oil)

용도 : 포도씨유는 정제되기 때문에 올리브유와 달리 특유의 향이 없다. 튀김, 구이, 부침, 샐러드드레싱, 마요네즈, 케이크 등 다양한 요리에 사용할 수 있다.

17) 그 밖의 식물성 유지

(1) **겨자씨유(mustard seed oil)** : 흑겨자, 백겨자의 종자에서 추출한 기름으로 겨자 특유의 향이 있다. 지방산 중에 에루스산이 50% 정도 함유되어 있다. 식용 외에 비누원료로도 이용된다.

(2) **달맞이꽃씨유(evening primrose oil)** : 달맞이꽃 종자에서 추출한 기름으로, 리놀레산(67.5%)과 γ-리놀렌산(7.5%)이 풍부하다. γ-리놀렌산에서 생성된 프로스타글란딘(prostaglandin)의 작용으로, 아토피성 피부염을 억제하는 효과가 있다. 아메리카 인디안들은 달맞이꽃을 갈아 마시거나 피부발진, 종기 부위에 바르기도 하였다. 건강기능식품으로 시판되고 있다.

겨자유

달맞이꽃씨유

아몬드유

호두기름

소맥배아유

(3) **아몬드오일**(amond oil) : 아몬드에서 추출한 기름으로, 올레산(60%)이 풍부하고, 포화지방산이 적다. 아몬드 특유의 달고 고소한 풍미를 갖는다. 샐러드, 드레싱을 비롯하여 생선의 오븐구이, 쿠키, 케이크에도 적합하다. 보습효과가 있어 비누, 마사지오일, 아로마오일로도 사용된다.

(4) **호두기름**(walnut oil) : 호두(유지함량 65~70%)에서 추출한 기름으로, 리놀레산(56%), α-리놀렌산(14%)로 풍부하며, 포화지방산이 적기 때문에 산화안정성에 주의해야 한다.

호두특유의 고소함으로, 샐러드, 드레싱, 소스에 많이 이용된다. 호두기름은 가열하면 고소한 향이 강해져 그릴요리나 볶음요리에 적합하다. 피부의 염증이나 햇빛에 탔을 때 바르면 치료효과가 있다.

(5) **소맥배아유**(wheatgerm oil) : 소맥배아에서 추출한 기름으로, 토코페롤이 풍부하여 비타민 E제제의 원료로 사용된다. 특히, 생리 활성이 강한 α-토코페롤을 50% 이상 함유하는 것이 특징이다.

18) 혼합식용유

식품공전에서 제품유형이 정해진 2종 이상의 식용유지(단, 압착참기름, 압착들기름은 제외)를 단순히 혼합한 것을 말한다. 대표적인 혼합식용유로는 압착올리브유에 정제올리브유를 혼합한 혼합올리브유가 있다. 또한 식용유지(팜유, 해바라기씨유 등)에 수소첨가유나 팜올레인, 팜스테아린 등의 가공유지를 혼합하여 제조하기도 한다.

19) 기타 식용유지

기타 식용유지란 단일 유지원료로부터 채취한 원유를 식용에 적합하도록 처리한 것 또는 압착방법으로 착유하고 남은 박에서 채취한 원유를 식용에 적합하도록 정제, 처리한 것을 말한다. 다만, 다른 기준 및 규격이 정해져 있는 것은 제외한다.

[표 1-33] 기타 식용유지의 규격(식품공전)

항목 \ 유형	기타 식용유지	
(1) 산가	0.6 이하(압착유는 4.0 이하)	
(2) 산화방지제 (g/kg)	다음에서 정하는 것 이외의 산화방지제가 검출되어서는 아니된다.	
	부틸히드록시아니졸 디부틸히드록시톨루엔 터셔리부틸히드로퀴논	0.2 이하(병용할 때에는 부틸히드록시아니졸, 디부틸히드록시톨루엔 및 터셔리부틸히드로퀴논으로서의 사용량의 합계가 0.2 이하)
	몰식자산프로필	0.1 이하

2. 동물성유지

대부분의 식물성유지가 유량작물(油糧作物)을 재배하여, 기름을 분리하는데 반해, 동물성유지는 식육의 부산물이다.

한편 근래, 동물의 사육에도 가능한 한 지방함량이 적은 품종으로 개량되고 있어, 공급량은 증대되지 않을 것으로 생각된다. 동물성유지의 대표적인 것은 우지, 돈지이며, 버터, 양기름도 동물성유지에 포함된다.

1) 우지(beef tallow)

우지는 소의 복부, 내장, 조직 등에서 얻어지는 고체지방이다. 일반 식용우지는 소의 위장 등을 원료로 하여 60~65℃의 물로 용출하여 정제한다.

프레미에 주스(premier jus) : 국제식품규격에는 소의 지방결합조직(심장, 신장 등)의 지방을 저온(50~55℃)의 물로 용출한 양질의 우지를 고품질 우지(premier jus)라고 하며, 미국에서는 올레오 스톡(oleo stock)이라고 한다. 이 우지는 정제를 하지 않고 식용으로 사용한다.

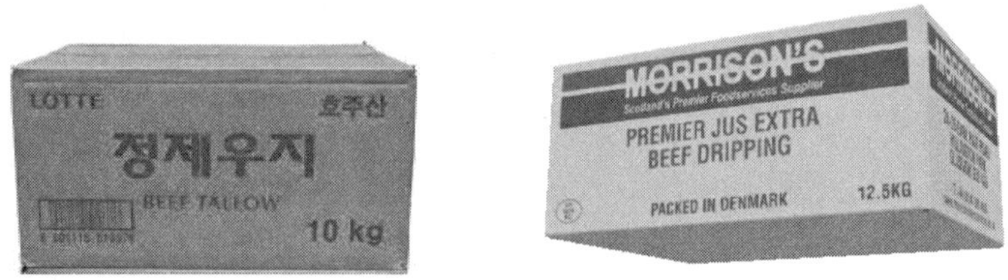

우지(beef tallow)와 프레미에 주스((premier jus)

주요 구성 지방산 및 특성 : 주요 지방산은 올레산(40%), 팔미트산(30%) 및 스테아르산(20%)로 돈지에 비해 포화지방산이 많고, 융점(40~50℃)이 높다. 요오드가는 42~48 정도이다.

우지의 산화안정성 : 식물성 유지와는 달리 산화안정성이 그다지 좋지 않다. 이는 식물성유지와는 달리 천연항산화제가 거의 함유되어 있지 않기 때문으로 생각된다. 보통 토코페롤 등의 항산화제를 첨가하여 산화안정성을 향상시킨다.

용도 : 우지는 높은 융점으로 고체상을 나타내며, 우지를 첨가한 조리식품은 뜨거울 때 먹어야 하기 때문에 그 용도가 제한되고 있다.

즉석카레, 조리면 등에 이용되고 있는 것은 상온에서의 고체성과 뜨거울 때 먹는 식품이라는 점을 잘 이용한 예이다.

생산되는 우지의 70%는 비누 등의 원료로 사용되고, 나머지 30%가 식용으로 사용되고 있다.

올레오오일(연질우지, 올레오마가린), 올레오스테아린(경질우지) : 우지를 30~35℃에서 수일간 방치하여 액체부분과 고체부분으로 분별하여 이용하며, 분별된 액체부분을 올레오오일(oleo oil, 연질우지), 고체부분을 올레오스테아린(oleostearin, 경질우지)라고 한다.

올레오오일은 식용, 튀김용으로 사용하거나 마가린, 비스킷, 크래커 등의 제조에 사용된다.

또 올레오스테아린은 비누의 원료, 지방산공업에 많이 사용되며, 버터를 녹일 때와 비슷한 점성을 갖고 있어 다른 지방과 혼합하여 쇼트닝이나 특수한 마가린 제조에 이용한다.

2) 돈지(lard)

돈지는 돼지의 등, 복부의 피하지방조직이나 내장의 축적지방에서 얻어지는 고체지방으로, 기본적으로 등의 피하지방을 말한다.

국제식품규격에는 돼지의 등, 복부, 넓적다리 등의 피하지방조직과 내장 등의 축적지방에서 분리한 것을 돈지(lard)라고 한다.

한편, 지방조직 이외의 뼈, 귀, 장기, 껍질 등의 지방이 혼합되어 있는 것을

rendered pork fat이라고 한다.

부위에 따른 돈지의 성상 : 돼지의 부위에 따라 돈지의 성상에는 차이가 있다. 등과 복부 등의 피하지방조직 부위 돈지는 축적지방(내장지방 등) 부위의 돈지보다 융점이 낮고, 풍미나 품질이 더 우수하다.

[표 1-34] 돈지의 채유 부분에 따른 요오드가 및 융점

채유 부위	요오드가	융점(℃)
피하지방조직(등, 복부 등)	67~70	27~30
축적지방(내장 등)	57~66	34~40

주요 지방산 및 성상 : 주요지방산은 올레산(40%), 팔미트산(30%) 및 스테아르산 (10%)이다. 돈지의 융점은 33~46℃ 정도로 우지보다 다소 낮다. 요오드가는 보통 65정도이다.

한편, 돈지의 필수지방산인 리놀레산(10% 정도)함량은 우지에 비해 높다(3% 정도).

순제라드와 조제라드 : 정제한 라드에는 순제라드와 조제라드의 2가지가 있다. 순제라드는 정제한 라드로 만든 것이며, 조제라드는 정제한 라드에 일부 다른 유지를 혼합한 것이다.

조제라드는 돈지의 융점을 조절하여 여름철에도 고형을 유지하고, 특유의 풍미를 주기 위하여 우지나 팜유, 수소첨가 돈지 등을 약간 혼합한다. 따라서 조제라드의 융점(43℃)이 순제라드의 융점(38℃)보다 약간 높다.

순제라드

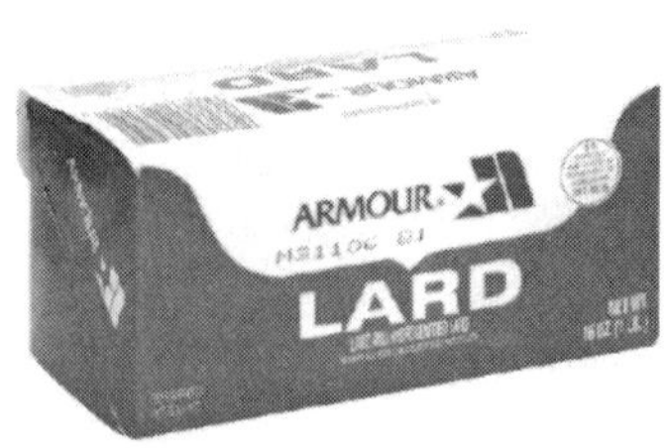

조제라드

돈지의 정제 및 산화안정성 : 돈지는 정제하지 않고 그대로 사용하기도 하지만, 풍미의 변질이 빠르기 때문에 대부분 정제하여 사용한다. 일반조리용으로서 판매되는 정제라드는 일반 식용유지의 같은 정제방법(용출법)으로 정제

하다. 품질이 좋지 않은 것은 경화유나 비누원료로 사용된다.

또한 정제 돈지는 우지와 마찬가지로 산화안정성이 좋지 않기 때문에 산화안정성의 개선을 위해 산화방지제(BHT나 토코페롤 등)를 0.02% 이하로 첨가한다.

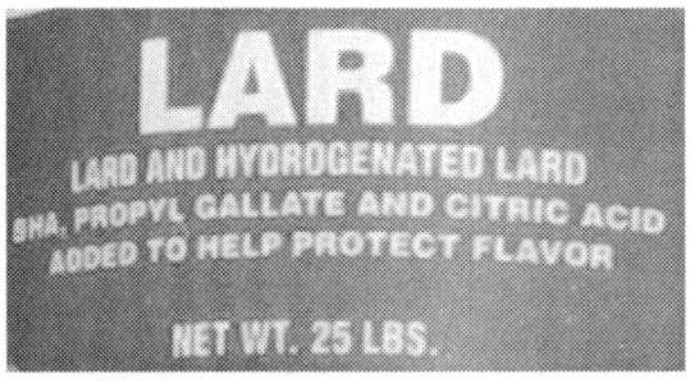

돈지 경화유와 항산화제를 첨가한 돈지

용도 : 돈지의 최대 장점은 독특한 풍미를 갖고 있다는 것이다. 이 때문에 튀김(도넛, 돈가츠 등)이나 라면 등 기름의 풍미를 중요시하는 식품에 많이 이용된다. 특히, 중국요리에서는 튀김, 볶음요리 등에 필수적인 기름이다. 또한, 돈지는 쇼트닝성(비스킷, 쿠키 등의 부서지기 쉬운 성질)이 있어 과자제조에도 이용된다.

그러나 돈지는 크림성이 약하기 때문에 제과용으로 이용할 때는 쇼트닝, 마가린 등과 혼합하여 사용하는 것이 좋다.

돈지의 트리글리세라이드 조성에는 OPO가 매우 많고, 유지의 구성이 비교적 단순하기 때문에, 분자가 거친 결정의 β형 결정을 만들기 쉽다.

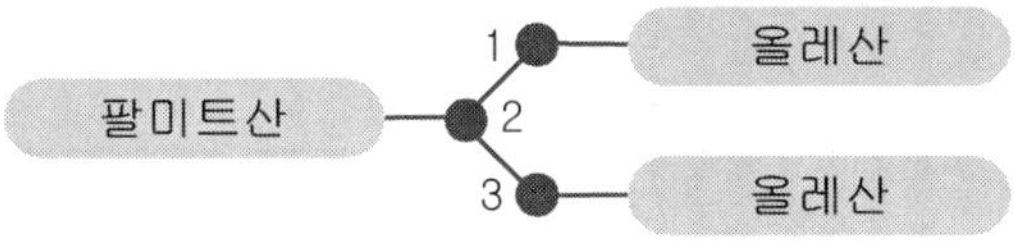

[그림 1-20] 돈지의 주요 트리글리세라이드 구성성분인 OPO

3) **어유**

어유는 정어리, 꽁치 등을 열탕으로 가열하여 얻어지며, DHA와 EPA와 같은 n-3계의 고도불포화지방산의 함량(15~30%)이 대단히 높다.

용도 : 어유는 고도불화지방산이 함량이 많기 때문에 산화안정성이 매우 나쁘고, 생선비린내가 강하기 때문에, 그대로 식용에 이용할 수 없다. 따라서

참치통조림에 들어있는 기름은 대두유, 카놀라유, 혼합올리브유, 포도씨유 등의 식물성유이다.
일부 참치통조림의 경우 DHA를 소량(0.9% 정도) 혼합하기도 한다.

대부분 수소첨가유로 만든 후, 업무용 마가린이나 쇼트닝의 원료로 이용된다.

또한 어유 중의 n-3계 지방산인 DHA와 EPA가 혈전증예방, 항알쯔하이머증 등의 효과가 있다는 사실이 밝혀지면서 이들을 젤라틴캡슐 등으로 포장하여 의약품으로 시판하고 있다.

어류의 부위에 따른 지방함량 : 어류의 부위에 따라 지방함량은 크게 다르다.

예를 들어, 참치의 지방이 많은 살 부위와 지방이 적은 붉은 살 부위의 지질 함량은 25%와 1.4%로 큰 차이를 보인다.

또한, 최근 양식업의 발달로 양식어를 많이 섭취하는 데, 양식어에는 고도불포화지방산의 함량이 적다. 그 이유는 양식어의 시료는 어분(어유를 제거한 분말), 대두, 밀가루 등의 식물성 단백질로 만들어져 고도불포화지방산이 함유되어 있지 않기 때문이다.

[표 2-23] 주요 어류의 지질, 지방산과 아라키돈산, EPA, DHA의 함량

식 품 명	가식부(100g당)		지방산 중의 함량(%)		
	지질(g)	지방산(g)	아라키돈산	EPA	DHA
전갱이	6.9	5.16	1.6	7.9	14.5
연 어	8.4	6.31	0.6	7.8	13.0
정어리	13.8	10.62	0.9	13.0	10.7
양식 방어	16.1	13.09	1.1	11.8	13.2
꽁 치	16.2	13.19	0.6	6.4	10.6
고등어	16.5	13.49	1.4	9.0	13.2
청 어	17.0	14.13	0.7	7.0	6.1
천연 방어	17.6	12.48	1.3	7.2	14.3

DHA 오일 : 참치의 안구에는 비교적 고농도(30~40%)의 DHA를 함유하고 있어, 그대로 DHA 오일로 이용할 수 있다.

또 DHA 오일은 불순물을 제거한 후 정제과정을 거쳐 최종적으로 분자증류법에 의해 거의 무색, 무취의 어유가 얻어진다. 이러한 무색, 무취의 정제어유는 건강기능식품이나 의약품 용도의 고농도 DHA 제품 제조에 이용할 수 있다.

근래의 건강기능식품의 용도로 이용되는 DHA 오일은 대부분 대구 간, 연어 등의 정제어유로 제조된다.

보통 간유라고 하면 대구간유(cod liver oil)를 말한다. 일반적으로, 캡슐

당 250~500 mg(EPA + DHA의 합)을 함유하고 있다. 산화방지를 위하여 토코페롤을 0.1~0.2% 첨가하고 있다.

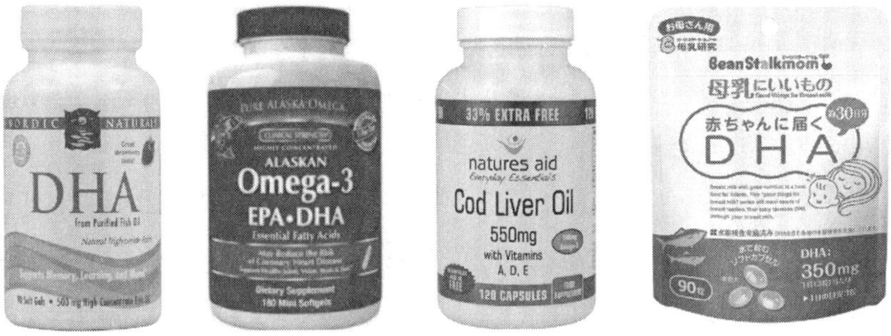

DHA 오일

(1) **고도 불포화지방산 정제법** : EPA을 그대로 고농도로 농축하기 어렵기 때문에 우선 에틸에스터화한 후 정제한다. EPA와 같은 고도불포화지방산을 분리, 농축하는 방법으로는 증류법, 요소부가법, 컬럼크로마토그래피법, 탈납법 등이 있다.

요소부가법을 이용한 EPA 정제법 : EPA의 분리는 에스터형으로 하여 분리 하는 방법이 일반적이다. 정어리기름으로부터 정제하는 방법과 각 단계의 지방산조성을 나타내었다(그림 1-21).

이 같은 방법에 의해 얻어진 EPA 에틸에스터(순도 90% 이상)는 동맥경화증을 치료하는 의약품으로 시판되고 있다.

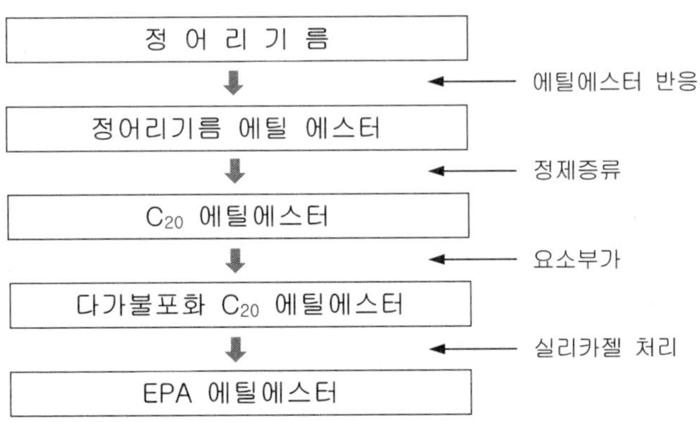

[그림 1-21] 정어리기름으로 부터의 EPA 에틸에스터 분리정제

① **요소와 지방산의 부가반응** : 요소(urea)는 단독으로는 정사면체 결정을 형성하지만, 탄소수가 비교적 많은 직선상의 탄화수소, 예를 들면 옥틸알코올(n-octyl alcohol)과 함께 존재하면 요소는 6개의 분자들이 모여 프리즘형 육방주(hexagonal prism)를 형성한다(그림 1-22). 그리고 일부 화합물의 경우, 분자들이 육방주 연속체 내부에 들어가는 매우 특이한 부가화합물을 형성한다.

요소는 탄소수가 아주 짧지 않은 포화, 불포화 지방산 및 이들의 메틸에스터들과도 부가화합물을 형성하며, 이와 같은 부가화합물들은 일반적으로 요소부가반응물로 알려져 있다.

$$\text{M}\cdot\text{요소} + \text{N}\cdot\text{지방산} \longleftrightarrow \text{요소}_{\text{M}}\cdot\text{지방산}_{\text{N}}$$

포화지방산은 불포화지방산보다 더 쉽게 부가반응을 일으키며 더 안정된 부가화합물을 형성한다.

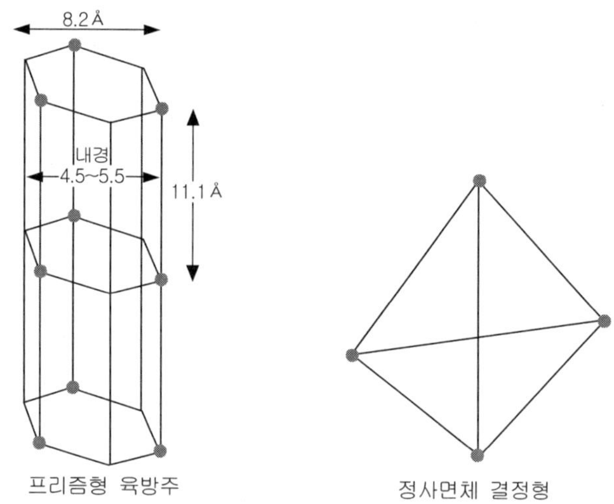

[그림 1-22] 요소의 결정형(단독으로는 정사면체, 탄소수가 긴 지방산이나 알코올 존재 시 육방주형의 부가물 형성)

한편 포화지방산의 경우, 탄소수가 큰 지방산일수록 그 형성속도가 크며, 또 형성된 복합체의 안정성도 크다.

불포화지방산의 경우 이중결합의 수가 적을수록 그 형성속도가 빠르며, 형성된 복합체의 안정성도 크다. 예를 들어, 올레산이 리놀레산, 리놀렌산보다 더 빨리, 더 안정된 부가반응을 형성한다.

한편 지방산이나 지방산 에스터들의 가열중합반응, 가열산화반응의 결과 형성된 중합체들은 요소와 부가반응물을 형성하지 않는다.

따라서 가열산화된 지방산이나 지방산 에스터 중에 요소의 부가물을 형성하지 않는 비율은 가열산화된 지방산이나 에스터들 중의 중합체들의 비율을 의미하며, 가열산화된 식용유지의 품질저하를 측정하는 중요한 척도가 된다.

질산은을 이용한 DHA 정제법 : 다가불포화지방산은 질산은($AgNO_3$)와 반응하여 은착화합물을 형성하는 특성이 있기 때문에, 이 원리를 이용하여 DHA를 분리할 수 있다(그림 1-23).

예를 들어, 참치안구지방의 지방산 에틸에스터에 진한 질산은수용액을 가하면, DHA는 은착화합물을 형성한다. 이용액에 헥산을 가하여, 헥산층과 수용층을 분리하면, 헥산층에는 착화합물을 형성하지 않는 지방산이, 수용층에는 착화합물을 형성한 DHA가 존재하게 된다. 이 수용층을 희석하면, 은착화합물을 해리되어 고순도의 DHA 에스터를 얻을 수 있다. 일회조작으로 95% 정도의 DHA 에틸에스터가 얻어지고, 재처리에 의해 99% 이상의 DHA 에스터가 얻어진다. 이 방법은 리놀렌산, 아리키돈산, EPA 등의 정제에도 이용할 수 있다.

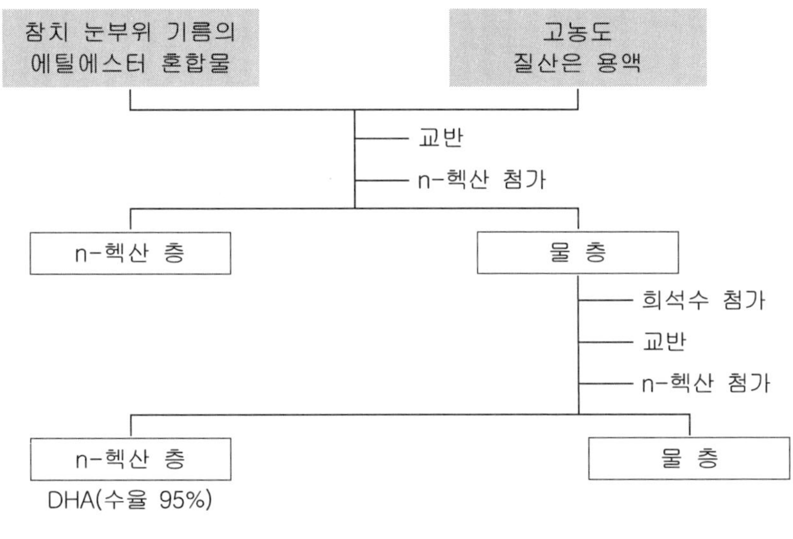

[그림 1-23] DHA의 고순도 정제법

2장. 식용유지의 제조

식용유지의 제조는 우선, 동・식물성 유지원료 중의 유지성분을 채유하는 것으로부터 시작되며, 동물성 유지와 식물성 유지의 채유방법은 다르다.

일반적으로 용출법은 동물성 유지에 대하여, 압착법과 추출법은 식물성 유지의 채유에 이용된다.

2.1. 동물성 유지의 채유

돈지, 우지, 어유 등의 동물성 유지는 일반적으로 용출법에 의해 채유된다.

돈지나 우지는 주로 지방함량이 높은 지방조직(70~80%)에서 채유하며, 어유는 지방함량이 높은(10~20%) 어류에서 채유한다.

1. 용출법(rendering)

동물성 유지원료를 가열하여 녹아나오는 유지를 채유하는 것을 용출법(rendering)이라고 한다. 원시적인 채유법이지만, 작업이 간단하여 현재도 우지, 돈지, 어유 등의 채유에 많이 이용되고 있다.

용출법의 종류 : 용출법에는 물을 가하지 않고 유지원료만을 가열하는 건식용출법(dry rendering)과 물을 가하여 가열하는 습식용출법(wet rendering)의 2가지 방법이 있다.

(1) **건식용출법(dry rendering)** : 유지원료를 솥에 넣고 직화(直火)로 가열하여 유지를 추출하는 방법이다. 원료를 가열하면 유지가 표면에 떠오르면서 원료 중의 수분도 증발한다.

수분이 증발되면 기름온도는 130~140℃ 이상으로 상승하여 유지의 품질저하를 초래하기 때문에, 이 때 추출유지를 별도의 용기에 정치한 후, 위에 뜨는 유지를 저장탱크에 취한다.

추출된 돈지나 우지는 일반 식용유와 같은 정제공정을 거쳐 정제돈지, 정제우지가 된다.

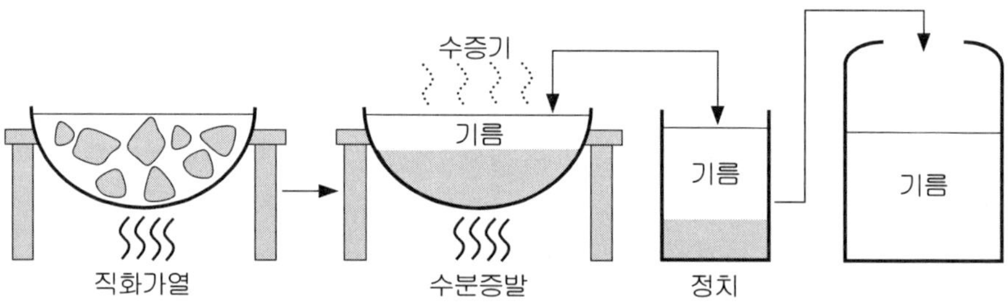

[그림 2-1] 건식용출법에 의한 동물성유지의 채유(1)

단점 : 원료를 넣은 솥에서 직접 가열하기 때문에 유지의 착색이나 산화에 의한 품질저하가 일어난다.

또 소량 함유되어 있는 단백질이 독특한 냄새와 색깔을 나타내는 경우도 있다. 이러한 물질은 유지 중에 콜로이드상태로 존재하며, 이는 수화 또는 약알칼리처리로 침전, 제거할 수 있다.

① 증기재킷을 이용한 건식용출법 : 건식용출법의 단점을 보완하기 위해 개발된 방법이다(그림 2-2). 즉, 유지원료를 증기재킷으로 둘러싸인 솥에 넣고, 재킷부분에 수증기를 통과시켜 간접적으로 가열하는 방법이다.

유지원료는 내부의 교반기에 의해 가열과 동시에 교반되어 유지의 용출을 촉진시킨다. 용출이 끝나면 금속 그물망으로 유지와 찌꺼기를 분리한다.

찌꺼기는 수압프레스 또는 원심분리기에 의해 잔존 유지를 회수한 후, 냉각, 분쇄하여 사료나 비료로 이용된다.

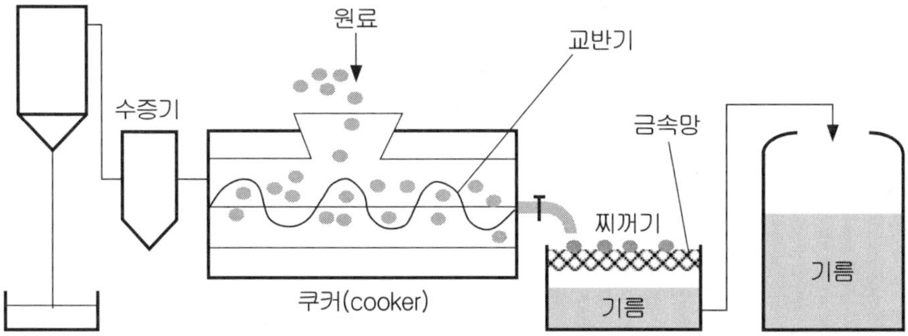

[그림 2-2] 건식용출법에 의한 동물성유지의 채유(2)

(2) **습식용출법**(wet rendering) : 유지 원료를 물과 함께 가열하거나 직접 증기를 접촉시켜 떠오르는 유지를 분리하는 방법이다.

습식법에는 상압에서 행하는 저온 습식용출법과 가압하여 행하는 고온 습식용출법이 있다.

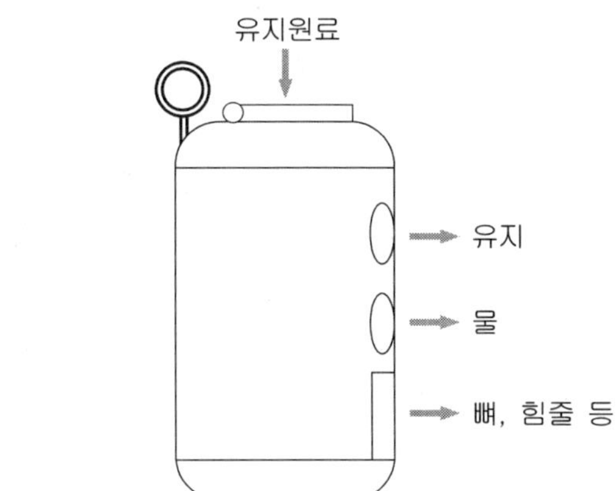

[그림 2-3] 용출장치

① **저온 습식용출법** : 개방용기에서 물의 비등점 이하의 저온에서 추출하는 방법으로, 양질의 유지를 얻고자 할 때 이용된다.

즉, 지방이 많은 지방조직(비계)을 원료로 하여 80~90℃의 비교적 낮은 온도에서 원료를 빠르게 처리할 수 있기 때문에, 유지의 착색이나 산화에 의한 품질변화가 없다. 건식법에 비해 추출수율도 10~20% 높다.

② **고온 습식용출법** : 밀폐 용기에서 가압(2~3기압)하여 수증기로 추출하는 방법으로, 증기용출법(steam rendering)이라고 한다. 미국의 경우, 대부분의 돈지는 이 방법으로 채유되며, prime steam lard라고 한다.

한편, 산성의 물(5~8% 황산용액)을 이용하여 원료조직의 파괴를 용이하게 한다.

장·단점 : 건식법에 비해 품질이 좋고, 채유 수율도 20~30% 정도 더 좋다. 처리시간도 약 1시간으로 짧다. 또, 물과 유지가 공존하기 때문에 유지 중에 녹아있는 단백질이 적고, 열에 의한 착색도 없다.

그러나 가수분해에 의해 유리지방산 함량이 약간 높으며, 폐수가 많이 생기는 단점이 있다.

근래에는 고온습식 용출법의 폐수처리 문제을 보완한 물을 가하지 않고 행하는 방법이 고려되고 있다.

이 방법은 고압솥에서 한번 용출한 후, 용출된 기름의 일부를 남겨두고, 여기에 다시 원료를 넣어 남겨진 기름을 열매체로 작용하게 한다. 이어서 고압솥을 감압하에서 고온 가열하여 원료 중의 유지를 용출시킨다. 용출된 유지는 가압여과기(filter press)로 여과하여 유지를 회수한다.

- 어유의 채유 : 어유는 어류를 물과 함께 가열하여 분리되는 기름을 정치하거나 원심분리하여 얻는다. 주로 정어리, 꽁치, 고등어, 명태, 오징어 등에서 채유한다.
  일반적으로 어유는 고도불포화 지방산을 많이 함유하여 강한 어취가 있으며 산화가 변질되기 쉽다. 따라서 어유는 정제만으로는 사용할 수 없고, 경화유로 만든 후 마가린, 쇼트닝 등의 원료로 사용한다.

2.2. 식물성유지의 채유

식물성 유지의 채유 방법에는 옛날부터 내려온 압착법, 근대적인 추출법과 압추법이 있다.

1. 압착법

유지원료에 압력을 가하여 기름을 짜내는 내는 방법으로, 압착법은 유지함량이 높은 참깨(유지함량 45~50%), 올리브유(40~60%), 야자유(55~65%), 카카오버터(40~60%) 등의 채유에 이용된다.

압착법의 종류 : 압착법에는 온압법과 냉압법의 2가지 방법이 있다.

1) 온압법

유지원료에 열을 가한 후 압착하는 방법으로, 채유한 기름의 색이 진하고 특유의 향미를 갖는다.

유지원료를 가열한 후 압착하면 세포막이 파괴되고, 기름의 점도가 낮아져 유출이 용이해진다. 또 단백질이 응고되어 채유율이 향상된다. 그러나 열에 의해 색소, 검질 등이 기름과 함께 유출되어 품질을 저하시킨다.

참기름이나 압착들기름, 압착고추씨기름, 압착땅콩기름 등의 채유에 이용되는 방법이다.

[그림 2-4] 압착법(온압법)에 의한 식물성 유지의 채유

2) 냉압법

가열을 하지 않고 압착하여 채유하는 방법으로, 온압법에 의해 채유된 기름에 비해 색이 엷고 향미가 적다. 냉압법은 압착올리브유, 야자유(코코넛유), 카카오버터 등의 채유에 이용되는 방법이다.

압착방식 : 압착방식에는 batch식과 연속식 압착방식이 있다. 예로부터 1회마다 원료를 넣는 batch식의 판교수압법(板絞水壓法)이나 케이지(cage)수압법 이용되어져 왔으나, 오늘날에는 연속식 압착법이 널리 이용되고 있다. 연속식 압착법은 연속식 스크루프레스(screw press)를 이용하는 방법으로 보통 연속압착기(expeller)를 사용한다(그림 2-5).

압착법에 의한 착유는 압착박의 유지잔유량을 4% 이하로 하기 어렵기 때문에 현재는 연속 추출기로 착유한 후, 다시 용제추출하고 있다.

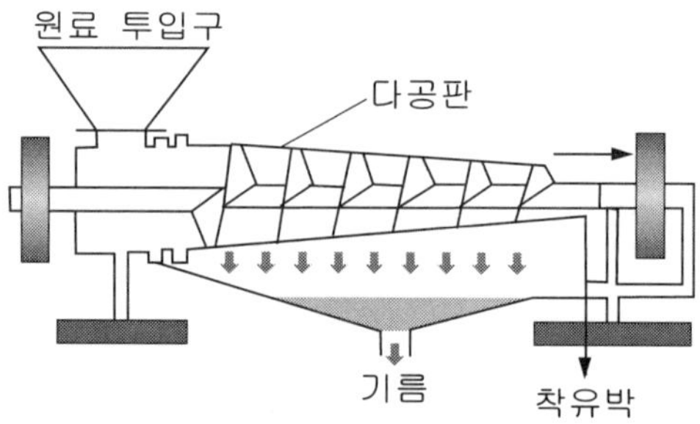

[그림 2-5] 연속압착기(expeller)의 구조

2. 추출법

추출법은 용제를 이용하여 유지를 추출한 후, 용제를 증류 회수하여 채유하는 방법이다. 이 방법은 비교적 유지함량이 적은 원료종자(18~20%)에서 유지를 채유하는 데 적합한 방법으로, 대두유나 미강유 등의 채유에 이용한다.

추출법의 유지 잔유량이 0.5% 이하로, 압착법(4%)보다 채유 효율성이 좋다.

추출용제의 조건 : 추출용제는 ① 인화, 폭발의 위험과 독성이 적고, ② 기름에 악취를 남기지 않으며 ③ 기화열과 비열이 커서 회수하기 쉽고, ④ 추출장치를 부식하지 않는 것, ⑤ 유지 이외의 물질을 추출하지 않고, 가격이 싸고 안정성이 있는 것이 좋다.

아세톤, 각종 알코올류, 액화부탄 등이 연구되고 있지만, n-헥산(n-hexane)이 가장 일반적이다.

1) 전처리공정

유지원료의 협잡물을 제거하고, 수분이 많은 경우는 건조하여 일정 수분함량까지 저하시켜 저장한다.

수분이 많은 원료를 장기간 보존하면, 유지의 산가가 높아지거나 정제공정 중의 기름의 탈색이 곤란해진다.

예를 들어, 수분이 많은 대두원료(14% 이상)에서 얻어진 대두유는 산가가 높고, 토코페롤함량이 낮으며, 클로로필계색소가 많다. 또한 정제해도 변향이 나타나는 등 품질이 나쁘다.

목화씨(면실)의 수분과 보존 후의 추출유지의 산가 관계를 보면(그림 2-6), 저장수분은 10% 이하가 바람직하다는 것을 알 수 있다.

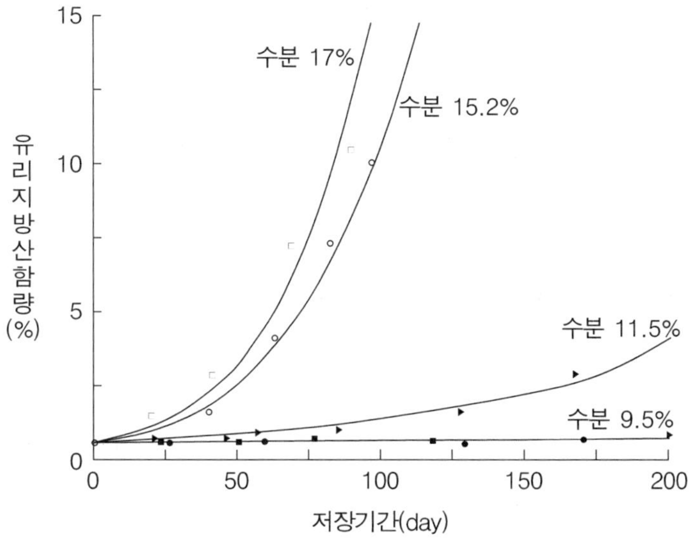

[그림 2-6] 목화씨(면실)의 수분과 보존후의 품질

(1) **선별, 정선(cleaning)** : 원료 중의 토사, 뿌리, 잎, 철가루 등의 협잡물을 제거하는 공정으로, 풍력분리기, 체 분리, 자석분리기(magnetic separator) 등을 조합하여 행한다.

(2) **탈피** : 탈피는 채유수율의 향상과 양질의 탈지박을 얻기 위해 행한다.
일반적으로 종자 중의 껍질이 차지하는 비율이 높으면 탈피하지만, 채종유나 참깨 같은 작은 종자는 탈피하지 않는다.
그러나 대두의 경우는 껍질이 차지하는 비율이 낮지만, 탈지대두 중의 단백질 수율을 증가시키기 위해 탈피한다.

(3) **분쇄** : 탈피한 유지원료를 분쇄기로 분쇄하여 채유를 용이하게 한다.

(4) **압연 및 쿠킹(cooking)** : 분쇄한 원료를 플레이크(flake) 상태로 압연한 후, 가열한다. 이 가열공정을 쿠킹(cooking)이라고 한다.

압연의 목적 : 압연은 원료의 미세입자에 의해 장치 내에서 막히는 것을 방지하고, 원료에 대한 용제의 침투를 좋게 하기 위해 행한다. 따라서 압연은

크고, 균일한 플레이크를 얻는 것이 중요하다.

일반적으로 플레이크의 두께와 추출속도에는 밀접한 관계가 있어, 두께가 두꺼우면 추출시간이 길어지고, 작업효율이 저하한다.

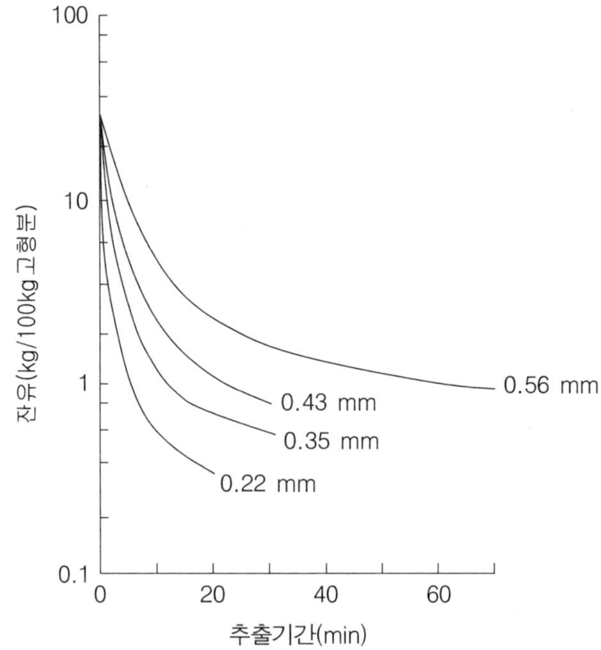

[그림 2-7] 대두 플레이크의 두께와 추출박 중의 잔유량

대두의 경우 1/4 크기로 분쇄한 후 두께 0.2~0.4 mm 정도의 플레이크 상태로 압편한다.

그러나 쌀겨의 입자는 용제가 침투하기 용이한 상태로 세포가 파괴되어 있기 때문에 압연하지 않는다.

[그림 2-8] 대두를 1/4 크기로 분쇄한 후두께 0.2~0.4 mm로 압편한 플레이크

쿠킹의 목적 : 쿠킹의 목적은 유지 원료 중의 검질이나 인지질을 불활성화 시키는 동시에 세포막을 구성하고 있는 단백질을 응고시키는데 있다. 쿠킹에 의해 세포로 부터의 유지 추출이 용이해지고, 용제의 침투성이 향상된다.

따라서 쿠킹과정은 유지의 추출수율을 증가시키고, 유지의 품질을 좋게 하는 매우 중요한 조작이다.

2) 추출 공정

쿠킹의 마친 원료는 용제(n-헥산)를 이용하여 유지를 추출한다. 즉, 원료에 용제를 스프레이로 분무하고, 원료는 반복적으로 용제와 접촉시켜 유지를 추출한다.

유지를 용제로 추출할 때 얻는 유지와 용매의 혼합액을 마이셀라(miscella)라고 하며, 마이셀라 중의 용제를 감압증류에 의해 제거하여 원유를 얻는다.

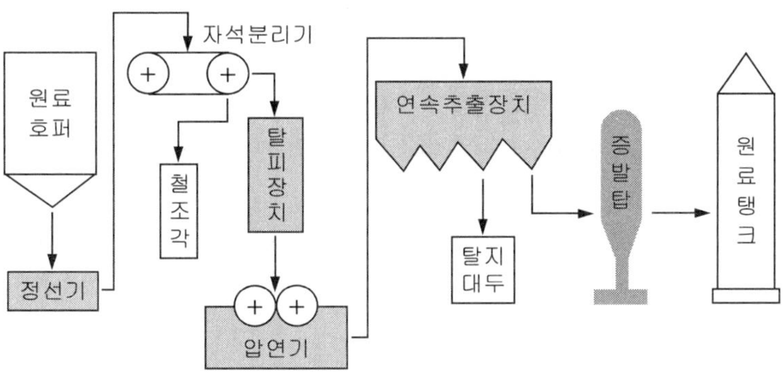

[그림 2-9] 대두유의 추출공정

3. 압추법

압추법은 압착법과 추출법을 조합한 채유법이다. 즉, 압착법으로 예비압착하여 잔유 유지함량은 20% 정도로 한 후, 압편하여 용제로 추출하는 방법이다.

유지의 함량이 비교적 높은 유지원료에 이용되는 방법으로, 채종유(유지함량 40%)나 홍화유 등의 채유에 이용된다.

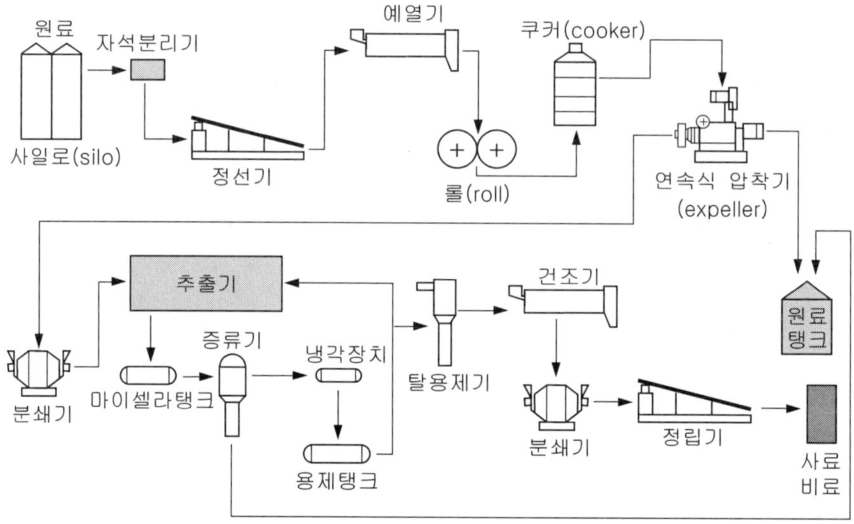

[그림 2-10] 압추법에 의한 식물성 원유의 채유

2.3. 식용유지의 정제

동식물 원료에서 채유된 유지를 원유(crude oil)이라고 하며, 원유 중에는 인지질, 검질, 유리지방산, 색소, 냄새물질 등이 함유되어 있어 그대로 식용으로 이용할 수 없으며, 상품화를 위해서는 이들 불순물을 제거해야 한다. 또한, 이들 불순물들은 저장이나 사용 중에 산화를 촉진시키기 때문에 제거해야만 한다.

[표 2-1] 각종 원유 중에 함유된 불순물

	콩기름	채종유	옥수수유	해바라기유	팜유
유리지방산(%)	0.3~1.0	0.4~1.0	1.8~5.5	0.5~1.0	7.0~12.0
인 지 질(%)	2~3	0~3.5	1.0~2.0	0.2~0.7	0.05~0.1
비비누화물(%)	0.5~1.6	0.5~2.0	0.5~1.0	0.3~1.5	0.0~1.0
클로로필(ppm)	1.0~1.5	3.0~5.0	-	-	
카로테노이드					500~700

대부분의 불순물은 정치법, 여과법, 원심분리법에 의해 제거되지만, 단백질, 인지질, 검질 물질은 유지 중에 콜로이드상태로 존재하여 물리적으로 분리, 제거하기 어렵기 때문에, 화학적 처리에 의해 제거할 필요가 있다.

비누화지질 및 비비누화지질

지질은 비누화지질(saponifiable lipid)과 비비누화지질(unsaponifiable lipid)로 분류하기도 한다.

유지는 알칼리(NaOH 등)수용액에서 가열하면 가수분해되어 글리세롤과 지방산이 된다. 글리세린은 물에 잘 녹는 알코올 성분이며, 지방산은 지방산나트륨염(비누)이 되어 물에 녹는다.

$$\begin{array}{lcl} CH_2OOCR_1 & & CH_2OH \qquad\quad R_1COOK \\ | & & | \\ CHOOCR_2 \quad 3\ KOH & \longrightarrow & CHOH \quad + \ 3\ R_1COOK \\ | & & | \\ CH_2OOCR_3 & & CH_2OH \qquad\quad R_1COOK \\ \text{유지} & & \text{글리세롤} \qquad \text{지방산나트륨염(비누)} \end{array}$$

이와 같이 알칼리에 의한 가수분해를 비누화라고 하며, 알칼리에서 의해 비누화되는 지질을 비누화지질 또는 비누화물이라고 한다. 대부분의 지질은 비누화에 의해 지방산과 글리세롤 또는 알코올이 된다. 그러나 지질 중에는 비누화되지 않는 것도 있으며, 이것을 비비누화지질 또는 비비누화물이라고 한다.

[표 2-2] 비누화에 따른 지질의 분류

구 분	종 류	비 고
비누화지질 (비누화물)	유지, 왁스(카나바 왁스, 밀납, 경납 등), 인지방질(레시틴 등)	알칼리에 의해 가수분해되는 지질
비비누화지질 (비비누화물)	스테롤(콜레스테롤 등), 지용성색소(클로로필, 카로틴류 등), 지용성비타민, 탄화수소(스콸렌 등)	알칼리에 의해 가수분해 안 되는 지질

1. 식용유지의 정제 공정

유지의 정제공정은 탈검(degumming), 탈산(deacidification), 탈색(decolorization), 탈취(deorderization)의 순서로 실시된다.

식용유지의 경우, 이들 공정을 모두 거쳐 정제하지만, 공업용 유지(경화유의 제조원료 등)의 경우는 탈산과 탈색만 하는 경우도 있다.

또한 샐러드유의 경우는 탈납(winterization)공정을 거쳐야 한다.

일반적인 정제공정은 그림 2-11과 같다.

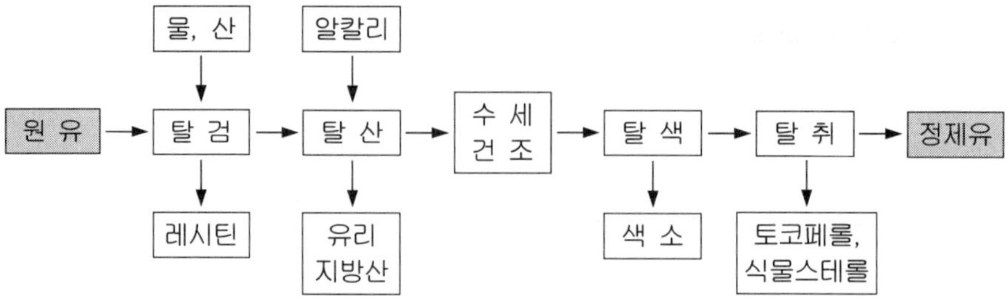

[그림 2-11] 식용유지의 정제공정 개략도

1) **탈검**(degumming)

탈검은 인지질이나 검질 물질 등을 제거하는 공정으로, 특히, 대두유나 채종유와 같이 인지질을 많이 함유한 유지에는 반드시 필요한 정제공정이다.

탈검의 목적 : 인지질은 유용한 물질이지만, 식용유지를 가열할 때 착색이나 거품을 형성하여 기름의 품질을 저하시킨다.

또한 인지질은 탈산공정 중에 유탁화(乳濁化)되어 비누의 분리를 어렵게 하여 유지의 수율을 저하시키기 때문에 탈검공정에서 제거한다. 또한, 탈검으로 수지상 물질, 단백질, 탄수화물 등도 제거된다.

그러나 유지 중에 Ca, Mg염의 형태로 존재하는 유용성 검질물질은 탈검공정에서 제거되지 않기 때문에 다음의 탈산공정에서 제거된다.

탈검 방법 : 보통, 원유에 온수 또는 수증기를 가하여 인지질을 수화시킨 후 원심분리하여 인지질과 유지를 분리, 제거한다.

인지질이나 검질은 무수상태에서는 유지에 가용성이지만, 온수나 수증기로 수화시키면 유지에 불용성 상태가 되고, 물층으로 침전되기 때문에 이들을 원심분리에 의해 쉽게 제거할 수 있다. 이 때 옥살산, 구연산, 인산 등의 유기산 용액을 이용하면 검질의 수화가 더 견고해져 분리가 용이해 진다.

대두원유의 경우, 인지질 함량은 2~3%이지만, 탈검에 의해 인지질 함량은 0.03% 정도로 감소다. 이 때 제거된 인지질을 조레시틴(crude lecithin)이라 하며, 사료나 식품 첨가물로 이용된다.

대두유의 탈검 : 대두원유를 70~85℃(80℃ 이상이 바람직)로 가열한 후 약 2%의 온수를 가하여 교반(10~15분)하거나, 물 대신에 수증기를 가하여

1분간 연속혼합기로 혼합한 후 원심분리하여 검질과 유지를 분리한다. 분리된 원유는 80℃에서 진공건조(50 mmHg)하여 수분함량을 1% 이하로 한 후 냉각(38~49℃)한다.

2) 탈산공정(알칼리정제, deacidification)

탈산공정은 유지 중의 유리지방산을 비누화하여 침전, 제거하는 공정으로, 알칼리정제(refining)라고도 한다.

탈산의 목적 : 원유 중의 유리지방산은 튀김유의 발연점을 저하시키고, 유지의 산패를 촉진시키기 때문에 탈산공정에 의해 제거한다.

또한 탈검공정에서 완전히 제거되지 않은 유용성 검질물질, 색소성분 및 미량금속도 함께 제거된다.

탈산에 의해 유리지방산 함량은 0.01~0.03% 이하, 인지질은 0.0015% 이하로 거의 완전히 제거된다.

이들 유리지방산과 인지질의 함량을 측정하여 정제가 적당히 행해졌는지를 알 수가 있다.

탈산공정이 잘 이루어지지 않으면, 유지의 정제수율이 나빠지고, 다음 공정인 탈색, 탈취공정이 효과적으로 이루어지지 않는다.

탈산방법 : 보통 수산화나트륨(NaOH)용액으로 유리지방산을 비누화하여 침전, 제거한다.

탈산공정 중에 침전된 비누분은 색소나 미량금속도 함께 흡착시켜 침전, 제거된다. 이 때 소량의 유지도 함께 혼합되어 침전되는데, 이것을 푸츠(foots)라고 한다.

침전된 푸츠를 제거한 후, 유지 중에 잔존하는 비누분을 수세하여 제거한다. 이것을 열수세척이라고도 한다. 이어서 감압하에서 탈수하여 건조시킨 후, 다음의 탈색공정을 행한다.

알칼리(NaOH)의 사용량 : 탈산공정은 유리지방산뿐만 아니라, 인지질, 색소, 금속도 함께 제거하기 때문에, 보통 유리지방산을 중화하는데 필요한 알칼리의 이론치보다 약간 많은 양의 알칼리를 사용한다.

알칼리의 사용량과 농도가 높을수록 제품의 색도를 좋게 하지만, 과잉의 알칼리는 중성유를 분해하여 비누를 생성하여 수율을 저하시키기 때문에, 그

조건은 유지의 품질, 경제성에 따라 결정된다.

알칼리의 사용농도 : 일반적으로 알칼리의 농도는 12~26 Bé(보메비중)를 사용한다.

원유의 산가가 낮아 정제가 용이한 유지의 경우에는 낮은 농도의 NaOH용액을 사용하고, 산가가 높거나 탈색이 어려운 경우에는 높은 농도를 사용한다.

[표 2-3] 수산화나트륨의 보메(Bé)비중과 농도와의 관계

보메비중(Bé)	NaOH 농도(중량%)	보메비중(Bé)	NaOH 농도(중량%)
10	6.57	22	16.09
12	8.00	24	17.87
14	9.50	26	19.70
16	11.06	28	21.58
18	12.68	30	23.50
20	14.36		

예를 들어, 채종유, 낙화생유, 홍화유 등과 같이 정제가 용이한 유지에는 12 Bé의 알칼리를 사용하고, 원유에 대해 이론량보다 0.15~0.3% 많은 양을 사용한다.

면실유과 같이 고시폴의 존재하여 색이 진한 유지에는 보통 16 Bé의 알칼리를 사용하고 이론량보다 0.3~0.6% 많은 양을 사용하여 정제한다.

또, 탈색이 어려운 유지의 경우는 20~40 Bé의 고농도의 알칼리를 사용하고, 이론량보다 1~1.5% 많은 양을 사용한다.

[표 2-4] 수산화나트륨의 농도 및 과잉사용량

NaOH 농도(Bé)	NaOH 과잉량(%)	비 고
12	0.15~0.3	산가가 낮은 원유(대두유, 채종유, 낙화생유, 홍화유 등)
16	0.3~0.6	색이 진한 유지(면실유 등)
20	1.0~1.5	탈색이 어려운 유지

산가에 의한 유리지방산 함량 구하는 법 : 탈산을 행하기 전에 먼저 원유중의 유리지방산의 함량을 구해야 한다.

유리지방산의 함량(%)은 산가를 알면 다음 식에 의해 구할 수 있다.

$$유리지방산\ 함량(\%) = 산가 \times \frac{지방산의\ 분자량}{KOH의\ 분자량} \times 100 = 산가 \times f$$

f = 유리지방산을 나타내는 계수

지 방 산	f
라우르산(분자량 200.03)	0.358
팔미트산(분자량 236.43)	0.456
올 레 산(분자량 282.42)	0.503

예를 들어

(1) 올레산계 유지인 올리브유나 대두유 등의 일반 식용유지의 산가가 3이면

$$유리지방산\ 함량(\%) = 3 \times \frac{282.42}{56.1} \times 100 = 1{,}509\ mg/100g$$

즉, 1.5%가 된다.

일반적으로 올레산으로 표시된 지방산의 함량은 산가의 1/2로 보면 큰 착오가 없다.

(2) 팔미트산계 유지인 팜유의 산가가 3이면

$$유리지방산\ 함량(\%) = 3 \times \frac{236.43}{56.1} \times 100 = 1.263\ mg/100g$$

즉, 1.3%이다.

(3) 라우르계 유지인 코코넛유나 팜핵유의 산가가 3이면

$$유리지방산\ 함량(5) = 3 \times \frac{200.03}{56.1} \times 100 = 1.071\ mg/100g$$

즉, 1.1%이다.

유리지방산 함량에 따른 알칼리 사용량 : 유리지방산 함량에 따른 알칼리 사용량(Y, %)은 다음 식에 의해 구할 수 있다.

$$NaOH\ 용액\ 사용량(Y,\ \%) = \frac{지방산함량(\%) \times f +\ 과잉량(\%)}{알칼리농도(\%)} \times 100$$

$$단,\ f = \frac{NaOH의\ 분자량}{지방산의\ 분자량}$$

예를 들어 지방산 함량 1%의 면실유를 16 Bé의 NaOH 0.3% 과잉으로 정제할 때 알칼리 사용량은 다음과 같다.

지방산은 올레산으로 표시하면 그 분자량은 282.42이기 때문에

$$f = 40 / 282.42 = 0.142$$

또 16 Bé의 NaOH 용액의 농도는 11.06%이기 때문에

$$\text{NaOH용액 사용량(Y, \%)} = \frac{(1 \times 0.142) + 0.3}{11.06} \times 100 = 4\% \text{ 이다.}$$

즉, 16 Bé의 NaOH 용액을 원유 100 kg에 대하여 4 kg 사용하면 된다.

3) 탈색(decolorization, bleaching)

원유 중의 색소성분(클로로필, 카로테노이드, 안토시아닌 등)을 제거하는 공정이다.

탈색의 목적 : 색소성분은 탈검, 탈산공정 중에서도 어느 정도 제거되지만, 탈검, 탈산공정을 거친 원유는 색이 짙어 식용으로 사용하기 어려워 탈색공정에서 제거해야 한다. 특히, 클로로필은 빛에 쪼이면 기름의 광증감산화를 촉진시키기 때문에 가능한 한 제거할 필요가 있다.

또 색소성분 이외에 제거되지 않은 중금속, 잔존비누분 등도 탈색공정에서 제거된다.

특히, 수소첨가유(경화유) 중에 니켈이 미량 잔존하는 경우는 탈산공정에서도 일부 제거되지만, 탈색과정 중에서 완전히 제거된다.

예를 들어 니켈의 함량이 10.1 ppm인 수소첨가유의 경우, 탈산과정에서 약간만 제거되어 6.7 ppm이 되지만, 탈색과정 중에서는 완전 제거된다.

탈색의 방법 : 탈색방법으로는 가열처리법, 산화제처리법, 흡착법 등이 있다.

① **가열처리법** : 원유를 230~240℃로 가열하면 카로테노이드 등의 색소가 산화, 분해되어 색이 엷어진다. 그러나 색소의 산화와 동시에 유지도 가열산화되어 품질이 저하되는 단점이 있기 때문에, 가열처리법에 의한 탈색은 식용유지에 사용하지 않는다.

② 산화제처리법 : 중크롬산나트륨($Na_2Cr_2O_7$)이나 과산화수소(H_2O_2) 등의 산화제를 이용하여 탈색하는 방법이며, 가열처리법과 같은 이유로 식용유에는 사용하지 않는다.

③ 흡착제 의한 탈색법 : 탈산처리한 원유에 흡착제(활성백토, 활성탄 등)을 가하여 색소물질을 흡착, 제거하는 방법이다.

흡착제 : 보통 흡착제로는 활성백토가 사용되지만, 활성탄, 산성백토도 사용된다. 활성탄은 단독으로 사용하는 경우는 적고, 활성백토와 병용하여 사용한다. 활성탄은 색이 진한 원유의 경우, 활성백토와 함께 사용하면 효과적이다.

① 백토 : 알루미나(산화알루미늄, Al_2O_3)와 실리카(이산화규소, SiO_2)를 주성분으로 하는 점토광물을 말하며, 흡착력이 강하다.

② 산성백토 : 리트머스시험지와 접촉하면 산성반응을 나타낸다고 하여 붙여진 명칭으로, 분자 중에 OH기를 갖고 있어, 색소 흡착성을 갖는다.

③ 활성백토 : 산성백토를 산처리하여 흡착능력을 높인 것으로, 탈색력이 강해진다.

활성백토는 극성원자단에 대해 강한 흡착력을 갖는다. 따라서 극성이 강한 물이나 알코올이 존재 시 활성백토와 결합하여 흡착력을 잃는다. 이러한 이유로 유지의 탈산공정에서 유지를 충분히 건조시켜 수분을 제거해야만 한다.

한편, 클로로필, 잔토필(xanthophyll)은 백토에 흡착되어 제거되지만, 비극성의 카로틴은 흡착에 의해 탈색되기 어렵다. 따라서 팜유와 같이 다량의 카로틴을 함유하는 경우에는 탈취공정에서 제거해야 한다.

방법 :보통 원유의 활성백토(2~3%)를 첨가하여 감압하(50~80 mmHg)에서 가열, 교반(110~120℃, 15~20분)하여 흡착, 탈색한다. 이것을 냉각(50~80℃)한 후 필터프레스(filter press) 등으로 여과하여 유지와 색소가 흡착된 활성백토를 분리시킨다.

탈색에 사용된 활성백토는 시멘트원료, 유기비료제조시의 발효 촉진에 이용된다.

4) 탈취(deorderization)

탈취공정은 냄새성분을 고온(240℃ 이상), 고진공하에서 수증기를 불어넣어 수증기와 함께 증발, 제거하는 공정이다. 따라서 탈취공정은 진공 수증기 증류라고도 말 할 수 있다.

탈취의 목적 : 원유 중의 냄새성분으로는 원료 특유의 냄새(풀 비린내 등)나 알데하이드, 케톤 등이 있으며, 이들 성분들은 제품 품질에 나쁜 영향을 주기 때문에 탈취공정에서 제거한다.

또 냄새성분 이외에 산화생성물인 과산화물이 분해, 제거되고, 지용성 색소성분인 카로틴도 열분해되어 탈색된다. 따라서 탈취를 잘 행하면 유지의 색이 엷어지고, 과산화물은 분해, 제거되어 안정성이 좋아진다.

이외에 탈산이나 탈색공정에서 제거되지 않은 유리지방산이나, 스테롤, 토코페롤, 모노글리세라이드 등도 제거된다.

탈취는 2~6 mmHg 정도의 고진공하에서 행해지기 때문에 유리지방산이나 모노글리세라이드 등도 증발, 제거된다(표 2-5). 예를 들어 5 mmHg의 진공하에서 라우르산은 150.6℃, 팔미트산은 188.1℃, 스테아르산은 209℃에서 증발한다. 냄새성분은 이보다 더 쉽게 증발, 제거된다.

[표 2-5] 각종 지방산과 증기압

증기압(mmHg)	라우르산(C12:0)	팔미트산(C16:0)	스테아르산(C18:0)
1	121.0℃	153.6℃	173.3℃
5	150.6℃	188.1℃	209.0℃
10	166.0℃	205.8℃	225.0℃
20	183.6℃	223.8℃	243.4℃

한편 수소첨가에 의해 만들어진 경화유의 경우 탈취공정에 의해 경화취가 제거된다.

따라서 탈취공정은 안정성이 높고, 풍미가 좋은 유지를 만들기 위해 행하는 최종 정제공정으로, 가장 중요한 공정이다.

탈취온도와 유지의 품질 : 냄새성분을 완전 제거하기 위해서는 가능한 한 고온, 고진공하에서 행해야 하지만, 지나치게 고온으로 하면 유지가 변질하거나 수율이 나빠지기 때문에 유지의 종류에 따라 조건을 조절해야 한다.

예를 들면, 280℃의 고온에서 대두유를 탈취하면 무색의 가까운 색의 유지를 얻을 수 있지만, 토코페롤 함량이 감소하여 산화안정성이 저하된다.

한편 산화방지제는 열에 약하기 때문에, 유지에 첨가할 때는 탈취 후 70~80℃ 이하로 냉각한 후 첨가할 필요가 있다. 단, 식물성유에는 이미 천연의 산화방지제가 존재하기 때문에 일부의 유지를 제외하고는 산화방지제를 첨가하지 않는다.

또한, 시너지스트(금속제거제)로서 구연산, 인산, 아스코브산 등은 유효하고, 탈취직후 130~160℃에서 첨가한다. 일반적으로 유지에 구리(Cu)가 0.05 ppm, 철(Fe)이 0.8 ppm 정도 존재하면 유지의 보존기간이 반감되는 것으로 알려져 있다.

5) 탈납공정(winterization)

탈납공정은 유지 중의 고융점 트리글리세라이드나 왁스성분을 분리, 제거하는 공정으로, 윈터리제이션(winterization)이라고도 한다.

탈납의 목적 : 마요네즈 등을 냉장고에 보관하면 고융점 트리글리세라이드에 의해 유지가 분리되거나 유화가 깨지는 현상이 발생할 수 있다. 면실유와 같이 고융점의 트리글리세라이드를 많이 함유하는 것도 있다.

또 채종유, 홍화유, 해바라기유, 현미유 등에는 왁스가 많이 함유되어 있어, 저온에서 저장하면 기름이 현탁되는 원인이 된다,

따라서 샐러드유나 마요네즈의 원료로 이용되는 유지에는 고융점의 트리글리세라이드나 왁스를 제거하는 탈납공정을 행해야 한다.

탈납방법 : 보통 저온에서 냉각하여 석출되는 고융점의 트리글리세라이드나 왁스를 제거하는 공정으로, 탈취공정 전에 행한다. 왁스성분은 융점이 높기 때문에 냉각에 의해 석출 분리할 수 있지만, 고융점의 트리글리세라이드는 보통의 냉각으로 석출, 제거하기가 어렵기 때문에 서서히 냉각하여 행한다.

면실유에서 샐러드유를 얻기 위해 개발된 방법이다. 윈터리제이션(winterization)이라는 이름 그대로 옛날에는 겨울에 행하였지만, 현재는 저온실이나 냉각 재킷이 부착된 탱크에서 행한다. 냉각에서 여과까지 보통 2~3일이 걸린다.

면실유의 탈납 : 면실유를 냉각실(20~27℃)에서 서서히 냉각(13℃, 6~12시간)하면 결정이 석출되기 시작한다. 다시 계속해서 냉각(7℃, 17~18시간)한 후 6℃에서 방치하면 고체지방이 석출된다. 석출된 유지를 저온실에 설치된 필터프레스(filter press)로 여과하여 고체지방을 제거하여 샐러드유를 제조한다.

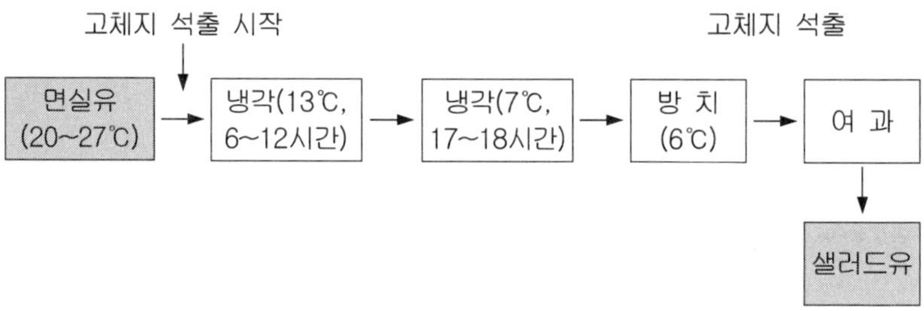

[그림 2-12] 면실유의 탈납과정의 예

용제를 이용한 탈납(solvent winterization) : 용제를 이용하는 탈납공정을 용제 윈터리제이션이라고 한다. 즉, 유지를 헥산 등의 용매에 녹인 후, 냉각시켜 석출되는 고체지를 여과하고 여과액에서 헥산을 회수하여 액체유를 얻는다.

유지를 용제에 녹이기 때문에 점도가 낮고, 결정의 여과성도 좋아진다. 수소첨가한 샐러드유(요오드가 105)도 면실유와 동일한 탈납공정을 통해 샐러드유를 제조한다.

냉각시험(cold test) : 탈납공정을 거친 샐러드유는 내한성이 있는가를 냉각시험을 거쳐 확인해야 한다.

시험방법 : 유지를 120℃에서 5분 가열한 후 25℃로 방냉한다. 이것을 뚜껑이 달린 용기에 넣고 0℃의 얼음물에 방치하여 기름이 투명한가를 조사한다. 샐러드유의 규격은 0℃ 얼음물 중에서 냉각하여 5.5 시간 이상 투명해야 한다.

샐러드유와 튀김유의 차이 : 샐러드유란 샐러드에 사용하는 기름이라는 의미이며, 정제 식용유를 탈납처리한 것을 말한다.

샐러드유의 원료는 대두유, 채종유, 면실유, 옥수수기름, 홍화유, 올리브유,

참기름 등 대부분 식물성유지이다. 한 종류 또는 여러 종류의 식용유를 혼합하여 만든다.

튀김유는 탈납공정을 거치지 않은 일반 식용유를 말하지만, 현재 일반 식용유와 샐러드유 간의 품질 및 용도에 차이가 없기 때문에, 일부 업무용에 국한되는 말이다.

따라서, 일반 식용유의 경우, 튀김유와 샐러드유를 따로 분류하지 않는다. 단, 면실유의 경우는 목화씨유와 목화씨샐러드유로 명확히 분류하고 있다(식품공전).

한편, 여러 샐러드유를 조합하여 튀김물의 풍미나 바삭함 등을 개선한 기름 또는 소포제, 유화제, 토코페롤 등을 첨가하여 튀김유로서의 특성을 개선한 기름을 튀김유라고 표시하는 경우도 있다.

예를 들어 대두유, 채종유 팜올레인 등을 혼합하여, 이것에 유화제, 소포제 토코페롤 등을 조합한 것을 튀김유라고 하여 시판되고 있다.

튀김유(frying oil)

[표 2-6] 정제과정별 제거되는 불순물의 성분

공 정	제거 성분
탈 검	인지질, 검질(수용성), 단백질, 탄수화물
탈 산	유리지방산, 유용성검질, 색소, 금속
수 세	비누
탈 색	색소, 잔존비누, 금속
탈 취	냄새성분, 유리지방산, 모노글리세라이드, 색소, 스테롤, 토코페롤
탈납	왁스, 고융점 트리글리세라이드

2.4. 물리정제법(physical refining)

앞에서 설명한 기본적인 정제법 이외에 물리정제법에 의해 원유를 정제하는 경우도 있다.

물리정제법은 먼저 인산(0.1%)을 첨가하여 탈검한 후 활성백토으로 탈색하여 착색성분을 제거하고, 이어 감압 수증기증류에 의해 탈산과 탈취를 동시에 행하는 방법으로, 증류탈산법(steam refining) 또는 수증기정제법이라고도 한다.

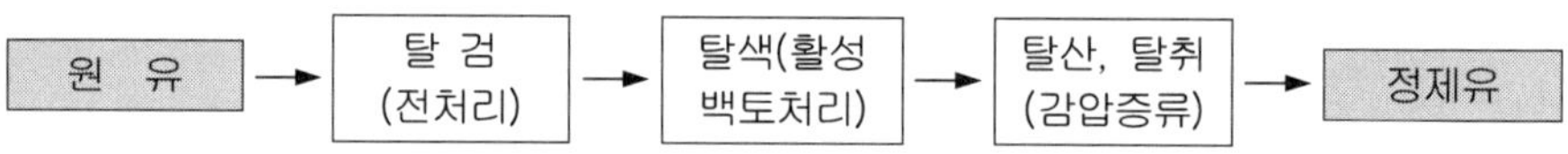

[그림 2-13] 물리정제법의 공정

물리정제법은 적용할 수 있는 유지의 종류가 제한되어 있지만, 정제효율이 우수하고, 알칼리제를 이용한 탈산공정이 없어 폐수처리도 용이하다는 장점이 있다.

현재 물리정제법은 야자유나 팜유와 같이 비교적 인지질 함량이 적은 유지에 유효하며, 특히, 말레이시아에서 팜유정제에 많이 이용된다. 근래에는 대두유나 땅콩기름에도 이용이 확대되고 있다.

2.5. 정제 부산물과 이용

1. 탈검공정 중의 부산물

대두레시틴 : 대두레시틴은 대두종자에 0.4~0.5%, 헥산으로 추출한 대두원유에는 1.1~3.2% 함유되어 있다.

비정제 식용유 중의 인지질 함량 : 인지질은 정제되지 않은 식물성유지에 많이 함유되어 있으며 특히, 대두유에 함량이 많고, 옥수수기름, 면실유, 땅콩기름 등에도 많다. 그러나 정제된 식용유지에서는 탈검 과정 중에 대부분 제거되어 함량이 크게 감소된다.

한편 조제 동물성유지에는 그 함량이 낮지만(표 2-7), 난황에는 특이적으로 많은 인지질을 함유하고 있으며. 난황 전체 중량의 20% 정도를 차지한다.

[표 2-7] 비정제 식용유지 중의 인지질함량

식용유지	인지질함량(%)	식용유지	인지질함량(%)
대두유	1.1~3.2	참깨기름	0.1
옥수수유	1.0~2.0	채종유	0.1
소맥배아유	0.08~2.0	버 터	0.6~1.4
면실유	0.7~0.9	우 지	0.07
미강유	0.7~0.9	돈 지	0.05
낙화생유	0.3~0.4	양기름	0.01

대두레시틴 : 상업적으로 대두원유의 탈검 중의 부산물(수분 40~50%)을 건조, 여과하여 갈색 페이스상의 조제 대두레시틴(crude lecithin)을 생산한다. 조제 대두레시틴의 인지질 함량은 60% 정도이다.

그러나 조제 레시틴에는 트리글리세라이드, 스테롤, 유리지방산, 색소, 무기염류 등의 불순물이 함유되어 있어, 색이 나쁘고, 특유의 풍미와 냄새를 갖는다.

최근에는 정제기술과 분획기술의 발달로, 고도의 정제로 인지질 함량을 높인 분말 레시틴과 분획에 의해 레시틴(포스파티딜콜린) 함량을 높인 고순도 레시틴이 생산되고 있다.

[표 2-8] 조제 대두레시틴(crude lecithin)의 조성

	성 분	함 량(%)
인지질	포스파티딜콜린(레시틴)	19~21
	포스파티딜에탄올아민	8~20
	포스파티딜이노시톨	20~21
	기타 인지질	5~11
기타	트리글리세라이드	33~35
	스 테 롤	2~5
	탄화수소	5
	수 분	1

레시틴의 정제 : 레시틴은 유기용매에는 잘 녹지만, 아세톤에 녹지 않는 성질이 있어 아세톤추출법으로 정제한다.

즉, 레시틴은 아세톤에 거의 녹지 않지만, 글리세라이드와 유리지방산은 아세톤에 녹는다. 이 성질을 이용하여 정제 레시틴을 얻을 수 있다.

아세톤에 의한 불순물 제거는 비교적 간단하기 때문에, 시판 레시틴은 대부분 이 방법으로 제조된다.

[표 2-9] 레시틴의 성분과 용해성

	물	1가 알코올	아세톤
대두유	불 용	용 해	가 용
포스파티딜콜린	용 해	쉽게 용해	난 용
포스파티딜에탄올아민	쉽게 용해	용 해	불 용
포스파티딜이노시톨	쉽게 용해	불 용	불 용

레시틴의 분획 : 아세톤으로 추출된 레시틴을 다시 에탄올로 분획하면 알코올 용해 레시틴(레시틴 50~70%)과 알코올 불용레시틴(포스파티딜 에탄올아민 등)으로 분류된다.

시판품은 사용하기 편리하게 알코올 용해 레시틴에 25~30%의 식물성유를 첨가한 것이다.

용도 : 레시틴은 우수한 천연유화제로 마가린이나 쇼트닝, 초콜릿 등에 이용된다.

또 항산화작용 등의 생리활성 때문에 식품항산화제나 건강기능식품으로도 이용된다. 최근에는 고혈압 예방, 콜레스테롤 배출 등의 생리효과가 주목되고 있다.

레시틴(lecithin)

이외에 빵, 비스킷의 노화방지 등 식품가공에 폭 넓게 이용되고 있다.

[표 2-10] 레시틴의 용도

식 품	용 도	첨가량(%)
마가린, 쇼트닝	유화, 비타민 A, D 보호	0.1~0.5
초콜릿	공정중의 점도저하, 블루밍방지, 광택부여	0.5~2.0
아이스크림	광택부여, 향의 고정, 어름결정방지	0.5
빵, 비스킷	제조공정의 개선, 노화방지, 영양가 개선	0.1~0.5
우동, 마카로니	반죽시간단축, 찰기의 개선	0.5
수산연제품, 된장, 스프 등	품질 개선	-

효소분해 레시틴 : 레시틴은 포스포라이페이스에 의해 가수분해되며, 이들 효소에는 포스포라이페이스 A_1, A_2, C, D 등이 있다. 포스포라이페이스에 의한 레시틴의 가수분해 부위는 그림 2-14와 같다.

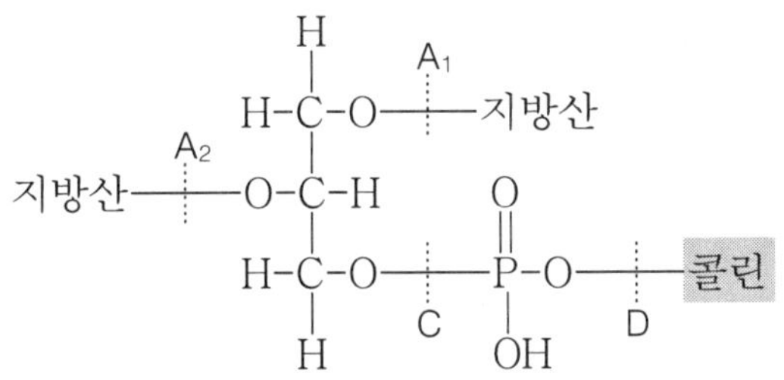

[그림 2-14] 포스포라이페이스 A_1, A_2, C 및 D에 의한 레시틴의 가수분해 부위

포스포라이페이스 A_1은 레시틴의 탄소 1번위치의 지방산을 가수분해한다. 포스포라이페이스 A_2는 탄소 2번위치의 지방산을 가수분해하여 라이소레시틴(라이소포스파티딜콜린)와 지방산을 생성한다. 레시틴보다 친수성이 강하여 유화제로도 이용된다.

한편, 포스포라이페이스 C는 다이글리세라이드와 콜린산으로 가수분해하며, 포스포라이페이스 D는 포스파티드산과 콜린으로 가수분해한다.

효소처리 레시틴 : 레시틴을 포스포라이페이스 D로 처리하여 생긴 포스파티드산을 글리세롤과 반응시키면 친수성이 강한 포스파티딜글리세롤을 얻을 수 있다.

이외의 변형 레시틴 : 대두나 난황에서 얻어진 천연레시틴 이외에 화학 처리한 레시틴도 이용되고 있다. 그러나 대부분 식품에는 사용할 수 없으며, 화장품 등에 이용되고 있다.

(1) **아세틸화 레시틴** : 무수초산을 반응시키면 포스파티딜에탄올아민의 아미노기가 아세틸화되어 유화력이 향상된다.

(2) **수소첨가 레시틴** : 불포화지방산부분(아라키돈산 등)을 수소첨가하여 열안정성이 좋은 레시틴을 제조할 수 있다.

(3) **하이드록실화 레시틴** : 유기산의 존재 하에서 과산화수소를 반응시키면, 지방산의 불포화부분이 하이드록실화되어 냉수에도 분산이 가능하게 된다. 미국에서는 식품첨가물로 이용되고 있다.

2. 탈산공정 중의 부산물

산유(acid oil, dark oil) : 탈산공정에서 알칼리(NaOH 등)를 첨가하여 유리지방산을 비누분으로 분리, 제거하는데 여기에서 얻어지는 점조성의 부산물을 soap stock이라고 한다. Soap stock에는 수분, 유리지방산(비누분), 중성유, 과잉의 알칼리 이외에 미량성분 등이 함유되어 있다.

Soap stock을 황산 등을 가하여 가열하면, 2개의 층이 형성된다. 위층은 산유(acid oil, dark oil)로 지방산, 비누제조에 이용하며, 아래층은 폐수 처리한다.

[표 2-11] 탈산공정 중의 부산물인 soap stock의 성분

성 분	함 량(%)	성 분	함 량(%)
물	50	스 테 롤	2
유리지방산(비누로서)	30	카로테노이드	0.1
중 성 유	10	기 타	0.9
수산화나트륨	7		

3. 탈색공정 중의 부산물

카로테노이드 : 정제되지 않은 팜유에는 카로테노이드가 500~700 ppm 함유되어 있다. 이것을 분획, 정제한 것을 천연 카로틴으로 이용하고 있다.

팜유에서 얻어진 카로테노이드는 비타민 A 활성이 가장 강한 β-카로틴이 주성분(50% 이상)이며, α-, γ-카로틴 이외에 소량의 라이코펜, 잔토필을 함유한다.

용도 : 카로테노이드 혼합물은 색소로 이용되는 이외에 심장질환, 황반변성의 예방효과가 있어 영양강화의 목적으로도 이용된다.

[표 2-12] 시판 카로틴의 조성 예

성 분	팜유카로틴(%)	당근카로틴(%)	합성 β-카로틴(%)
α-카로틴	30~40	30	-
β-카로틴	55~66	60	100
γ-카로틴	3~5	-	-
라이코펜	3~5	-	-

4. 탈취공정 중의 부산물

스컴(scum) : 유지의 탈취공정 중에 얻어지는 점성의 부산물을 스컴(scum)이라고 한다. 스컴의 함량과 조성비는 탈취조건에 따라 다르지만, 약 0.3% 정도를 차지하며, 토코페롤(10% 정도)과 식물스테롤(20% 정도)을 비교적 많이 함유하고 있다.

일반적으로 토코페롤이나 식물스테롤을 생산하는데 이용된다.

[표 2-13] 탈취 대두 스컴(scum)의 조성

성 분	비 율(%)
유리지방산	23~35
스 테 롤	20~32
총 토코페롤	8~20
탄화수소	5~10
글리세롤 및 기타	3~16

일반적으로 토코페롤을 생산하는데 사용되며, 식물스테롤은 토코페롤의 생산 중의 부산물로부터 생산된다.

토코페롤과 식물스테롤은 대두유, 옥수수유 등의 식물성 유지를 정제하는 과정 중의 탈취공정에서 얻어지는 스컴(scum)에서 생산된다.

1) 토코페롤

대두유, 채종유, 옥수수기름 등에서 얻어진 스컴은 토코페롤 생산에 많이 이용된다. 토코페롤은 스컴을 용매 추출하여 이온교환수지에 의해 분획, 농축하여 얻어진다.

용도 : 토코페롤은 주로 α-, β-, γ-, δ-토코페롤의 4종류가 있지만(8장 참조), 그 중에서 생체에서의 작용(비타민 E 활성)은 α-토코페롤이 가장 강하고, 반대로 유지에 대한 항산화효과는 δ-토코페롤이 가장 강하다. 이 때문에 α-토코페롤 함량이 높은 것은 영양강화식품이나 의약품에 이용되며, γ-, δ-토코페롤의 함량이 높은 것은 식품첨가물로 이용된다.

2) 식물스테롤

토코페롤에 비해 이용범위는 적지만, 최근 혈중 콜레스테롤의 저하작용 등이 알려지면서 기능성식품 소재로의 이용이 증가하고 있다.

식물스테롤의 분리 및 제조 : 식물스테롤은 스컴으로부터 토코페롤을 얻은 공정에서 제거되는 스테롤이나 스컴의 용매추출물을 이온교환수지로 분획, 농축하여 얻어진다.

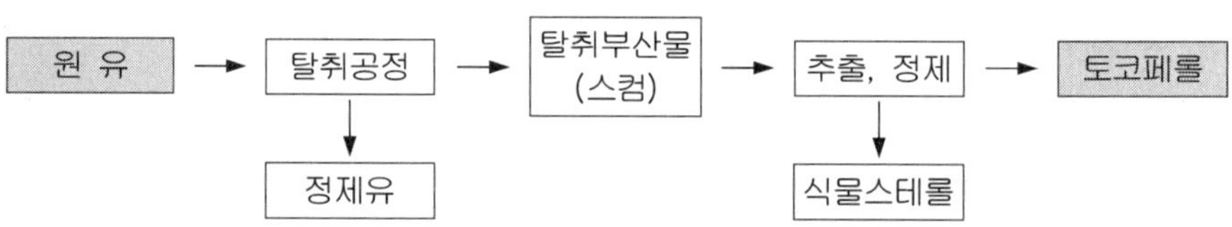

[그림 2-15] 식물성 스테롤의 분리

한편, 식물스테롤에스터는 식물스테롤과 식용유지 유래 지방산을 혼합하여 적정온도 및 압력하에서 에스터반응을 시킨 후 탈산, 탈색, 여과, 탈취 등의 정제공정을 거쳐 잔존지방산 등의 불순물을 제거하여 얻는다.

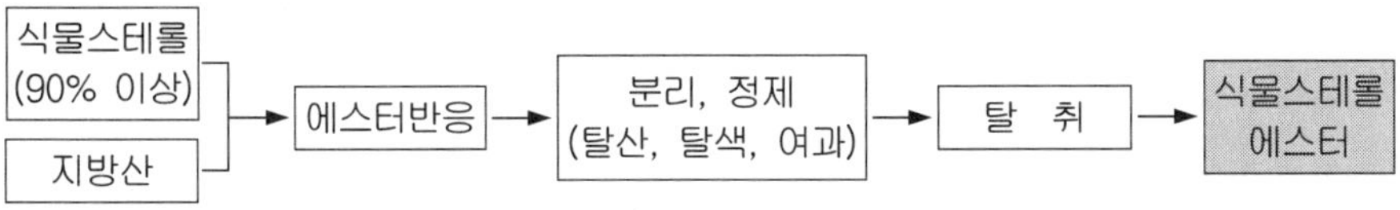

[그림 2-16] 식물스테롤에스터 제조공정

용도 : 순도가 낮은 것은 어류의 사료로, 순도가 높은 것은 화장품이나 스테로이드계 의약품의 원료로 이용된다.

한편, 식품의 기능성 소재로서 식물스테롤을 그대로 또는 식물스테롤에스터형태로 식용유 첨가한 건강기능성 유지 또는 기능성 마가린 등으로 판매되고 있다(8장 참조).

3) 비타민 K

비타민 K는 혈액응고에 관련된 비타민으로, 천연에는 비타민 K_1과 K_2가 존재하는데 대두 스컴에는 비타민 K_1이 수백 ppm 함유되어 있다.

스컴의 용제추출물로부터 활성탄으로 흡착시키는 방법과 중성지질, 지방산, 스테롤류 등을 제거한 것을 분자증류하여 농축하는 방법이 있다.

5. 탈납공정 중의 부산물

1) 왁스(납)

현미유, 옥수수유, 홍화유의 탈납공정에서 왁스성분이 제거되며, 주로 현미유의 왁스가 공업적으로 이용되고 있다.

현미유의 왁스 : 그대로 정제하거나 수소첨가한 후 정제하여 양질의 현미왁스로 제조된다. 용도는 식품용 이형제, 껌의 가소제, 윤활제, 과자나 정제의 코팅제(광택, 이형제, 가소제), 과일의 코팅용 에멀젼 등에 이용된다.

2) 면실 스테아린

면실유를 탈납했을 때 얻어지는 고융점의 글리세라이드는 왁스는 아니지만, 이 고형유지는 면실스테아린이라고 하며 탈취하여 튀김유로 사용하거나, 경화하여 가공유지원료로 이용한다.

3장. 식용유지의 가공기술과 이용

유지는 원유를 정제하여 그대로 이용하지만, 여러 가공과정을 거쳐 부가가치가 높은 유지제품으로 바꾸는 경우가 많다. 이러한 유지를 정제가공유지라고 한다.

즉, 가공유지는 융점을 조절하거나 산화안정성을 개선한 유지를 말하며, 이를 위해서 수소첨가, 에스터교환, 분별 등의 방법을 이용되고 있다.

3.1. 수소첨가(경화, hydrogenation)

고온, 고압하에서 촉매(니켈, 구리, 크롬 등)를 가하여 유지 중의 불포화지방산의 이중결합에 수소를 부가시키는 반응을 수소첨가 또는 경화라고 한다.

또 수소첨가에 의해 생긴 유지를 수소첨가유(hydrogenated oil) 또는 경화유(harden oil)라고 한다.

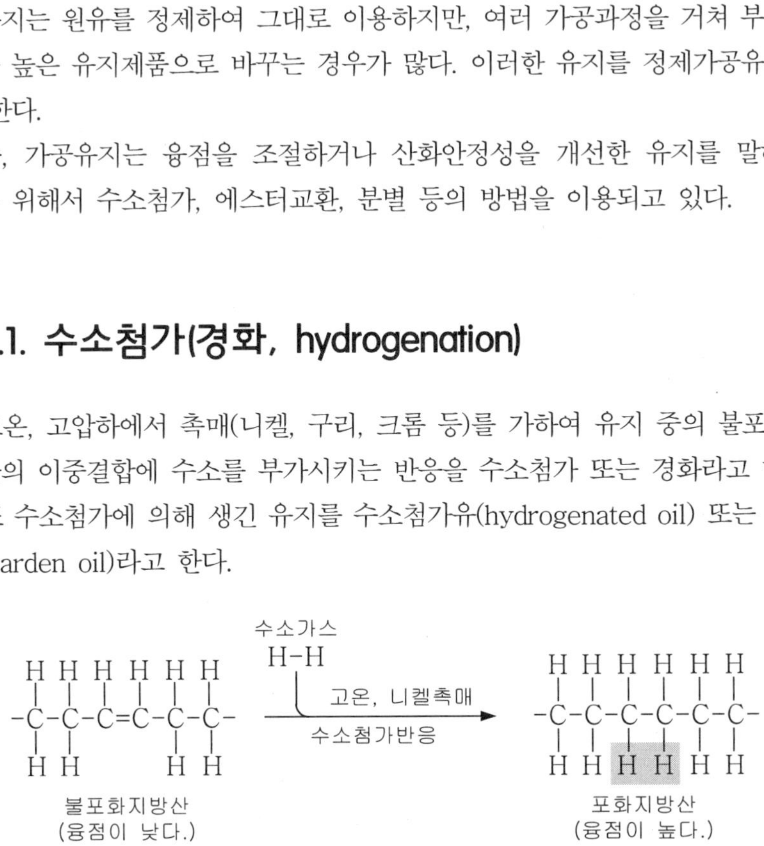

[그림 3-1] 이중결합으로의 수소첨가

수소첨가에 의해 유지의 불포화지방산은 포화지방산으로 되기 때문에, 요오드가는 감소하고, 융점은 상승하며, 고체지방의 양은 증가한다.

이와 같이, 수소첨가에 의해 제조한 유지는 융점이 높아지기 때문에, 융점이 높아진다는 의미에서 경화유(硬化油)라고도 한다.

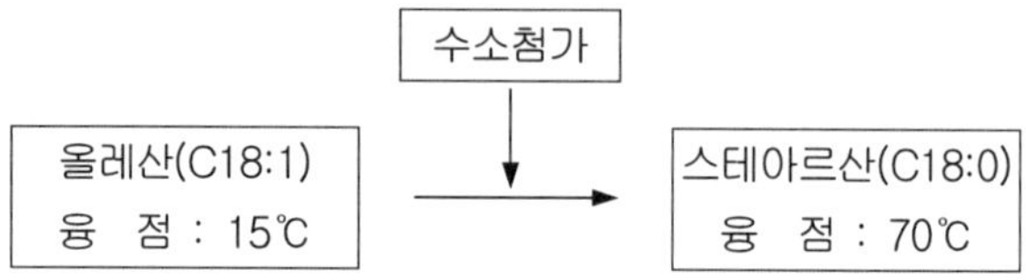

수소첨가에 의한 유지의 융점변화

1. 수소첨가의 목적

유지의 불포화도를 줄이는 것에 의해 ① 융점의 상승, 고체지방의 함량 증가, ② 산화안정성, 열안정성의 향상, 색상, 냄새나 맛을 개선하여 사용 용도에 적합한 제품을 얻는데 있다.

단, 수소첨가과정 중에 트랜스지방산과 같은 기하이성체 및 위치이성체를 생성하여 영양학적 문제점이 있으며, 또 경화취를 나타내는 단점이 있다.

2. 수소첨가 정도에 따른 분류

수소첨가 정도에 따라 경도(輕度) 수소첨가, 부분수소첨가, 극도수소첨가로 분류할 수 있다.

수소첨가 정도에 따라 동일한 원료 유지를 다양한 유지로 바꿀 수 있다. 이것이 수소첨가의 가장 큰 효과이다.

1) 경도(輕度) 수소첨가

리놀렌산 이상의 고도 불포화지방산을 포화시키는 방법으로, 산화안정성을 향상시키고, 풍미가 양호한 경화유를 얻기 위한 수소첨가이다.

예를 들어, ① 경도 수소첨가에 의해 리놀렌산의 함량을 3% 이하로 만든 액상의 대두경화유는 튀김유로 이용된다. 또한 대두유의 변향취(풀냄새 등)의 발생을 방지하기 위해 경도수소첨가를 하기도 한다.

② 어유나 고래기름의 경우는 다가불포화지방산을 많이 함유하고 있기 때문에 융점이 낮고, 산화되기 쉽지만, 수소첨가에 의해 경화되어, 보존성이 향

상되고, 불쾌취가 제거된다.

2) 부분 수소첨가

대부분의 동식물성 유지의 경화유는 부분 수소첨가에 의해 만들어지며, 보통 요오드가 60~90의 제품이 많다.

부분 수소첨가는 유지의 지방산 조성을 바꾸어 원하는 특성의 유지를 얻는데 이용할 수 있어 매우 중요하다. 즉, ① 고도불포화지방산이 많은 식물성 유지(예 대두유)의 경우, 포화지방산의 생성을 억제하면서 리놀렌산을 리놀레산이나 올레산으로 바꾸어, 액체상 기름의 산화안정성을 향상시키거나 ② 일부 불포화지방산을 수소첨가하여 부드럽고, 입안의 촉감이 좋은 고체상의 기름을 제조할 수 있다.

따라서 마가린, 쇼트닝의 배합용이나 높은 산화안정성을 요구하는 튀김유 제조 등에 이용할 수 있다.

그러나 단 부분 수소첨가 과정 중에 트랜스지방산의 생성이 많다(15~25% 정도)는 문제점이 있다.

3) 극도 수소첨가

불포화지방산을 거의 완전히 포화시키는 수소첨가를 극도 수소첨가라고 하며, 극도 수소첨가에 의해 제조된 경화유를 극도경화유라고 한다.

완전 수소첨가한 경화유는 트랜스지방이 거의 없어, 근래에 트랜스지방의 저감화에 많이 이용되고 있다. 주로, 야자극도경화유, 대두극도경화유 등이 이용된다.

예를 들어, 대두극도경화유는 이중결합을 98% 이상 제거하여. 스테아르산(C 18:0)을 85% 정도 함유하는 고체유지이다.

주로 혼합 및 에스터교환반응의 원료유지로 사용되며, 캔디의 코팅, 쇼트닝, 마가린에 미량 첨가하여 크림성을 향상시키는데도 이용된다.

3. 수소첨가유의 제조공정

수소첨가공정은 간단하지만, 원료유의 종류, 전처리공정의 정제정도, 촉매의 종류, 수소첨가조건(온도, 수소압력, 교반속도 등)에 따라 다양한 경화유가 제조된다.

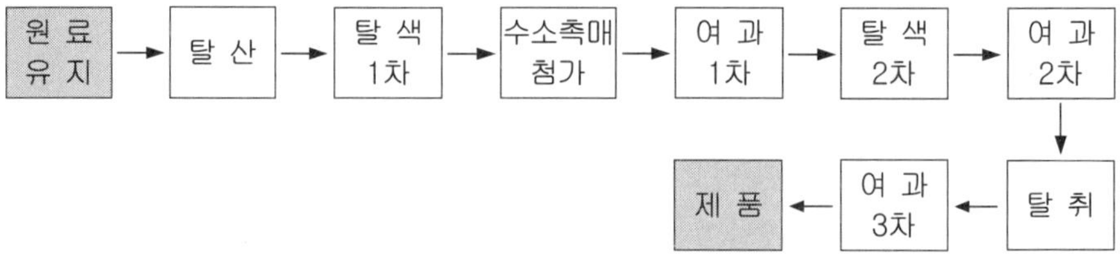

[그림 3-2] 수소첨가유(경화유)의 제조공정

1) **원료유지**

어유, 고래기름, 대두유, 면실유 등이 이용된다. 근래에는 야자유, 팜유 등도 많이 이용된다. 수소첨가를 순조롭게 하기 위해서는 유지 중에 촉매 활성을 저하시키는 물질이 함유되지 않도록 해야 한다.

촉매독 : 원료유지 중에는 니켈 등의 촉매활성을 저하시키는 물질이 함유되어 있으며, 이러한 물질을 촉매독이라고 한다.

촉매독은 촉매와 트리글리세라이드분자의 접촉을 방해하여 수소첨가반응을 억제하고, 이중결합위치 및 이성화반응을 일으킨다. 이 때문에 부분수소첨가의 경우에도 원하는 물리적 및 화학적 성질을 갖는 경화유를 얻을 수 없다.

촉매독으로 작용하는 물질 : 유지는 동물 또는 식물종자 등에서 채유하기 때문에 트리글리세라이드 이외에 미량의 불순물을 함유하고 있다. 또한 전처리 공정에서 혼입하는 2차적인 불순물, 트리글리세라이드의 변질에 의한 생성물 등도 함유되어 있다.

촉매독으로 작용하는 것으로는 유리지방산, 인지질, 유황화합물, 비비누화물, 단백질 및 이들의 분해물, 비누, 산화생성물 등이 있다.

일반적으로 촉매독은 식물성 유지보다 동물성 유지에 많이 함유되어 있다.

따라서 원료 중의 촉매독 제거와 2차적 촉매독의 혼입과 생성을 억제하기 위해 원료의 보존, 탈산, 탈색 등의 정제공정을 주의 깊게 관리할 필요가 있다.

2) **촉매** : 실용적으로 가장 많이 이용되는 것은 니켈이다. 이외에 구리, 크롬 등이 이용되며, 1종 또는 2종 이상의 금속과 조합되어 이용된다.

[표 3-1] 각종 촉매의 사용조건

촉매의 종류	유지에 대한 사용량(%)	온도(℃)
니켈(Ni)	0.05~0.15	120~175
구리	0.3(산화구리로)	170
구리-크롬	0.1~0.26(산화구리로)	170~200
구리-니켈	0.1~1	200
구리-크롬-망간	1~2	170~195

한편, 수소첨가용 니켈은 담체에 부착시켜 사용하는 경우가 많다. 그 이유는 촉매의 활성표면적을 넓히고, 그 촉매효과를 상승시키고, 촉매의 사용량을 줄일 수 있기 때문이다.

담체로서는 규조토가 일반적으로 사용되지만, 알루미나 등도 이용된다.

촉매의 제거 : 수소첨가반응 후 잔존하는 촉매는 구연산 0.1%를 첨가하여 100℃에서 가열후 여과하여 제거한다.

4. 수소첨가에 따른 불포화지방산의 이성화

수소첨가과정 중에 이성화현상이 일어나, 위치이성체와 기하이성질체가 형성된다.

1) 위치이성질체

수소첨가과정 중에는 이중결합이 본래 위치로부터 이동하는 위치이성질체가 생성된다. 예를 들어 올레산의 경우, 이중결합의 위치가 탄소 9번과 10번 사이에 있지만, 수소첨가하면 위치이성화에 의해 8번과 9번 또는 10과 11번 사이로 이중결합의 위치가 이동한다.

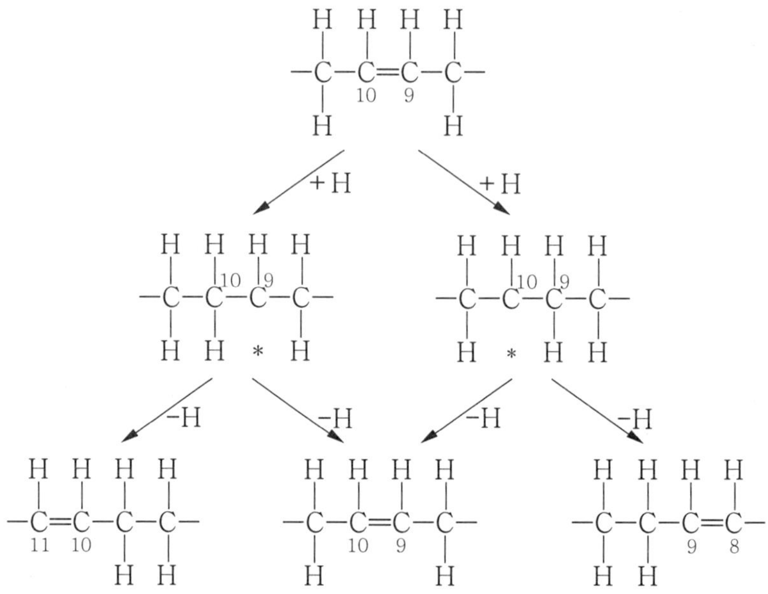

[그림 3-3] 수소첨가에 의한 올레산의 위치이성체의 생성

2) 기하이성질체(트랜스지방산)

위치이성질체 이외에 천연 유지 중의 시스형 지방산이 기하이성질체인 트랜스형 지방산으로 전환된다. 이러한 트랜스지방산의 형성은 부분 수소첨가유에서 현저히 일어난다.

트랜스지방산은 혈 중 콜레스테롤을 증가시키는 등의 영양학적 문제점이 있는 것으로 알려져 있다(1장 참조)

선택성 수소첨가 : 유지의 구성지방산 중에서 불포화도가 높은 것부터 우선적으로 수소첨가반응이 진행되는 것을 선택성 수소첨가라고 한다.

즉, 먼저 리놀렌산(이중결합 3개)은 2불포화지방산으로, 리놀레산(이중결합 2개)은 1불포화지방산으로, 올레산(이중결합 1개)은 포화지방산인 스테아르산이 된다.

수소첨가반응의 속도는 리놀렌산 > 리놀레산 > 올레산의 순서이다.

따라서 리놀렌산, 리놀레산 및 올레산의 3종의 지방산이 혼합되어 있는 경우, 리놀렌산의 이중결합이 우선적으로 수소가 첨가된다. 또 리놀레산과 올레산이 혼합되어 있는 경우에는 리놀레산에 먼저 수소가 첨가된다.

이와 같이 리놀레산보다 리놀렌산이, 올레산보다 리놀레산이 먼저 수소가 첨가되는 것을 선택성 수소첨가라고 한다.

[표 3-2] 지방산에스터의 종류에 다른 수소첨가속도

지방산에스터의 종류	수소첨가속도	공액형 에스터
리놀렌산에스터($C_{18:3}$)	40<	-C=C-C=C-C=C-
리놀레산에스터($C_{18:2}$)	20<	-C=C-C=C-
아이소리놀레산에스터($C_{18:2}$)	3	
올레산에스터($C_{18:1}$)	1	

비선택성 수소첨가 : 선택성 수소첨가와는 달리 불포화도와 관계없이 수소첨가반응이 진행되는 것을 비선택성 수소첨가라고 한다. 즉, 비선택성 수소첨가의 경우, 리놀렌산, 리놀레산, 올레산에 대한 수소첨가가 동시에 일어난다.

반응조건의 결정 : 수소첨가는 경화유의 사용목적에 따라 조건을 결정해야 한다. 특히 식용경화유의 부분첨가의 경우는 앞서 말한 선택성과 이성화 등을 고려할 필요가 있다.

선택성 수소첨가는 유지의 산화 안정성을 향상시킬 목적인 경우에 바람직하다. 즉, 산화되기 쉬운 리놀렌산을 먼저 선택적으로 수소첨가하고, 이어 리놀레산을 수소첨가하는 선택성 수소첨가가 산화안정성 향상을 위해 바람직하다.

예를 들어 대두유에 선택성 수소첨가와 비선택성 수소첨가를 한 경우(표 3-3), 선택성수소첨가의 경우가 비선택성 수소첨가의 경우보다 융점이 낮고 부드러우며, 산화안정성도 8배 정도 강하다.

[표 3-3] 선택성 및 비선택성 수소첨가한 대두유의 산화안정성 및 융점 변화

지방산에스터의 종류	선택성 수소첨가	비선택성 수소첨가
산화안정성(AOM법, hr)	240	31
부드러움	70	30
융점(℃)	39	50
수소첨가조건 : 온도(℃)	177	121
압력	5	50
니켈촉매(%)	0.05	0.05

그러나 지나친 선택성 수소첨가를 하면 이중결합의 위치이성체 및 트랜스지방산이 증가한다(표 3-4).

위치이성질체가 증가하면 리놀레산의 경우, 이중결합이 9번과 12번 탄소위치에 있는 리놀레산이 감소하여 영양학적으로 바람직하지 않다.

반면, 너무 비선택성 수소첨가를 하면 포화지방산이 증가하여 고체지방이

증가하여 융점은 상승하지만, 비교적 불포화지방산이 많이 잔존하여 산화되기 쉬운 경화유가 된다.

[표 3-4] 선택성 및 비선택성 수소첨가에 따른 면실유의 융점 및 트랜스지방산 함량

	선택성 수소첨가	비선택성 수소첨가
반응온도(℃)	180	120
니켈농도(%)	0.2	0.1
수소압력(kg/cm^2)	1	4
교반(rpm)	300	500
융점(℃)	36.0	39.6
트랜스지방산(%)	28.6	16.1
리놀레산(%)	14.2	19.5

그림 3-4는 선택성 및 비선택성 수소첨가한 면실유의 고체지방지수(SFI)를 나타낸 것이다. 선택성 수소첨가한 면실유는 비선택성 수소첨한 경우보다 온도에 대한 변화가 크다. 즉, 선택성 수소첨가는 비선택성 수소첨가보다 저온에서 단단하고, 온도상승에 따라 연화하기 쉬운 경화유가 된다.

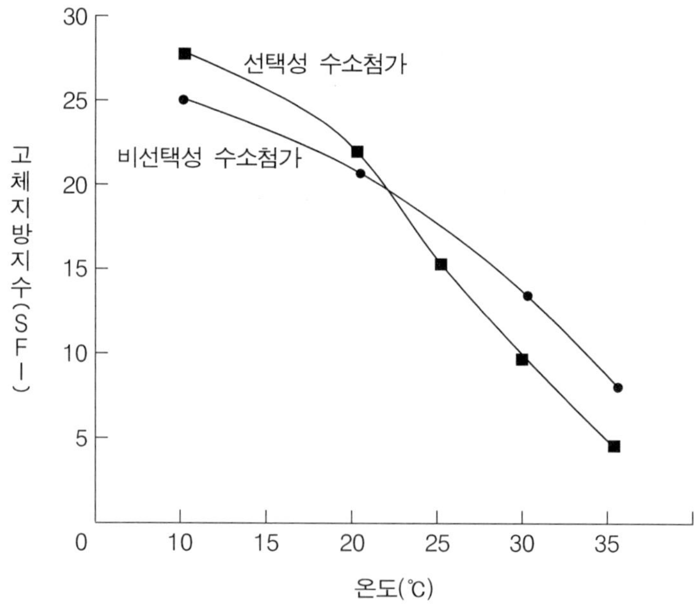

[그림 3-4] 선택성 및 비선택성 수소첨가한 면실유의 고체지방지수(SFI)의 변화

따라서 쇼트닝의 배합유로 사용할 경우, 온도가 변해도 가소성을 유지하는 것이 바람직하기 때문에 선택성 수소첨가유보다는 비선택성 수소첨가유의 사용이 적합하다.

이상과 같이 수소첨가 조건은 경화유의 사용목적에 따라 안정성, 고체지방지수(SFI), 제품의 응용특성 등을 고려하여 선택해야 한다.

선택성 및 비선택성 수소첨가와 촉매 : 선택성 및 비선택성 수소첨가는 반응조건(반응온도, 촉매량, 수소압력, 교반속도 등)에 의해 조절에 의해 바꿀 수 있다.

일반적으로 반응온도와 촉매량의 증가, 수소압력과 교반속도의 저하에 의해 수소첨가반응이 선택적으로 된다.

[표 3-5] 선택성 수소첨가반응과 수소첨가조건

요 인	촉매표면의 수소농도	선택성	이성질체 (트랜스지방산)
반응온도 증가	저 하	증 가	증 가
촉매농도 증가	저 하	증 가	증 가
수소압력 증가	증 가	저 하	저 하
교반속도 증가	증 가	저 하	저 하

선택성 수소첨가유의 제조 조건

1. 반응온도를 높일 것
2. 촉매농도를 높일 것
3. 수소압력을 낮출 것
4. 교반속도를 낮출 것
   - 불포화도가 높은 어유는 선택성이 약함
   - 트리글리세라이드에 비해 지방산은 선택성이 낮음

비선택성 수소첨가와 트랜스지방산의 생성 억제 : 선택성 수소첨가조건에서는 트랜스지방산의 생성이 증가된다. 즉, 반응온도와 촉매농도의 증가에 의해 증가되며, 수소압력과 교반속도의 증가에 의해 감소된다.

따라서 트랜스지방산의 함량을 줄이기 위해서는 선택성 수소첨가보다는 비선택성 수소첨가에 의한 경화유의 제조가 바람직하다.

3.2. 에스터 교환(interesterification)

트리글리세라이드(유지)를 촉매 존재하에서 알코올이나 지방산 등과 함께 가열하면, 유지의 구성 지방산들이 치환되어 새로운 에스터가 생기며, 이러한 반응을 에스터교환이라고 한다. 이 반응에는 메톡사이드나트륨(CH_3ONa, 수산화나트륨(NaOH) 등의 촉매를 필요로 한다. 에스터 교환반응은 크게 다음의 3가지로 분류할 수 있다.

① 알코올리시스(alcoholysis) : 유지와 알코올과의 치환반응

② 애시돌리시스(acidolysis) : 유지와 지방산과의 치환반응

③ 유지의 에스터교환 : 유지 분자간 또는 유지 분자내의 지방산의 치환반응

1. 알코올리시스

유지와 알코올사이에서 일어나는 에스터교환반응이다. 즉, 알코올리시스는 유지를 알코올(글리세롤, 메탄올 등)과 함께 촉매의 존재하에서 가열하면 알코올과 새로운 에스터결합을 형성하게 된다.

이중에서 알코올이 글리세롤인 경우에는 글리세롤리시스(glycerolysis)라고 하며, 메탄올인 경우에는 메탄올리시스(methanolysis)라고 한다.

1) 글리세롤리시스(glycerolysis)

유지와 글리세롤의 에스터교환반응을 글리세롤리시스라고 한다. 이 반응은 가장 중요한 모노글리세라이드제조법이다.

즉, 유지와 글리세롤을 알칼리촉매(NaOH, CH_3ONa 등)하에서 분자간 에스터교환시키면, 유지 중의 일부 지방산기가 글리세롤과 에스터결합하여 모노, 다이글리세라이드가 생성된다.

고순도의 스테아르산모노글리세라이드를 제조하는 경우에는 고순도의 스테아르산과 글리세롤의 에스터법이 이용되지만, 식품용 유화제에는 지방산의 순도가 요구되지 않기 때문에, 보통 식용유지(우지, 돈지, 대두유 면실유 등 또는 이들의 경화유)와 글리세롤을 원료로 제조된다. 시판 모노글리세라이드는 대부분 이 방법에 의해 제조된다.

모노글리세라이드의 HLB값은 보통 3~4 정도로, W/O 유화에 적합하다.

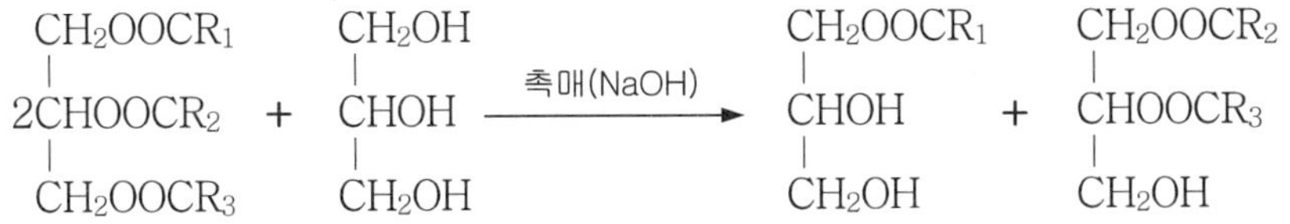

트리글리세라이드 글리세롤 모노글리세라이드 다이글리세라이드

[그림 3-5] 유지와 글리세롤과의 반응(glycerolysis)

반응 조건 : 일반적으로 식용유지에 대해 25~40%의 글리세롤과 0.05~0.2%의 알칼리 촉매(보통 NaOH)을 이용하여, 반응온도 200~250℃에서 1~4시간 교반하여 반응시킨다.

이 반응생성물은 모노글리세라이드, 다이글리세라이드, 트리글리세라이드의 혼합물이며, 보통 모노글리세라이드의 함량은 50% 정도이며, 이 혼합물은 보통 시중에서 모노글리세라이드란 이름으로 판매되고 있다.

증류 모노글리세라이드 : 순수한 모노글리세라이드는 혼합물을 분자증류하여 모노글리세라이드의 함량이 90% 이상의 제품을 제조하며, 이를 증류 모노글리세라이드라고 한다.

예를 들어, 0.04 mmHg의 압력이하, 150℃에서 증류되는 유출분은 전체량의 10%이며, 유출분 중의 모노글리세라이드의 함량은 97% 정도이다.

[표 3-6] 증류 모노글리세라이드의 특징 예

	돈지 경화유	대두경화유	돈지	홍화유
1-모노글리세라이드	90% 이상	90% 이상	90% 이상	90% 이상
비누화값	160~165	155~160	160~165	155~160
유리지방산	1% 이하	1% 이하	1% 이하	1% 이하
유리글리세롤	1% 이하	1% 이하	1% 이하	1% 이하
요오드값	1 이하	2 이하	40	100
융 점	70℃	72℃	70℃	70℃

모노글리세라이드의 이용 : 식용유화제로 마가린, 아이스크림 등에 이용되거나 쇼트닝 에 혼합하여 빵, 케이크 제조에 사용한다. 예를 들어, 빵을 제조할 때 쇼트닝에 5% 정도의 모노글리세라이드를 혼합하면 빵의 노화를 억제하고, 빵의 부피증가(12~15%)를 향상시킬 수 있다.

2) 메탄올리시스(methanolysis)

유지와 메탄올의 에스터교환으로 지방산메틸에스터를 만드는 반응을 메탄올리시스라고 한다.

방법 : 유지와 메탄올을 촉매(NaOH, 0.1~0.5%)를 이용하여 80℃에서 반응시키면 거의 98%까지 빠르게 에스터교환된다. 이 때 지방산메틸에스터와 글리세롤이 생성된다.

생성된 지방산메틸에스터는 다가 알코올(설탕 등)과 다시 에스터교환하여 지방산에스터를 제조하는데 이용한다. 유리된 글리세롤도 회수하여 이용할 수 있다.

[그림 3-6] 유지와 메탄올과의 반응(methanolysis)

메탄올리시스의 응용

① **지방산 분석** : 지방산메틸에스터는 가스크로마토그라피를 이용한 지방산 분석에 이용한다. 가스그로마토그라피법으로 지방산조성을 분석하는 경우, 유리지방산으로도 분석할 수 있지만, 중급, 고급 지방산의 경우, 메틸에스터가 더 편리하다. 이는 메틸에스터가 유리지방산보다 지용성 용매에 잘 용해되고, 비등점도 더 낮기 때문이다.

현재 BF_3를 이용하여 유지를 직접 지방산메틸에스터로 만드는 방법과 이 메틸에스터를 이용하여 가스크로마토그라피법으로, 시료 중의 구성 지방산 함량과 조성을 분석하는 방법은 모두 국제공정법으로 이용되고 있다.

② **바이오디젤** : 채종유 등의 식물성유를 이용하여 만든 바이오디젤은 디젤엔진의 원료로서, 일부 국가에서 이용되고 있다.

그러나 식물성유는 경유에 비해 10배 정도의 강한 점도를 갖고 있어, 분사나 연소효율이 나쁘기 때문에 직접 디젤연료로 사용할 수 없다.

그러나 식용유를 메탄올과 반응시켜 지방산메틸에스터로 하면 사용이 가능하다.

바이오디젤의 특징은 ① 식물성유지로 만들기 때문에 연소해도 지표상의 CO_2를 증가시키지 않는다. ② 보통 디젤엔진을 개조하지 않고 사용할 수 있다. ③ 경유와 비교해서 SO_2와 검은 연기의 발생이 적다. ④ 연비, 주행성이 경유와 거의 비슷하다. ⑤ 생분해성이 양호하다는 것이다.

③ **설탕지방산에스터** : 8개의 OH기를 갖는 다가알코올의 일종인 설탕과 지방산메틸에스터와의 에스터교환에 의해 제조된다. 설탕지방산에스터는 주로 O/W 유화(수중유적형)에 대한 식품유화제로 널리 이용되고 있다.

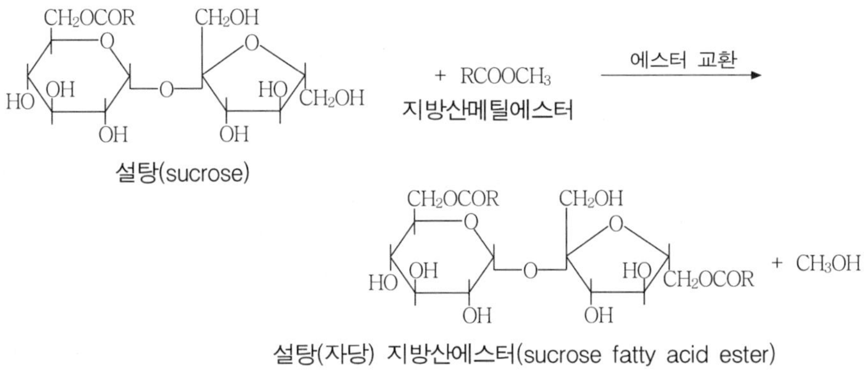

[그림 3-7] 에스터교환반응에 의한 설탕지방산에스터의 제조

그러나 설탕과 지방산이 서로 용해되지 않고, 설탕지방산에스터가 열에 불안정하기 때문에, 반응속도의 증가를 위해 온도를 올릴 수 없다.

따라서 반응을 증가시키기 위해, 다이메틸폼아마이드(dimethyl formamide, DMF)와 같은 극성 유기용매에 설탕과 지방산메틸에스터를 녹인 후, 특정조건하에서 가열하여 제조한다.

2. 애시돌리시스(acidolysis)

유지와 지방산의 에스터교환 반응이다. 이 반응을 이용한 야자유와 스테아르산(C 18:0)의 부분적인 에스터교환반응으로 야자유의 융점을 증가시킬 수 있다.

단, 애시돌리시스의 실용성은 적어 그다지 이용되지 않는다.

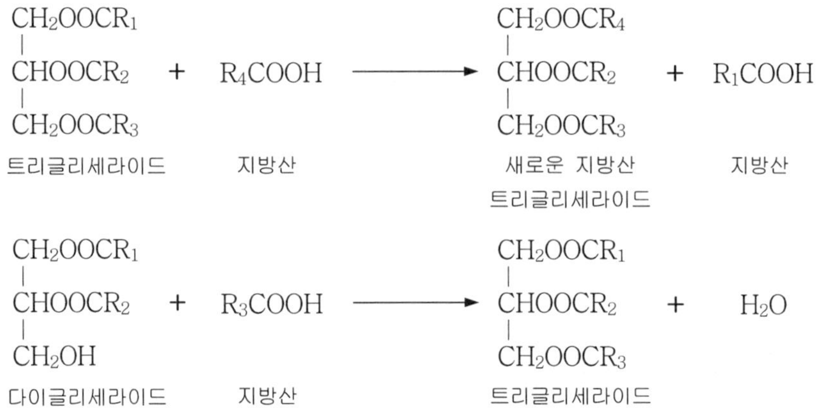

[그림 3-8] 유지와 지방산의 반응(acidolysis)

3. 유지의 에스터교환

유지의 에스터교환이란 유지에 에스터결합되어 있는 지방산을 유지분자간 또는 분자 내에서 재배열하여 지방산의 결합위치를 바꾸는 반응이다.

유지의 에스터교환은 수소첨가와 함께 식용유지의 물리적 성질을 개선하는데 널리 이용된다.

에스터교환에 의해 유지의 융점, 경도 등의 물리적 특성과 고체지방지수(Solid Fat Index, SFI), 결정성 등을 개선할 수 있고, 가공성이 좋은 유지를 제조할 수 있다.

유지의 에스터교환반응의 종류 : 유지의 에스터교환에는 촉매(CH_3ONa 등)를 이용하는 화학적 에스터교환과 라이페이스 효소를 이용하는 효소적 에스터교환의 2가지가 있다.

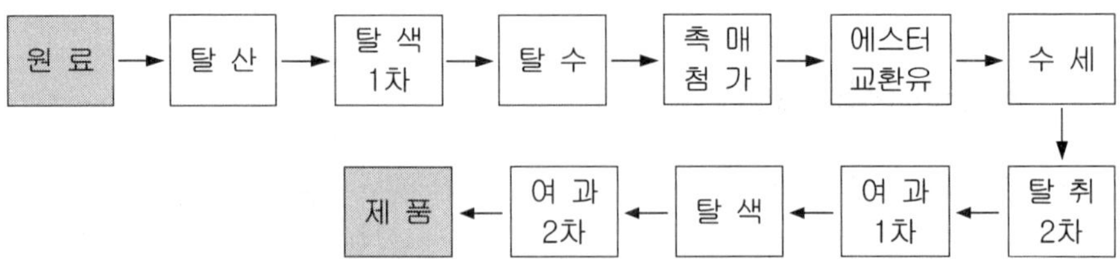

[그림 3-9] 화학적 에스터교환

1) 화학적 에스터교환

화학적 에스터교환에는 ① 유지를 융점이상에서 반응시키는 무작위(랜덤) 에스터교환과 ② 융점 이하에서 반응시키는 지향형 에스터교환이 있다.

화학적 에스터교환의 특징은 지방산의 교환이 무작위로 일어나며, 위치이성체가 없다는 것이다. 따라서 팜유와 같이 1,3포화 2불포화형 트리글리세라이드가 많은 유지에 대해서는 지방산배열을 랜덤하게 하기 때문에 그 샤프한 용해성을 잃어버린다.

화학적 에스터교환은 이와 같이 랜덤한 지방산 조성을 나타내어 무작위(랜덤) 에스터교환이라고 한다.

무작위(랜덤) 에스터교환 : 일반적으로 촉매의 존재하에서 가열하면 유지 중의 결합된 지방산기가 자유로이 트리글리세라이드 사이를 이동하여 랜덤하게 에스터결합을 하며, 이를 무작위 에스터교환이라고 한다.

그림 3-10에서 트리스테아린과 트리글리세라이드의 혼합물(좌측)의 융점 이상(80℃)에서 무작위 에스터교환하면 혼합물(우측)의 융점은 49℃로 변화한다. 이와 같이 무작위 에스터교환에서는 모든 종류의 트리글리세라이드가 형성되어 평형에 도달한다.

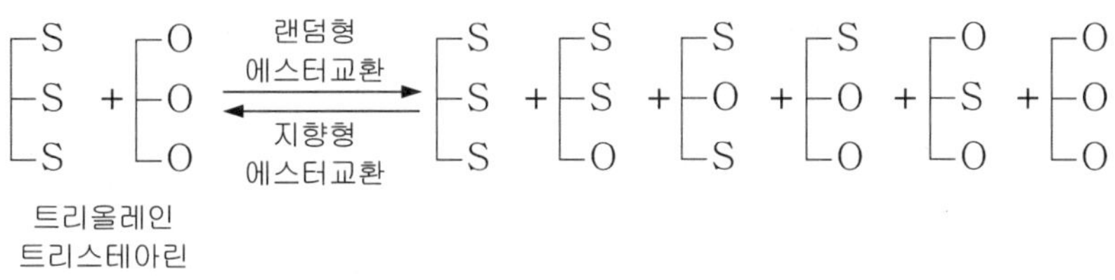

(트리스테아린과 트리올레인의 동량 혼합물, 융점=66℃)

(6종의 트리글리세라이드의 혼합물, 융점=49℃)

S : 스테아르산 O : 올레산

[그림 3-10] 지향형 및 랜덤형 에스터교환반응

이와 같이 처리하면 대두유의 융점은 -7℃에서 6℃로 상승하고, 면실유의 경우는 융점이 10℃에서 34℃로 증가한다. 이러한 반고체상태의 면실유는 수소첨가에 의해 형성된 반고체유와 동일한 효과를 나타내며, 수소첨가유와는 달리 트랜스지방산이나 경화취가 없다는 장점이 있다.

지향성 에스터교환 : 그림 3-10에서 무작위에스터교환시킨 유지(우측)를 융점이하(10~40℃)에서 에스터교환하여 융점이 높은 트리스테아린을 결정화시켜 반응계에서 제거하면 남은 액상부에서는 무작위 분포의 평형을 잃어 다시 트리스테아린을 형성하기 위해 반응이 진행되어 평형을 이룬다. 이 조작을 반복하면, 결국 트리스테아린과 트리올레인이 얻어진다. 이러한 반응을 지향성 에스터교환이라고 한다.

에스터교환의 응용 : 에스터교환도 수소첨가와 같이, 유지의 품질을 개선하는 중요한 수단이다. 에스터교환에 따라 유지의 고체지방지수(SFI)와 굳기 등의 물성을 개선할 수 있다.

근래에는 리놀레산 60% 이상의 무트랜스지방 마가린이 에스터교환에 의해 만들어지고 있다. 또 돈지의 결정에서 생기는 결점 등을 개선할 수 있는 등 활용범위가 매우 높다.

① 팜스테아린과 야자유 혼합유의 에스터 교환 : 에스터교환에 의한 유지의 물성 개량에는 주로 팜유계나 라우르산계 지방을 혼합하여 사용한다.

[표 3-7] 팜스테아린과 야자유 혼합유의 에스터 교환후의 요오드가 및 융점변화

	팜스테아린 70 + 야자유 30		팜스테아린 50 + 야자유 50		팜스테아린 30 + 야자유 70	
	반응전	반응후	반응전	반응후	반응전	반응후
요오드가	26.7	27.2	21.7	21.1	16,5	15.9
융점(℃)	50.7	39.0	40.3	34.2	32.6	33.8

② 에스터교환에 의한 돈지의 물성 개선 : 돈지는 거친 입자결정(β형 결정)을 갖고 있어, 입안에서의 촉감이 나쁘고, 크림성이 낮다는 결점이 있다.

이러한 거친 결정의 원인은 돈지의 트리글리세라이드의 조성에 기인된다. 즉, β-위치에 팔미트산이 결합된 S_2U가 대부분이며, 이중에서 StPU(St : 스테아르산, P: 팔미트산, U:불포화지방산)이 26%를 차지한다. StPU는 β형 결정을 이루고 있어, 결국 입안에서의 촉감이나 크림성이 나쁘게 된다.

그러나 에스터교환하면 StPU는 감소하고, 반대로 StUP는 증가하여 입안에서의 촉감이나 크림성을 개선할 수 있다(그림 3-11).

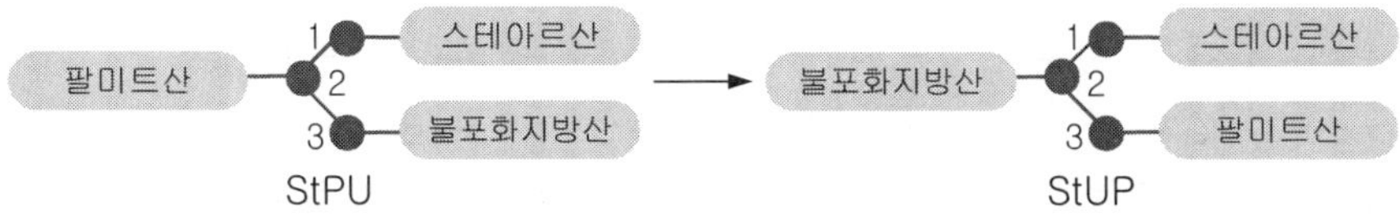

[그림 3-11] 에스터교환반응에 의한 라드의 트리글리세라이드 조성 변화

③ 무트랜스지방 마가린의 제조 : 에스터교환유는 경화유와 달리 트랜스지방산을 형성하지 않기 때문에 무트랜스지방 마가린제조에 이용되고 있다.

[표 3-8] 에스터교환반응에 의한 에스터유와 경화유의 트랜스지방의 함량

	에스터유[1]	대두경화유	팜올레인경화유
요오드가	21.1	68.5	46.8
융점(℃)	34.2	37.4	35.5
트랜스지방(%)	1.0	32.5	15.7

[1]에스터유 : 팜스테아린 + 야자유(50 : 50)

2) 효소적 에스터교환

효소적 에스터교환은 이용하는 효소(라이페이스)의 특이성에 따라 원하는 트리글리세라이드를 고순도화하는데 이용된다.

특히, 효소적 에스터교환은 환경친화적이며, 온화한 반응조건에서 수행되어 부반응이 없으며, 효소를 회수하여 재사용할 수 있다는 장점이 있다.

효소적 에스터교환에 이용되는 라이페이스 : 촉매로 이용되는 라이페이스는 식물, 동물, 미생물에서 분리되지만, 보통 미생물유래의 효소를 이용한다(*Rhizopus delemar, Mucor javanicus* 등).

이들 라이페이스는 트리글리세라이드의 1,3번 위치에 특이성을 갖고 있으며, 안정성, 경제성을 고려하여 다공질의 무기물 등에 고정화하여 이용한다.

화학적 에스터교환과 트리글리세라이드의 1,3위치에 특이성을 갖는 라이페이스를 이용하는 효소적 에스터교환에 의해 얻어지는 이론적 분자종류 수의 비교를 그림 3-12에 나타내었다.

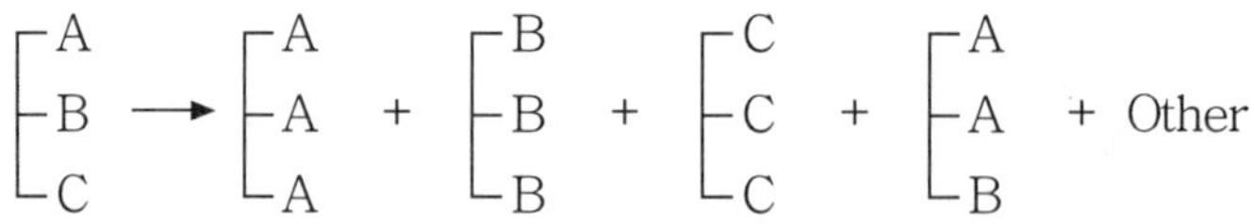

화학적 랜덤 에스터교환(18종의 트리글리세라이드가 생성)

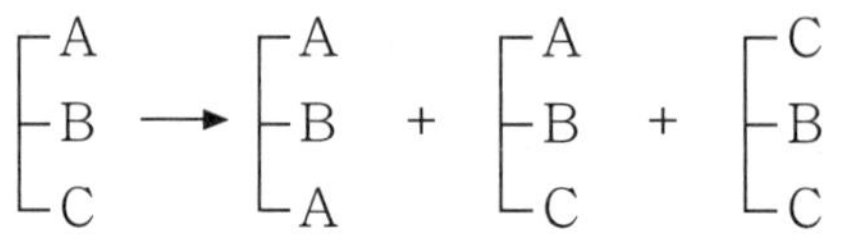

1,3 특이성 라이페이스를 이용한 효소 에스터교환
(3종의 트리글리세라이드만 생성)

[그림 3-12] 화학적 무작위형 에스터교환과 효소적 에스터교환의 트리글리세라이드형성

일반적으로 라이페이스는 고온에서 촉매활성을 잃는다. 그러나 최근 85℃에서 최적 활성을 나타내는 라이페이스(*Alcaligenes* sp. 유래)가 발견되어 유지가공에 이용되고 있다.

이 라이페이스의 특징은 트리글리세라이드의 1,3위치에 특이성이 없고, 화학촉매와 같이 랜덤교환반응을 촉매하고, 고정화시키지 않고, 분말상태 그대로 유지에 분산시켜 사용할 수 있다는 것이다.

효소적 에스터교환에 의한 카카오버터 대용지 제조 : 일반적으로 초콜릿은 카카오버터를 사용한다. 초콜릿에 카카오버터가 사용되는 이유는 입안에서의 용해성이 좋고, 풍미도 우수하기 때문이다.

그러나 여름철에는 녹아내리거나 보존 중에 블룸(bloom)현상이 생기기도 하고, 반대로 겨울에는 지나치게 단단해져 입안에서의 용해성이 나빠진다.

이 때문에 카카오버터의 결점을 보완한 카카오버터 대용지를 초콜릿에 이용하고 있다.

카카오버터 대용지의 제조에는 효소 에스터교환과 분별이 조합되어 이용된다.

예를 들어, 팜유의 트리글리세라이드 중에서 POP(1,3-다이팔미토올레인)의 1,3번 위치에 특이성을 갖는 라이페이스를 작용시키면, POS(1-팔미토-2-올레오-3-스테아린)가 많은 성분으로 변환한다. 이 경우, POS와 함께 공존하는 것은 스테아르산이나 SSS(트리스테아린)이다.

생성된 POS는 용제분별에 의해 분리한다.

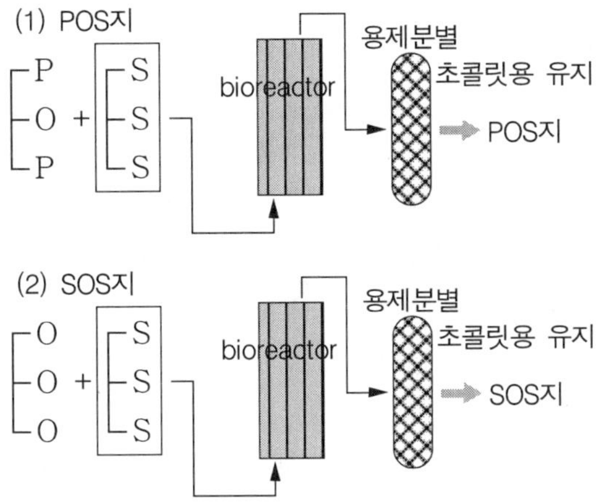

[그림 3-13] 효소적 에스터교환 및 분별 조합에 의한 카카오버터 대용지의 제조

3.3. 분별

유지가공에서 분별이란 유지의 융점차이에 의해 트리글리세라이드를 분리하는 것을 말한다. 분별은 주로 팜유의 가공법으로서 발전되어 왔다.

팜유의 고융점부를 팜스테아린, 중융점부를 palm mid fraction(PMF), 팜유의 저융점부를 팜올레인이라고 한다.

1. 분별의 종류

분별법에는 무용제분별법(건식분별법), 용제분별법, 계면활성제분별법이 있다. 일반적으로 용제분별이나 건식분별이 이용되며, 계면활성제분별은 유화제의 오염의 문제 등으로 그다지 이용되지 않는다.

1) 무용제분별법

유지를 녹인 후 서서히 냉각하여 결정화되어 석출되는 고융점의 트리글리세라이드를 액상유로부터 분리하는 방법으로, 자연분별법, 탈납법 또는 건식분별이라고도 한다.

팜유의 주요산지인 말레이시아를 중심으로 무용제분별이 많이 실용화되어 있다.

응용 : 고융점의 트리글리세라이드성분이 많은 면실유를 비롯하여 현미유로 샐러드유를 만드는데 이용되고 있다.

팜유, 우지, 돈지, 유지방 등의 반고체지는 무용제분별에 의해 고형지 20~30%, 연질지 70~80%로 분별한다.

고형지는 경도를 필요로 하는 파이, 페이스트리용 유지 배합원료로 이용한다. 연질지는 마가린, 쇼트닝, 크림의 배합용과 저융점 튀김유로 이용한다.

그 외에 어유의 고형지를 분별하여 도료용의 액상유로 이용한다.

팜분별유의 이용 : 팜유를 분별에 의해 얻어지는 각각 다른 융점의 분별유는 마가린, 쇼트닝 용도 이외에 여러 용도의 가공유지로 이용되고 있다(그림 3-14).

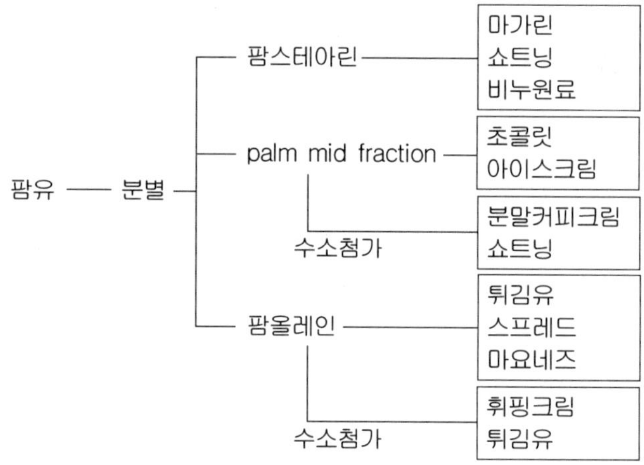

[그림 3-14] 팜 분별유의 이용

2) 용제분별법

유지를 아세톤, 헥산 등의 용매에 녹인 후 얻어진 마이셀라(miscella)를 냉각하여 고융점 트리글리세라이드를 결정화시킨 후, 여과하여 액체부와 결정부를 분리하는 방법이다.

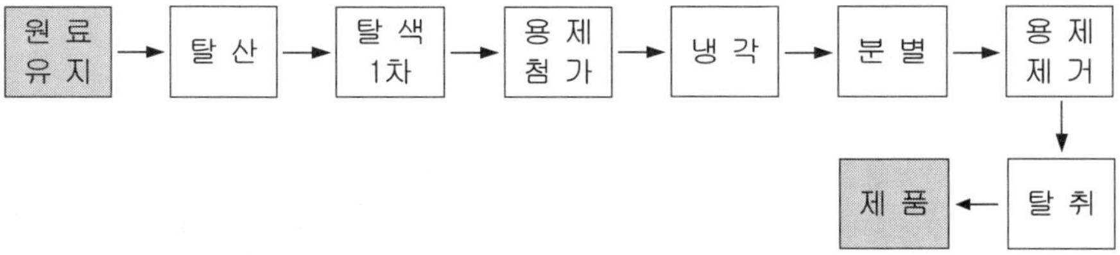

[그림 3-15] 용제분별법에 의한 분별유 제조

특성 : 무용제분별에 비해 냉각속도를 빨리해도 여과가 쉬운 결정을 쉽게 얻고, 액체부와 결정부의 분별이 좋다. 또 혼합물의 점성이 낮기 때문에 연속화하기 쉽다.

그러나 초기 건설비용이 높고, 용제사용의 안전관리가 필요하다.

용제분별법에 의한 초콜릿 코팅용 유지(하드버터) 제조 : 초콜릿코팅용 유지의 제조는 용제분별법에 의한 것이 가장 많다.

원료로서는 우지, 경화유, 혼합유, 또 코코넛유, 팜유 및 이들 경화유, 혼합유(에스터교환유-경화유) 등이 있다.

팜유은 2번 위치에 올레인산, 1,3 위치에 팔미트산이 결합되어 있어 카카오버터와 유사한 부분이 많기 때문에 카카오대체지로 이용되는 경우가 많다.

핵산에 의한 용제분별 : 미국의 경우, 원료유(팜유, 우지, 대두부분경화유나 면실부분경화유 등)를 헥산에 녹여, 25~30℃ 전후까지 냉각하여 GS_3(3포화 글리세라이드)이 침전되면 이것을 여과, 제거한 후, 헥산용액을 더욱 더 냉각(0℃ 부근까지)시키면 GS_2(2포화 1불포화 글리세라이드)가 침전된다. 이 부분에서 용제를 증발시키면 초콜릿코딩용 유지를 얻을 수 있다.

또 가장 나중의 액상부에서 용제를 제거하면 실온에서 액상인 유지를 얻는다. 이 부분은 산화안정성이 높다.

이외에 아세톤을 이용한 용제분별에 의해 초콜릿 코딩용 유지를 제조하기도 한다(그림 3-16).

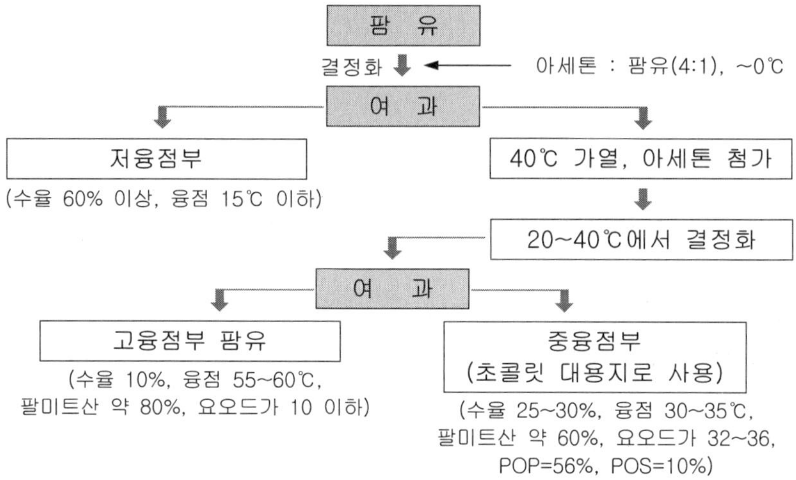

[그림 3-16] 팜유의 아세톤분별에 의한 초콜릿 대용지(하드버터)의 제조

3) 유화분별법

유화분별법은 용매분별의 문제점을 보완하고, 값싼 비용으로 수율이 좋은 분별을 목적으로 고안된 것으로, 계면활성제분별법이라고도 한다.

우선 유지를 냉각하여 고체지를 석출시킨 후, 유화제를 첨가하면, 고체지를 함유한 유화분산액과 액상유 혼합액이 된다. 이때 전해질(식염 등)을 첨가하면 액상유의 과도한 유화를 억제할 수 있다. 혼합액은 원심분리하여 고체지의 유화분산액과 액상유로 각각 분리한다. 고체지의 유화분산액은 가열하여 유화, 분산상태를 파괴하여 고체지를 얻는다.

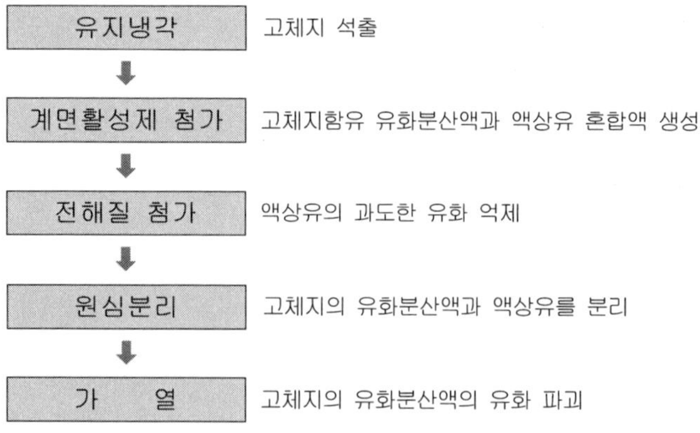

[그림 3-17] 유화분별법에 의한 분별

특성 : 용제분별보다 설비비용이 싸고, 건식분별보다 조작이 효율적이고 분별성도 좋은 편이다. 그러나 최근에는 유화제의 오염 문제 등으로 이용되지 않고 있다.

유화분별법에 의한 팜유의 분별 : 용해한 팜유(50℃)를 냉각(20℃)하여 고체지를 석출시킨 후, 여기에 대두지방산나트륨 1%, 황산나트륨 3%를 함유한 수용액(20℃)에서 분산, 유화시켜 1시간 교반한다.

이 혼합물을 원심분리하면 액상유(80%)가 얻어지고, 나머지 유화액을 가열하여 유지를 파괴하여 물층으로부터 고체지(20%)가 얻어진다(그림 3-18).

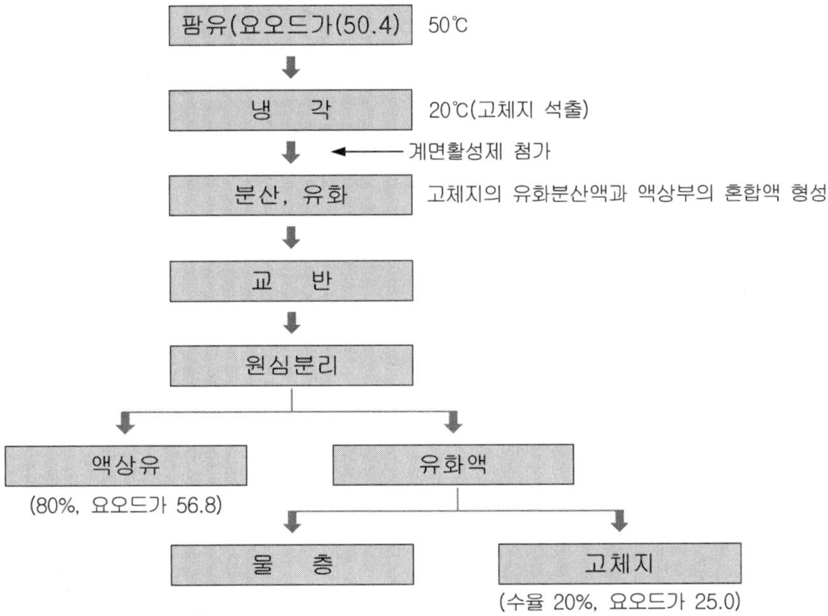

[그림 3-18] 계면활성제 분별에 의한 팜유의 분별

4장. 가공유지제품

가공유지제품이란? : 동물성(수산동물유 포함), 식물성 유지 및 이들의 혼합유지를 원료로 하여 수소첨가, 에스터교환, 물, 식염의 첨가, 급냉, 교반 등의 조작에 의해 바람직한 성질을 부여한 유지를 말한다. 또한 식용에 적합하도록 정제(탈산, 탈색, 탈취 등)를 한 유지를 포함하기도 한다.

버터, 마가린, 쇼트닝, 드레싱, 정제라드 등은 모두 가공유지로 분류된다(표 4-1).

[표 4-1] 가공제품의 종류 및 정의

종 류	정 의
생크림	우유의 유지방을 원심분리하여 농축한 것. 우유이외의 원료는 사용할 수 없다.
식물성(합성) 크 림	식물성유지(고체유지, 수소첨가유)에 유화제, 안정제 등을 첨가하여 가공한 것.
버 터	우유에서 분리된 유지방에 식품첨가물을 가하여 교반, 연압한 것.
마가린	식용유지에 물, 유화제 등을 혼합하고 유화시킨 고체상 또는 유동상의 마가린과 저지방 마가린(지방 스프레드)을 말한다.
쇼트닝	식용유지에 유화제, 질소가스 등을 가하여 가소성, 유화성 등의 가공성을 부여한 고체상 또는 유동상의 것
드레싱	식용유, 식초 등을 주원료로 하여, 식품첨가물(식염, 당류, 향신료 등)을 가하여 유화액상 또는 분리액상으로 제조한 것, 또는 이에 채소류, 과실류 등을 가한 것
향미유	식용유지(단, 압착 참기름, 압착 들기름은 제외)에 향신료, 향료, 천연추출물, 조미료 등을 혼합한 것(식용유지 50%이상)으로, 식품에 풍미 부여를 위해 사용하는 것.

4.1. 생크림(cream)

생크림은 우유 중의 지방을 농축하여 만든 것을 말한다. 즉, 생유(生乳) 중에는 약 3.5%의 지방이 함유되어 있으며, 이들 지방은 직경 1.0~10 ㎛의 지방구로 우유에 분산되어 있다. 지방구는 생유 1 mL 중에 약 20~40억개 존재한다. 우유를 일정시간 정치하면 유지방의 비중에 의해 지방구가 상층으로 떠오르고, 이 상층부분을 생크림이라고 한다.

법규상의 정식명칭은 생크림이 아니고 크림이지만, 아이스크림과 혼동될 수 있기 때문에 생크림이라고 한다.

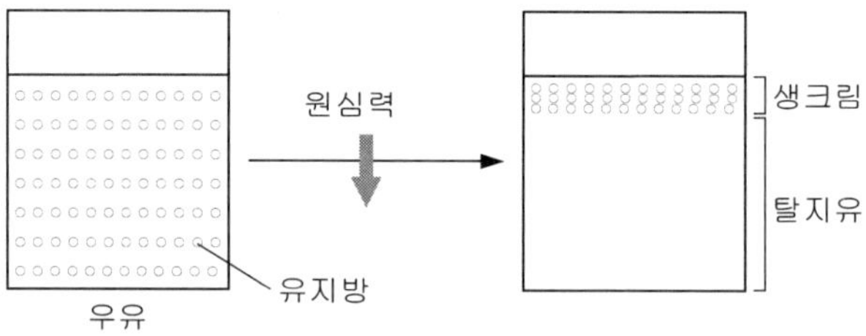

[그림 4-1] 원심력에 의한 생크림의 분리

생크림의 특성 : 생크림은 제품의 풍미와 식감을 향상시키고, 또 당도 조절이 용이하며, 버터크림에 비해 유지방의 함량이 적기 때문에 맛이 산뜻하며, 소화력이 우수하다는 장점이 있다.

- 버터크림 : 버터에 설탕 등을 섞어 크림처럼 만든 것으로, 버터크림빵, 케이크의 장식, 롤케이크 등에 이용된다. 그러나 지금은 버터 대신 마가린이나 쇼트닝을 이용하여 제조한다.

아이싱이란? : 설탕을 주원료로 물, 유지, 향료, 식용색소 등을 섞어 만든 피복물로 빵이나 과자를 덮거나 피복하는 것을 아이싱(icing)이라고 한다. 유지는 부드러움과 윤기를 좋게 하며, 버터, 코코아 버터, 유화쇼트닝과 경화 쇼트닝, 등이 이용된다.

버터크림(butter cream)

우유의 균질화 : 균질화란 우유의 지방구를 2 μm 이하로 균일하게 미세화하여 유지방이 분리되지 않게 하는 공정이다. 시판되는 우유의 경우, 그대로 방치해도 생크림과 같이 지방구가 상층으로 분리되지 않는다. 그 이유는 균질화 공정을 거치기 때문이다.

우류를 균질화하면 우유의 저장 중에 유지방이 분리되지 않고, 미질도 부드러워지며, 지방의 소화율도 높아진다. 또 우유 중에 형성된 지방층의 변패를 방지하고, 지용성 비타민의 균질을 유도하는 장점도 있다.

- **균질우유, 무균질우유** : 시판되는 우유는 모두 균질화공정을 거치며, 균질화된 우유를 균질우유라고 한다. 균질화 공정을 거치지 않은 우유를 무균질우유라고 한다. 균질우유가 무균질 우유보다 소화되기 쉽다.

1. 크림의 종류

생크림은 유지방을 원심분리하여 농축하기 때문에, 원심력을 조절하여 다양한 농도의 생크림을 만들 수 있다.

그러나 생크림의 농도에 따른 규정은 나라마다 다르며, 우리나라와 일본의 경우는 유지방 18% 이상이라는 최저 규정밖에 없다.

커피크림이나 휘핑크림은 사용상, 관습적으로 만들어진 것이다. 보통 커피크림은 18~30%, 휘핑크림은 30% 이상의 유지방을 함유한다(표 4-2).

[표 4-2] 생크림의 종류

종 류	유지방 함량(%)	용도
커피크림 (라이트크림, 테이블크림)	10~30	커피의 쓴맛과 신맛을 완화
휘핑크림	라이트 휘핑크림 : 30~36 헤비 휘핑크림 : 36 이상	케이크, 생과자의 장식
플라스틱크림	79~81	아이스크림, 갈색버터

1) 커피크림(coffee cream)

주로 커피에 첨가하는 생크림이다. 커피에 커피크림을 넣는 이유는 커피크림 중의 유지방과 일부 우유성분이 커피의 쓴맛과 신맛을 완화해 주기 때문이다. 커피에 설탕을 넣는 이유도 설탕이 커피의 쓴맛을 완화시켜 커피의 맛을 느끼기 쉽게 하기 때문이다.

그러나 커피크림의 농도가 너무 진하면, 오히려 커피의 풍미와 맛을 느끼기 어렵기 때문에 보통 10~30%의 생크림을 사용한다.

일반적으로 커피 크림에는 20% 정도의 생크림을 사용하며, 이를 라이트 크림(light cream)이라고도 한다. 이보다 함량이 낮은 것을 테이블 크림(table cream)이라고 한다.

커피크림(coffee cream, table cream)

• 해프앤해프(half and half) : 크림과 우유를 동량으로 섞어 유지방 함량이 10~18%가 되도록 만든 크림을 미국에서는 해프앤해프(half and half)라고 부른다.

2) **휘핑크림**(whipping cream)

휘핑(휘저어 거품을 내는 것)하여 케이크나 생과자 장식에 이용되는 크림이다. 휘핑크림은 유지방의 농도가 낮으면 거품이 휘핑이 잘되지 않기 때문에 일반적으로 유지방 30% 이상의 생크림을 사용한다.

휘핑크림에는 라이트 휘핑크림(30~36%)과 헤비 휘핑크림(36% 이상)으로 분류된다.

휘핑크림(whipping cream, whipped cream)

3) 플라스틱 크림(palstic cream)

지방함량 79~81%의 고형상 크림으로, 플라스틱과 비슷한 특성을 가졌다고 하여 이름이 붙여졌다.

유지방 25~35%의 크림을 60~62℃에서 재분리하여 살균, 냉각하여 만든 크림이다. 지방함량은 버터와 비슷하지만, 버터와는 달리 수중 유적형 유화(O/W형 유화)를 나타낸다.

4) 그 외의 크림

(1) **발효크림(sour cream, cultured cream)** : 유지방 18% 이상의 생크림을 젖산균으로 발효시킨 후 살균, 균질화시킨 크림으로, 산도는 0.6%이다. 구운 통감자에 얹어먹거나 샐러드 드레싱에도 사용된다.

발효크림(sour cream)

Light sour cream : 생크림에 우유를 섞어 유지방 함량을 50% 정도 줄여 만든 다이어트용 발효크림

(2) **더블크림(double cream)** : 유지방 48% 이상의 크림으로, 주로 거품을 내어 제빵용으로 쓰이는 경우가 많다. 주로 유럽에서 많이 사용한다.

더블크림(double cream)

2. 생크림의 제조공정

유지방은 물리적 자극에 매우 약하기 때문에, 제조 중에 격렬한 조작을 하면 유지방들이 응집하여 버터상으로 분리된다. 따라서 생크림은 원심분리에 의한 비중 차에 의해 제조한다.

탈지유의 칼로리(100 mL)

	칼로리(Kcal)
우유	60
저지방우유	40
탈지유	30

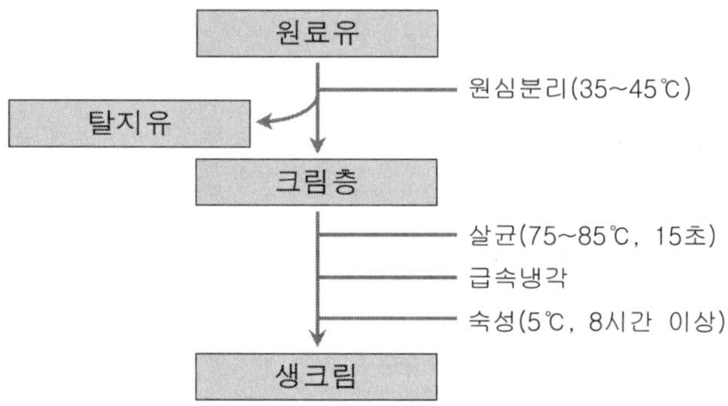

[그림 4-2] 일반적인 생크림 제조 공정

1) 원심분리

먼저 우유를 가온(35~45℃)한 후 원심분리하여 크림층(유지방)과 탈지유(skim milk)로 분리한다.

가온하는 이유는 가온에 의한 점도의 저하로 우유 중의 유지방의 이동이 용이해져 단시간 내에 유지방을 분리할 수 있기 때문이다.

- 탈지유(skim milk) : 크림제조 중에 생기는 유지방을 뺀 우유로 유지방 함량이 0.5% 이하이다. 아이스크림, 무지방우유, 탈지분유 등의 제조에 이용된다. 대부분 비타민 A, D를 강화한 탈지우유가 시판되고 있다.

2) 살균

분리된 크림은 보존을 위하여 75~85℃로 살균한다. 고온 살균시에는 단백질의 변성으로 유지방의 분리가 어려워진다.

3) 숙성

살균에 의해 생크림의 보존성은 향상되지만, 반대로 유지방은 온도변화에 매우 약해 불안정한 배열상태로 되고, 결국 신장성, 크림성이 저하된다. 이와 같이 불안정한 유지방(지방구)의 배열상태를 안정화하기 위해 숙성한다.

숙성은 살균 즉시 저온(5℃)에서 장시간(8시간 이상) 결정화시키면, 생크림의 신장성과 크림성이 매우 좋아진다.

크림성 : 휘핑(교반)에 의해 생크림, 버터, 마가린, 쇼트닝 등의 가소성 유지에 공기가 포립되는 성질을 크림성이라고 한다.

오버런(overrun) : 오버런이란 휘핑(교반)에 의해 생크림 등의 가소성 유지의 체적이 몇 % 증가하는가를 백분율(%)로 표시한 것이다. 보통 휘핑크림의 오버런은 100 전후를 목표로 한다.

$$\text{오버런} = \frac{(\text{휘핑 후의 용적}) - (\text{휘핑 전의 용적})}{(\text{휘핑 전의 용적})} \times 100$$

3. 휘핑(whipping) 형성의 원리

액상의 크림이 크림상으로 되려면 우선 공기의 포립능력과 그 포립된 기포를 연결하여 골격을 형성할 지방구가 필요하다.

휘핑의 원리는 다음과 같다(그림 4-3).

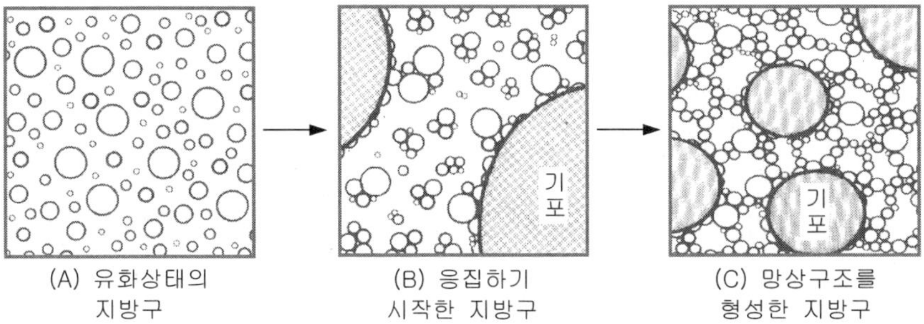

[그림 4-3] 생크림의 기포 형성과정

① 생크림 내의 유지방은 지방구막으로 보호된 미세한 입자로 분산되어 안정된 유화상태로 이루고 있다(그림 4-3, A)

② 그러나 교반을 하면 공기가 혼입되면서 작은 기포가 형성된다. 동시에 격렬한 충돌로 지방구 막이 파괴되어 지방구들이 응집되면서 기포표면에 흡

착된다(그림 4-2, B).

③ 계속 교반하면, 기포에 흡착된 지방구가 다른 지방구들과 연속적으로 결합하여 거품을 함유한 망목구조를 형성한다(그림 4-3, C).

이와 같은 망목구조는 서서히 형성되면서 점차 단단한 골격을 형성하면서, 전체가 적당한 강도의 휘핑상태로 변한다.

그러나 지나치게 교반하면 지방구가 분리되어 버터와 같은 상태로 된다. 한편, 설탕은 거품의 안정성을 증가시키나, 조금씩 넣어 주어야 한다.

4. 휘핑크림의 안정성

휘핑을 할 때 가장 중요한 것은 항상 차가운 상태에서 적당한 리듬으로 교반하는 것이다. 크림 중의 지방구는 온도에 민감하여 조금이라도 온도가 높으면 지방구가 불안정해져 거품이 잘 형성되지 않는다.

보통 유지는 저온에서 단단하고, 온도가 높으면 부드러워지는 성질이 있다. 이것은 유지 중의 액상유와 고체지의 비율이 온도에 따라 변하기 때문이다.

보통 유지를 구성하는 고체지의 비율이 40% 이상이면 단단하고, 15~20% 정도이면 손으로 성형할 수 있을 정도로 부드러워진다. 그러나 10% 이하이면 액상유가 된다.

유지방은 비교적 낮은 온도에서도 액상유로 되기 때문에(그림 4-4), 휘핑 온도가 높으면 지방구가 너무 부드러워 단단한 거품을 만들 수 없다.

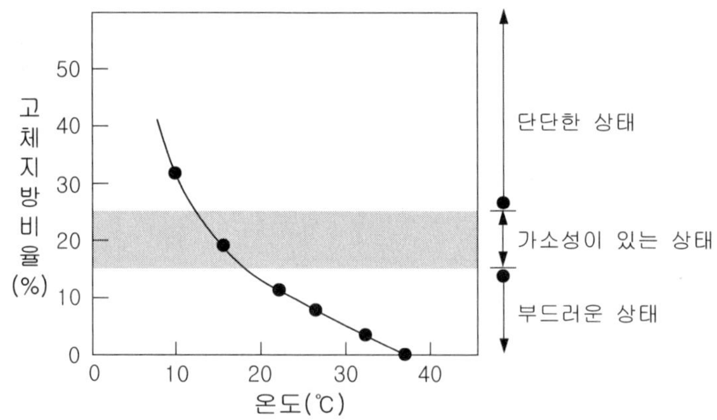

[그림 4-4] 유지방의 경도

따라서 가장 안정한 기포형성을 위해서는 10℃ 이하에서 작업해야 한다. 일반적으로 생크림의 온도가 5℃ 정도에서 시작하여 10℃ 이하에서 기포를 형성시키면 미세하고 부드러운 거품을 형성할 수 있다.

15℃가 넘으면 기포가 너무 커져 거친 상태가 되고 극단적으로 버터상의 분리되어 버린다.

생크림의 휘핑성은 기포형성 온도 이외에 생크림의 저장온도에도 영향을 받는다.

생크림을 15℃ 이상에서 보관하면 지방구가 불안정한 상태로 되어 기포형성이 잘 안된다.

5. 커피크림의 우모현상과 오일오프(oil off)

(1) **커피크림의 우모 현상**(feathering of cream) : 커피에 생크림을 첨가할 때 표면에 백색 깃털모양 같은 것이 떠오른 현상을 우모현상이라고 한다. 이는 생크림 중에 함유되어 있는 미량의 단백질이 커피 중의 산과 열에 의해 응고되어 일어나는 현상이다.

우모현상은 일반적으로 생크림이 변성되어 산도가 높아지거나, 산미가 강한 커피를 사용했을 때 일어난다.

(2) **커피크림의 오일오프**(oil off) : 커피에 생크림을 첨가할 때 표면의 기름방울이 떠오르는 현상을 오일 오프라고 한다. 이것은 유지방을 보호하고 있는 지방구가 파괴되어 안쪽의 유지방이 떠오르기 때문이다.

원인은 생크림의 보존상태가 매우 나쁘고, 생크림의 품질이 저하된 것을 의미한다. 따라서 커피크림은 반드시 5℃ 이하에서 보관하여야 하며, 너무 흔들지 않도록 주의할 필요가 있다.

6. 생크림의 보관

생크림은 물에 유지방이 분산되어 있는 수중유적형(O/W형) 제품으로, 보존기간이 매우 짧다. 생크림은 4~5℃에서 보관하는 것이 원칙이며, 일반 시유보다는 보관기간이 길지만 보존성이 나쁘다.

또 습도, 자외선을 받으면 변질되므로 생크림은 반드시 저온, 암소에서 밀봉하여 보관하여야 한다.

현재 시판 되는 생크림의 경우, 냉장 보관시 2주간 또는 제품에 따라 6개월 보관이 가능하다. 냉동제품은 한번 해동하면 냉장을 유지하고, 재사용하지 않는 것이 좋다.

4.2. 합성크림(synthetic cream)

합성크림이란 식물성유지 또는 그들의 가공유지(경화유 등)를 혼합하여 유화하여 만든 크림이다.

1. 합성크림의 종류

합성크림에는 식물성크림, 첨가물사용형 크림, 가공유(컴파운드)크림이 있다(표 4-2).

[표 4-2] 생크림과 식물성 크림의 성분의 차이

분 류	유지의 종류		첨가물	
	유지방	식물성 유지	유화제	안정제
생크림	O	X	X	X
첨가물사용형 크림	O	X	O	O
식품성(합성) 크림	X	O	O	O
가공유(컴파운드) 크림	O	O	O	O

(O : 첨가한 것, X : 첨가하지 않은 것)

(1) **식물성크림** : 식물성 유지만으로 만든 크림이다. 식물성유지나 그의 가공유지를 주원료로 하여 우유단백질, 유화제, 안정제 등을 배합하여 제조한다.

식물성크림의 정의(식품공전) : 식물성크림이라 함은 식물성유지를 주원료로 하여 이에 당류 등 식품 또는 식품첨가물을 가하여 가공한 것으로서, 케이크나 빵의 충전, 장식 또는 커피나 식품의 맛을 증진 등을 위하여 사용하는 것을 말한다.

(2) **첨가물사용형 크림** : 천연생크림에 유화제와 안정제를 첨가한 크림이다.

(3) **가공유 크림(컴파운드 크림)** : 식물성유지와 생크림을 혼합한 크림으

로, 식품첨가물을 넣어 가공한 크림이다. 보통 정제가공유지, 유청단백, 카라기난, 레시틴을 첨가한다.

(4) **분말유 크림** : 생크림의 불편함을 개선하기 위해 분말화한 것으로, 유지방에 식품 또는 식품첨가물(유당, 카세인나트륨, 제이인산칼륨, 유화제, 정제염 등)을 혼합한 것이다.

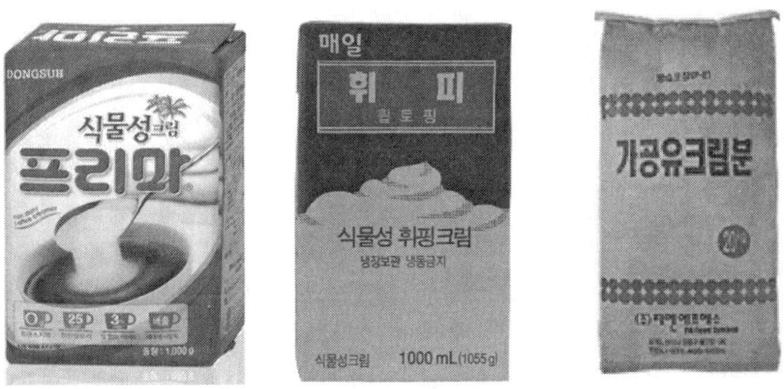

합성크림의 종류

2. 식물성크림의 원료

1) 원료유지

보통 식물성유지(야자유, 대두유, 면실유, 팜유 등)가 이용된다. 그러나 대부분의 식물성 유지는 액상으로 그대로는 생크림과 같은 유화상태로 될 수

[표 4-3] 시판 식물성 크림의 성분 예

시판 식물성크림	성 분	
	유지	기타
예 1	야자유, 식물성경화유	유당, 제이인산칼륨, 레시틴, 합성착향료(밀크향), 카라기난
예 2	식물성경화유	유화제, 레시틴, 정백당, 분말셀룰로오스, 잔탄검, 식염
예 3	식물성경화유(대두유, 팜유)	카세인, 제이인산칼륨, 제삼인산칼륨, 폴리인산칼륨, 유화제, 아나토색소
예 4	식물성유지(가공야자유, 팜핵유, 카놀라유, 팜유, 대두유, 면실유, 홍화유)	카세인나트륨, 제이인산나트륨, 모노/다이글리세라이드, 합성착향료(바닐라), 아나토색소
예 5[1)]	유크림(99.61%)	카라기난, 유화제, 산도조절제

1) : 첨가물사용형 크림

없기 때문에, 식물성 경화유(대두유, 야자유, 팜핵유, 팜유 등), 분별유, 에스터교환유 등의 가공유지를 사용한다. 일반적으로 야자유나 야자경화유가 많이 이용된다.

2) 부원료

(1) **우유단백질** : 휘핑할 때 기포막을 형성하는 역할을 한다. 커피크림의 경우, 커피의 맛과 향을 부드럽게 한다(쓴맛, 신맛을 완화).

우유 단백질은 커피에 넣었을 때 콜로이드상으로 빛을 분산시켜 백색을 나타내는 역할도 한다. 카세인은 물에 녹지 않기 때문에 일반적으로 카세인나트륨을 사용한다.

(2) **안정제** : 원두커피나 인스턴트커피는 산성(pH 4.7~5.5 정도)으로 카세인의 등전점(pH 4.6)에 가깝기 때문에 카세인이 응고, 분리되는 현상(우모현상)이 발생할 수 있다. 이를 방지하기 위해 안정제인 인산염(제이인산염 등)을 첨가한다.

(3) **유화제** : 유화제는 ① 유화를 안정시키는 동시에 ② 교반할 때 O/W형 에멀젼을 적당히 파괴하여 기포를 형성하는 작용을 한다. 전자의 목적에는 설탕지방산에스터와 솔비탄지방산에스터를, 후자에는 레시틴을 주로 이용한다.

(4) **설탕, 물엿** : 설탕이나 물엿은 단맛을 내게 한다. 특히, 물엿은 분말 커피크림을 만들 때 건조를 쉽게 하는 증량제(carrier)역할을 한다.

(5) **착향료** : 유지, 유화제, 안정제 등의 나쁜 냄새를 없애고, 신맛을 억제한다. 바닐라향, 크림향 등을 첨가한다.

(6) **케이킹 방지제** : sodium silica aluminate를 사용하여 덩어리지는 것을 방지한다.

(7) **호료** : 점도를 높이고 현탁액을 안정화한다. 카라기난, 잔탄검, 구아검, 펙틴, 메틸셀룰로오스 등이 사용된다.

(8) **색소** : 천연색소(아나토 색소) 또는 합성의 황색색소를 소량 사용한다.

[표 4-4] 식물성 크림의 조성 예

성 분	액상커피크림	휘핑크림	분말커피크림
식물성 유지	야자유 10~25%	야자유 25%	야자경화유 30~35%
우유단백질 (카세인나트륨)	2~5%	2.0%	4.5~5.5%
안정제	0.5~1.0%	0.2%	1.2~2.0%
유화제	0.5~1.0%	1.5%	1.2~2.0%
설 탕	-	15%	-
물엿고형분	-	-	55~60%
향 료	적당량	-	적당량
Caking 방지제	-	-	적당량
호 료	-	0.2%	-
물	나머지	나머지	-

3. 식물성 크림의 제조공정

일반적으로 합성크림의 제조공정은 다음과 같다(그림 4-5). 유지방함량이 적은 커피크림과 제과, 제빵에 이용되는 크림도 휘핑크림에 준하여 제조된다.

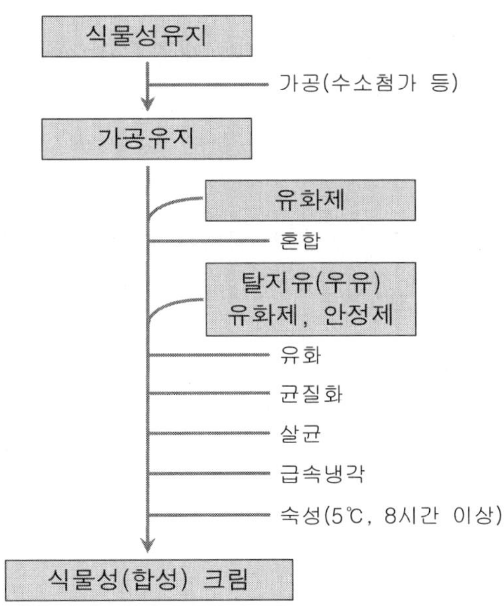

[그림 4-5] 일반적인 식물성(합성)크림의 제조 공정

1) 유지원료 및 첨가물의 배합

먼저 유지와 유화제를 혼합한 유상(油相)을 제조한 후, 물, 우유단백질, 유화제, 안정제, 인산염 등으로 구성된 수상(水相)과 혼합한다.

2) 유화 및 균질화 공정

65℃부근에서 지방구의 크기가 적당한 범위가 되도록 균질화한다. 균질공정은 크림의 안정성, 휘핑성에 큰 영향을 준다.

유지는 유화제의 피막으로 둘러싸인 미세한 지방구(1~5 μm) 상태로 된다. 이 유화상태는 생크림 중의 유지방과 거의 같다.

살균 전에 행하지만, 살균 후 또는 살균전후의 행하기도 한다.

3) 살균 및 숙성

살균은 배치식(batch)에서는 80℃ 15분, HTST(고온단시간)법에서는 80~90℃ 15~25초, UHT(초고온)법에서는 105~150℃ 0.5~수초간 행한다.

살균 후에 급속 냉각되고, 숙성조작을 행하여 지방구를 안정화한다.

4. 생크림과 식물성크림의 특성

생크림은 최적 휘핑 지속시간이 짧기 때문에 작업에 숙련이 필요한다. 그러나 식물성크림에는 유화제나 안정제가 첨가되기 때문에, 생크림보다 최적 휘핑시간은 약간 길지만, 오버런도 크고, 휘핑 후의 품질도 안정하다(표 4-5).

또, 식물성 크림은 보존성이 좋고, 크림의 맛과 물성도 다양하게 개량할 수 있으며, 콜레스테롤을 함유하지 않는다는 점에서 수요가 늘고 있다.

[표 4-5] 생크림과 식물성(합성)크림의 특성 비교

		생크림	식물성(합성)크림
성 분	유 지	유지방	식물성 가공유지
	첨가물	없음	유화제, 안정제 등
성 질	풍 미	대단히 좋다.	약간 나쁘다.
	색 채	약간 황색	백색
	기포형성 시간	짧다(2~3분)	약간 길다(6~9분)
	오버런	80~100	120~200
	포립된 크림의 안정성	약간 불안정	대단히 안정
	산에 대한 안정성	산에 대해 불안정	산에 대해 안정
	보존성	나쁘다.	비교적 안정하다.

4.3. 버터(butter)

버터는 우유에서 분리한 크림을 교동(churning)으로 지방구 막을 파괴시켜 지방입자 덩어리로 만들어 유화한 것이다. 즉 O/W형(수중유적형)인 크림을 W/O형(유중수적형)으로 만든 것을 버터라 한다. 버터는 80% 정도의 유지방에 물이 분산되어 있다.

[표 4-6] 버터의 성분규격(식품공전)

항 목 \ 유 형	버터	가공버터
(1) 성상	고유의 색택과 향미를 가지고 이미·이취가 없어야 한다.	고유의 색택과 향미를 가지고 이미·이취가 없어야 한다.
(2) 수분(%)	18.0 이하	18.0 이하
(3) 조지방(%)	80.0 이상	50.0 이상
(4) 산가	2.8 이하	2.8 이하
(5) 지방의 낙산가	20.0±2	—
(6) 타르색소	검출되어서는 아니 된다.	검출되어서는 아니 된다.
(7) 대장균군	음성이어야 한다.	음성이어야 한다.
(8) 산화방지제(g/kg) : 다음에서 정하는 이외의 산화방지제가 검출되어서는 안된다.		
BHA BHT TBHQ	0.2 이하(병용할 때에는 BHA, BHT 및 TBHQ으로서의 사용량의 합계가 0.2 이하)	
몰식자산 프로필	0.1 이하	
(9) 보존료(g/kg) : 다음에서 정하는 이외의 보존료가 검출되어서는 아니 된다.		
데히드로초산 데히드로초산나트륨	0.5 이하(데히드로초산으로서)	

낙산가(부티르산값, butyric acid value) : 유지 5g에 함유되는 수용성이고, 휘발성 인 지방산을 중화하는데 필요한 0.1N NaOH(또는 KOH) mL수.

유지방은 저급지방산 함량이 많고, 부티르산을 함유.

유지방의 부티르산값은 보통 18~22, 마가린은 0.5~5.5)

버터의 정의(식품공전) : 버터란 원유에서 유지방분을 분리한 것이나 발효시킨 것을 그대로 또는 이에 식품이나 식품첨가물 등을 가하여 각각 교반, 연압한 것을 말한다.

버터의 역사 : 버터는 여행자가 유즙용기를 갖고 다니다 우연히 발견된 것으로, 처음에는 우유를 가죽 주머니에 넣고 흔들어 만들었으나, 1848년 통 모양인 천(churn)이 만들어졌다.

1871년 미국에서 최초의 공장이, 1978년 크림분리기가 도입되면서 공업화가 이루어졌다. 우리나라는 1964년 처음 제조되었다.

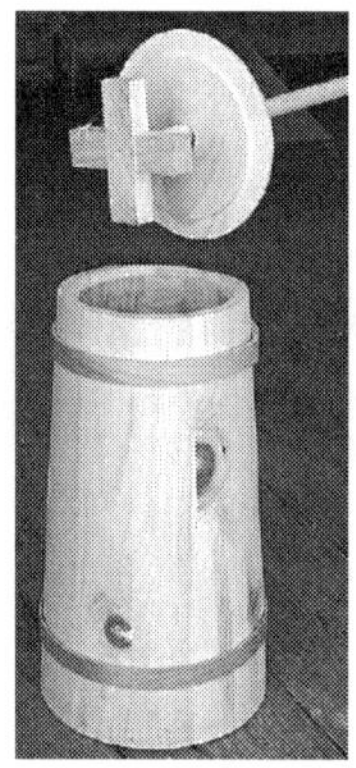

[그림 4-6] 교동기(churn)

1. 버터의 종류

버터는 젖산발효의 유무에 따라 발효버터와 무발효버터로 분류된다. 또 식염의 첨가 유무에 따라 가염버터와 무염버터로 분류된다.

현재 우리가 이용하는 식탁용 버터는 무발효의 가염버터로, 풍미가 독특하여 볶음 이외의 조리에도 이용된다.

무염버터는 풍미가 좋고, 크림성이 좋기 때문에 과자나 케이크제조에 이용된다.

[표 4-7] 버터의 분류

분 류	종 류	특 징
젖산발효 여부	발효버터	크림단계에서 젖산발효를 하여 독특한 향과 풍미를 부여한다.
	무발효버터	젖산발효를 하지 않아, 독특한 향이 없고, 담백하다.
식염첨가 여부	가염버터	중량의 1~2%의 식염을 첨가하여 버터 자체에 적당한 염미가 있고 보존성이 높다
	무염버터	식염을 첨가하지 않아 제과 등에 대량으로 사용할 수 있다.

버터의 종류(무염, 가염, 발효 버터)

가공 버터(processed butter) : 우유의 유지방에 식물성유지 또는 식품(건포도, 과실)이나 식품첨가물 등을 첨가한 후, 교반, 연압한 것을 말한다.

보통 유지방분이 50% 이상을 가공버터라고 한다.

가공버터(processed butter)

[표 4-8] 시판 가공버터의 성분 예

시판 가공버터	성분	
	유지	기타
예 1	유지방(80%), 야자유(3%)	수분(15.5%), 우유고형분(2%)
예 2	버터(63%), 식물성유지(카놀라유, 팜경화유) 37%	구연산, 우유, 대두

2. 버터의 제조 원리

생크림 중의 유지방은 지방구막으로 둘러싸인 미세 입자 상태로 액체 중에 분산되어 있다(그림 4-7 A).

그러나 생크림을 격렬히 교반을 하면, 지방구들이 충돌하여 지방구막이 파괴되고, 계속 교반하면 파괴된 지방구가 응집하여 액체로부터 완전히 분리된다(그림 4-7 D).

지방구막 : 유지방의 주위를 보호하고 있는 피막. 유화작용이 있다.

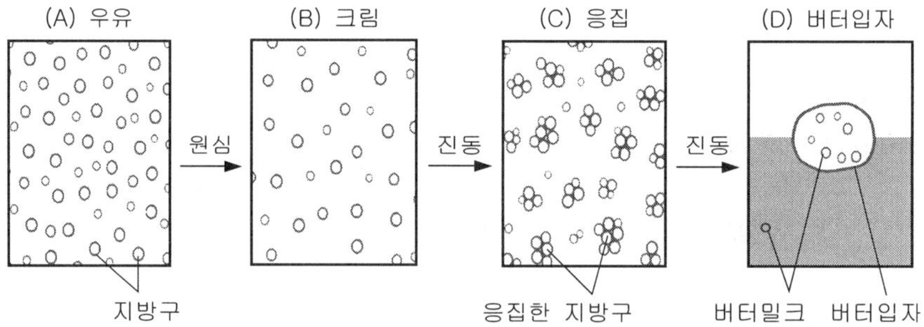

[그림 5-7] 버터입자의 형성과정

이와 같이 지방구가 응집하여 덩어리로 된 것을 버터입자라고 한다. 이 버터입자 중에는 지방구가 응집할 때 함께 들어간 버터밀크가 미세한 물방울상태로 분산되어 있다(약 15% 정도). 이 물방울 중에 녹아있는 단백질과 당질이 버터의 독특한 풍미를 나타내는 중요한 요인이 된다.

버터의 향기성분 : 버터에는 휘발성 지방산을 비롯하여 다이아세틸(diacetyl), 아세토인 등의 여러 향기 성분을 함유하고 있다. diacetyl은 마가린 등의 버터향으로 사용된다.

$CH_3COCOCH_3$	$CH_3CH(OH)COCH_3$
diacetyl	acetoin

3. 버터의 제조 공정

버터는 일반적으로 그림 4-8과 같은 공정으로 제조된다.

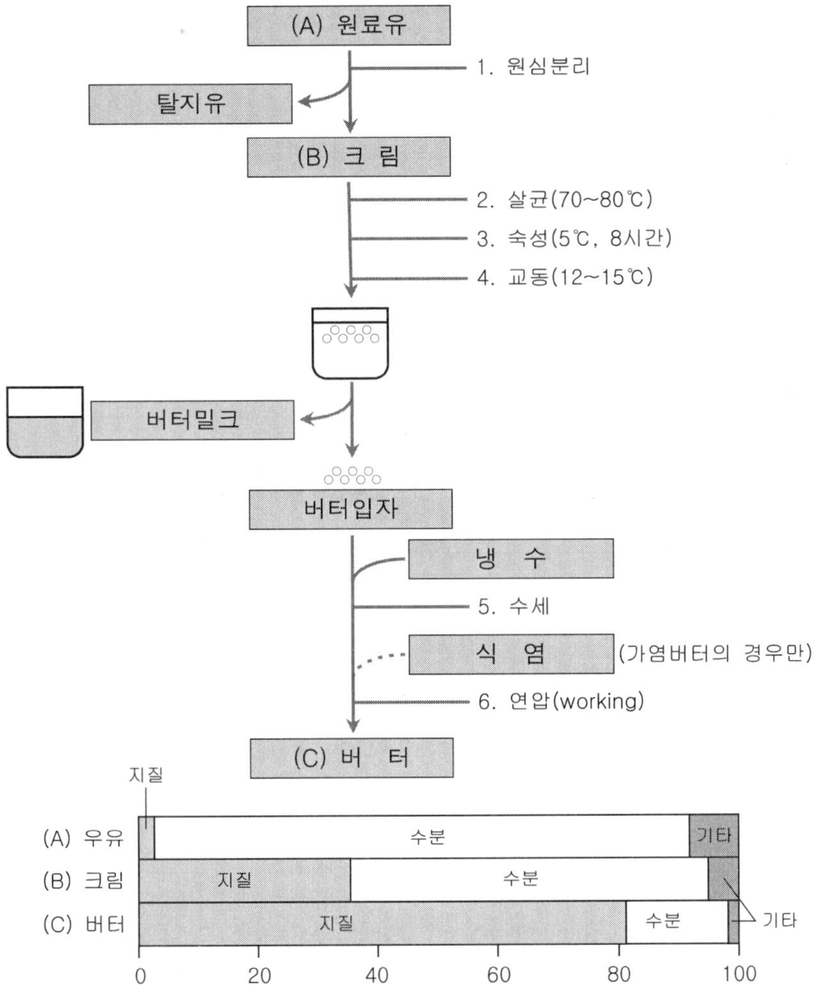

[그림 4-8] 일반적인 버터의 제조 공정

1) **크림의 분리 및 중화**

크림의 분리 : 원유검사를 마친 후 생크림의 경우와 같이, 우유를 원심분리하여 유지방함량을 30~40%로 농축시킨다.

크림의 중화 : 크림의 산도가 높으면 카세인이 변성, 응고되어 지방함량이 높은 버터밀크를 형성하고, 결국, 유지방(크림)의 손실이 커진다.

따라서 산도가 높은 경우에는 중화하여 적정산도(0.01~0.14%)로 유지한다.

중화제로는 탄산수소나트륨($NaHCO_3$), 수산화칼슘($Ca(OH)_2$), 탄산나트륨(Na_2CO_3) 등을 사용한다.

• 버터밀크(butter mike) : 생크림으로 버터를 제조할 때 생기는 부산물을 말한다. 버터밀크는 유청(whey)보다 유당 함량이 낮고, 지방함량이 다소 높고, 단백질함량이 매우 높다. 버터밀크는 물 90%, 유당 5%, 카세인 3%, 지방 0.5%, 소량의 젖산으로 구성되어 있다. 음료나 제과, 제빵, 아이스크림의 원료로 이용된다. 상업적으로는 무지방 우유나 저지방 우유에 유산균을 접종하고 발효시켜 만든다.

2) 살균

70~80℃로 가열하여 살균한다. 이 조작에 의해 크림에 함유되어 있는 라이페이스(lipase) 등의 품질저하 효소가 실활되어 버터의 보존성이 향상된다.

3) 숙성

분리된 크림을 급냉(3~13℃)하여 8~13시간 숙성시킨다.

숙성의 목적 : 유지방 결정을 가장 안정성이 좋은 β‘형으로 조절하는 데 있다.

발효버터의 경우, 이 단계에서 유산균을 첨가하여 젖산을 형성시킨다. 이 과정에서 크림의 점도가 낮아지고, 지방이 용이하게 분리되어 다음 단계의 교동작업이 용이해진다.

사용되는 균주는 *Streptococcus lactis, Streptococcus cremoris*의 산생성 균주와 *Leuconostoc citrovorum, Leuconostoc dextranium* 등의 방향성분 생성균주이며, 산도는 0.3% 정도가 되도록 한다.

4) 색소첨가

보통 버터의 원료인 우유에는 카로테노이드색소가 함유되어 있어 황색을 나타내지만, 겨울에 신선한 목초를 먹지 못하고 다량의 인공사료를 먹는 소의 우유에는 카로테노이드의 함량이 적다. 따라서 일정한 버터의 색을 유지하기 위해 색소를 사용한다.

버터색소(butter color) : 일정한 버터 색을 유지하기 위해 첨가하는 색소를 말한다. 버터색소로 널리 사용되는 것은 열대지방에서 재배되는 아나토(annato)의 종자에서 추출한 천연색소를 사용한다. 제품에 따라 색소를 첨가하지 않는 경우도 있다.

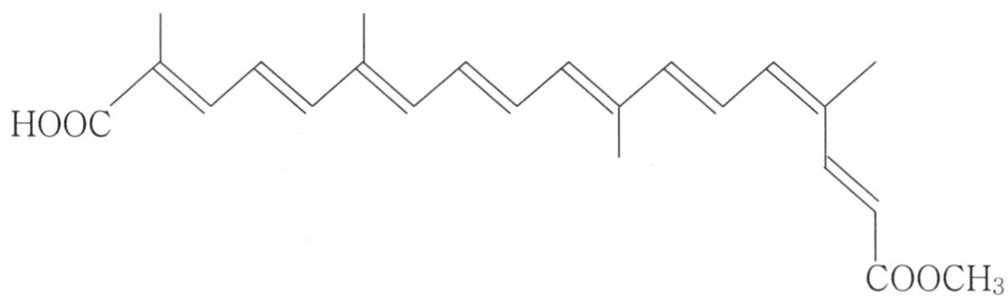

아나토색소의 주성분인 빅신(bixin)의 구조

우유의 색은 희고, 버터의 색은 노란 이유

버터의 황색은 버터 중의 카로테노이드에 의한 것이며, 이는 소의 체내에서 합성된 것이 아니라, 목초 중에 함유되어 있던 색소이다. 그러나 목초 중에서는 클로로필의 색이 강하기 때문에, 카로테노이드는 표면에 나타나지 않는다. 소가 목초를 섭취하면, 카로테노이드는 체내로 흡수되어, 우유 중으로 분비된다. 그러나 우유 중에서도 카로테노이드는 지방구막으로 둘러싸인 지방구 안으로 녹아 들어가 보이지 않게 된다. 이 지방구의 미세한 입자는 불규칙하게 빛을 산란시켜, 우유의 색을 백색으로 보이게 한다. 이 현상은 투명한 물이 미세한 물방울상태로 하면, 안개나 눈과 같이 하얗게 보이는 것과 같은 원리이다.

그러나 버터는 우유 중의 지방구를 파괴하여 응집시킨 것이기 때문에, 지방구의 파괴와 함께 카로테노이드의 황색이 표면으로 노출되고, 이 때문에 우유의 색은 하얗고, 버터의 색은 노란색을 나타낸다.

5) 교동(처닝, churning)

교동(churnig)이란 숙성된 크림의 지방구에 일정속도로 기계적인 충격을 계속하면 지방구막이 파괴되어 지방구들을 응집시키는 공정을 말한다. 즉, 기계적 충격으로 좁쌀크기의 버터입자를 형성시켜 버터밀크와 분리하는 작업을 교동이라고 한다. 보통 12~15℃에서 1시간 이내로 버터입자가 생성된다.

버터입자(버터과립, butter grain) : 교동 중에 생성되는 유지방의 알맹이로 크림 중의 지방이 응집한 것.

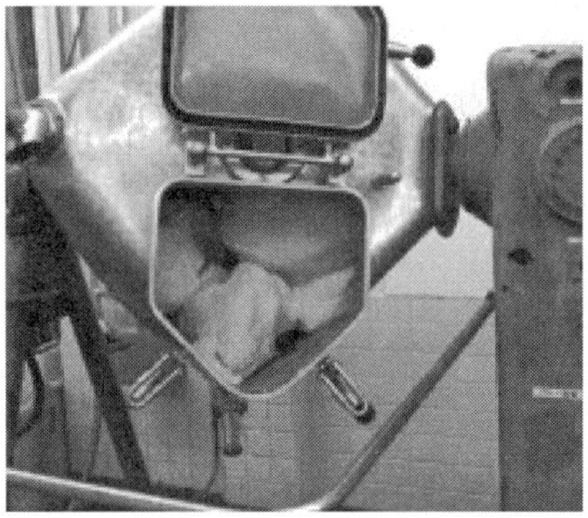

[그림 5-9] 교동기(churn)

6) 수세

교동작업 후 버터과립이 버터밀크와 완전히 분리되도록 약 5분간 정치하여 버터밀크를 제거한 후 수세한다.

수세의 목적 : 버터표면에 부착된 버터밀크와 미생물을 제거하여 저장성을 높이고, 버터조직의 경도를 유지시키는데 있다. 또한 강한 버터의 풍미와 이취를 완화시키는 효과도 있다.

7) 연압(working)

연압이란 분리, 수세한 버터입자에 압력을 가하여 균일한 조직의 버터 덩어리를 공정을 말한다. 연압공정은 교동 때보다 천천히(4~5rpm) 10분정도 행한다.

가염버터의 경우, 이 단계에서 식염을 1~2% 첨가한다. 식염은 미생물의 번식을 억제하여 보존성을 향상시키고, 풍미를 좋게 하는 효과가 있다.

연압의 목적 : 버터를 부드럽고 치밀하게 하여 기포를 없애주고, 수분과 색소들을 균일하게 혼합시키는데 있다.

- 리키 버터(leaky butter) : 버터 절단면에 물방울이 나오는 현상으로, 버터의 조직의 결함에 의해 일어난다. 저온에서 숙성하거나 과도한 교동(churning), 세척수의 온도가 높을 때, 연압공정의 부족 등에 의해 발생한다.

4. 버터의 이용

버터에는 여러 가공 특성이 있어 과자의 특징적인 형상과 식감을 부여한다(표 4-9). 예를 들면, 파이가 깨끗한 층상으로 구워지는 것은 버터의 가소성을 이용한 것이며, 쿠키가 바삭바삭하게 입안에서 부서지는 것은 버터의 쇼트닝성을 이용한 것이다. 또 버터가 미세한 기포를 함유할 수 있는 것은 버터의 크림성에 의한 것이다.

[표 4-9] 버터의 특징과 제과에서의 응용

	특징	주요이용 예
방향, 풍미	다른 유지에서는 볼 수 없는 독특한 방향과 풍미를 갖는다.	일반 과자류
가소성	외부에서 가해진 힘에 의해 반죽 중에 얇게 펴져 독특한 층상구조를 만든다.	데니쉬 페이스트리[1], 파이[2]
쇼트닝성	반죽 안에서 얇은 필름상으로 퍼져, 글루텐의 형성을 방해한다.	쿠키, 비스킷, 크래커
크림성	교반에 의해 미세한 기포를 다량으로 형성하여 반죽을 가볍게 만든다.	버터크림, 쿠키, 버터케이크

페이스트리 : 버터나 마가린을 반죽에 층상으로 롤링하여 구운 플레이크상태의 과자빵
[1] 데니쉬 페이스트리 : 발효한 반죽에 과일, 견과, 치즈 등을 넣어 만든 페이스트리
[2] 파이 : 페이스트와 달리 발효공정이 없다.

가소성(plasticity) : 물체가 외부로부터 일정 힘을 받아 형태가 변한 후, 그 힘을 제거해도 원래의 상태로 돌아가지 않는 성질

쇼트닝성(shortening property) : 쿠키나 페이스트리를 잘 부서지게 하는 성질

5. 버터의 영양

버터의 지방산 조성을 보면, 리놀레산은 2.5%로 적고, 혈중 콜레스테롤에 영양을 주는 팔미트산은 30%나 함유하고 있어 영양학적인 문제가 지적되고 있다.

6. 버터의 보관

버터는 냉장고에 잘못 보관하면, 여러 냄새를 흡수하기 쉬우므로 냉장고에 보관할 때는 밀폐된 용기에 넣어 둔다. 특히, 생선류 같이 냄새가 나는 식품과 함께 보관하면 안된다. 은박지에 싸서 비닐 팩에 밀봉해 넣어두면 맛과 향이 그대로 유지된다.

또한 버터는 공장에서 가장 안정한 β′형 결정으로 조절되어 시판된다. 그러나 보관온도가 높으면 불안정한 결정으로 전환되어, 버터의 조직이

거칠어지고 입안의 촉감이 나빠진다. 따라서 버터를 보관할 때는 온도관리에 주의해야 한다. 보통 5℃이하의 저온에서 보관하지만 장기간 보관할 경우에는 냉동 보관하는 것이 좋다.

4.4. 마가린(margarine)

마가린은 식용유지에 물을 가한 후 유화제, 색소, 향료 등을 혼합하여, 유화, 급냉, 연압하여 만든 유지 가공품을 말한다.

마가린의 정의(식품공전) : 식용유지(유지방 포함)에 물, 식품, 식품첨가물 등을 혼합하고 유화시켜 만든 고체상 또는 유동상인 마가린과 저지방마가린(지방 스프레드)을 말한다(다만, 유지방 원료로 할 때는 제품의 지방함량에 대한 중량비율로서 50% 미만일 것).

마가린의 역사 : 마가린은 1869년 프랑스에서 버터대용품으로 개발되었다.

당시 부족한 버터의 보충수단으로 나폴레옹 3세가 버터를 대신할 유지가공품을 현상 공모하여, 이에 프랑스화학자 메쥬 무리(Mege Mouries)가 응모하여 발명된 것이 마가린이다. 당시 메쥬 무리는 우지의 연질부분을 원료로 하여 여기에 우유를 가하여 유화, 냉각하여 만들었다.

우리나라에는 1958년 처음 생산되었고, 1970년대 들어 주요 원료유지의 수입이 가능해짐에 따라 급속히 발전하였다.

마가린의 유래 : 마가린이란 명칭은 제조과정 중에 만들어진 에멀젼(emulsion)이 진주와 비슷하다고 하여, 그리스어로 진주를 의미하는 마가라이트(margarite)를 사용함으로써 유래되었다.

이와 같이, 마가린은 원래 버터대용품으로 개발된 것으로, 처음에는 인조버터라는 이름으로 버터의 값싼 대용품이라는 인상을 주었다. 그러나 지금은 가공기술의 발달로 인해 우수한 품질의 가공유지로서 제과, 제빵 분야에 널리 이용되고 있다.

또 동물성유지는 혈중 콜레스테롤을 증가시킨다는 이유로 버터의 이용이 기피되고 있어 과거와 같은 버터 대용품이라는 이미지는 없어졌다.

[표 4-10] 쇼트닝, 마가린, 저지방마가린의 규격(식품공전)

항목 \ 유형	쇼트닝	마가린	저지방마가린 (지방스프레드)
(1) 조지방(%)	-	80.0 이상	10,0 이상 ~ 80.0 미만
(2) 산가	0.8 이하(다만, 일반 시중에 유통 판매할 목적이 아닌 업소용으로서 레시틴, 글리세린지방산에스테르 등 유화제를 사용한 경우는 제외한다)	1.0 이하(다만, 유지방 또는 레시틴, 글리세린지방산에스테르 등을 사용한 경우는 제외한다)	1.0 이하(다만, 유지방 또는 레시틴, 글리세린지방산에스테르 등을 사용한 경우는 제외한다)
(3) 타르색소	-	검출되어서는 아니된다.	검출되어서는 아니된다.
(4) 산화방지제 (g/kg)	다음에서 정하는 것 이외의 산화방지제가 검출되어서는 아니된다.		
	부틸히드록시아니솔 디부틸히드 록시톨루엔 터셔리부틸히드로퀴논	0.2 이하(병용할 때에는 부틸히드록시아니졸, 디부틸히드록시톨루엔 및 터셔리부티리드로퀴논으로서의 사용량의 합계가 0.2 이하)	
	몰식자산프로필	0.1 이하	
(5) 보존료 (g/kg)	-	이.디.티.에이.칼슘이나트륨	0.1 이하(이.디.티.에이.이나트륨과 병용할 때에는 무수이.디.티.에이.이나트륨 합계가 0.1g/kg 이하)
		다음에서 정하는 것 이외의 보존료가 검출되어서는 아니된다.	
		데히드로초산 데히드로초산나트륨	0.5이하(데히드로초산으로서)
		안식향산, 안식향산나트륨, 안식향산칼륨, 안식향산칼슘	1.0 이하(안식향산으로서)
		소르빈산 소르빈산칼륨 소르빈산칼슘	1.0 이하[소르빈산으로서, 단 저지방마가린(지방스프레드)은 0.2 이하]
		상기(안식향산류 및 소르빈산류)의 보존료를 병용 사용시	1.0 이하[안식향산 및 소르빈산의 합으로서, 단 저지방마가린(지방스프레드)은 안식향산 및 소르빈산의 합으로서 2.0 이하 이며 그 중 안식향산은 1.0 이하]

1. 마가린 원료

1) 원료유지

마가린에 사용되는 유지는 적당한 경도와 빵에 도포하기 쉬운 가소성과 신장성을 필요로 한다.

이 때문에 여러 유지를 배합한다. 경도를 주는 유지로는 팜유, 유지 등의 고형지와 경화유가 이용된다.

또한 신장성을 나타내는 유지로는 액상의 식물성유지(면실유, 옥수수유, 샐러드유, 대두유)가 이용되며, 그대로 적당량 배합하는 것이 보통이다

마가린의 원료유지의 배합의 예를 표 4-10에 나타내었다.

[표 4-10] 마가린의 원료 유지의 배합 예

종 류	원료유지	배합비율
가정용 마가린	대두샐러드유	40
	대두경화유(융점 34℃)	30
	면실경화유(융점 34℃)	10
	팜유	10
	옥수수유	10
업무용 마가린(케이크용)	어유경화유(융점 34℃)	60
	대두경화유(융점 35℃)	20
	대두샐러드유	20
업무용 마가린(파이 등)	대두경화유(융점 34℃)	30
	어유경화유(융점 34℃)	30
	돈지	30
	대두샐러드유	15
	팜유경화유(융점 50℃)	5

(1) **동물성유지** : 어유경화유는 우지, 돈지, 대두경화유, 면실경화유에 비해, 입안의 용해성이 좋아 업무용 마가린에 이용되고 있다.

단, 다른 원료유지에 비해 산화안정성이 떨어지는 단점이 있다. 우지는 입안에서의 용해성이 나쁘고, 돈지는 끈기가 없는 부드러움이 있어 마가린 원료로 사용되는 일은 적다.

(2) **식물성 유지** : 대두경화유나 면실경화유 등은 원하는 경도의 경화유를 만들 수 있으며, 산화안정성이 양호하고, 풍미나 입안에서의 용해성이 좋기 때문에, 가격이 비싸다는 단점에도 불구하고 업무용 마가린의 원료로 많이 사용된다.

또 대두유, 옥수수기름 등의 액상 식물성유지는 마가린의 경도를 조절하기 위해 배합된다. 이외에 팜유의 이용도 급증하고 있다.

[표 4-11] 시판 가정용 마가린의 성분 예

시판 마가린	성분	
	유 지	기 타
예 1	팜올레인, 팜스테아린, 야자유, 옥수수유	유청분말, 유화제, 비타민 A, 비타민 D_3, 아나토색소, 합성착향료(버터향), 토코페롤
예 2	야자경화유, 팜스테아린에스터화 유지, 팜올레인에스터유, 채종유경화에스터화유, 야자유, 대두유	우유, 유크림, 탈지분유, 유화제(글리세린지방산에스터, 레시틴, 솔비탄지방산에스터), 토코페롤, β-카로틴, 합성착향료(버터향)

2) **부원료**

유화제, 유제품, 색소, 착향료, 비타민, 소금 등이 부원료로 사용된다.

(1) **우유성분** : 마가린의 풍미 향상을 위해 첨가한다. 또 우유성분은 산화방지효과가 있어 마가린의 비타민 산화를 방지한다.

보통 시유나 탈지분유를 그대로 사용하거나 이들의 발효유를 사용한다.

(2) **유화제** : 보통 모노글리세라이드와 대두레시틴이 많이 사용된다. 유화제는 마가린으로 볶음요리를 할 때 기름이 튀는 것을 방지하는 효과도 있다.

[표 4-12] 마가린의 부재료

	사용되는 성분의 예	배합비율(5)
우유성분	크림, 우유, 발효유, 분유 등	0~2
식 염	정제염	0~4
유화제	레시틴, 모노글리세라이드 등	0.1~1
보존제	데하이드로초산 (dehydroacetic acid)	0~0.05
산화방지제	토코페롤, 에리쏘브산	0~0.02
비타민	비타민 A, D	0~3만IU
착색료	아나토, 카로틴색소, yellow AB, yellow OB	-
향 료	다이아세틸(diacetyl)	-

(3) **착색료** : 마가린의 착색에는 종래에는 합성품인 식용 황색2호 및 3호가 사용되었지만, 지금은 천연색소인 카로틴 또는 아나토(annatto)를 사용한다.

(4) **착향료** : 버터의 풍미, 향을 나타내기 위해 첨가되며, 에스터, 알데하이드, 알코올류를 조합한 착향료 등이 이용된다.

다이아세틸(diacetyl) 등이 많이 사용된다.

(5) **비타민 A, D** : 마가린은 우유로 만든 버터에 비해 영양가가 불충분하여 가정용 마가린에 한하여 비타민 A와 D가 첨가된다. 비타민의 산화에 의한 파괴 방지와 맛을 좋게 하기 위해 우유성분을 함께 배합한다.

(6) **식염** : 통상 정제염이 사용된다.

2. 마가린의 제조공정

마가린은 여러 가지 유지를 혼합하여 버터의 융점에 가깝게 배합하여 유화제, 색소, 향료 등과 혼합하여 만들며, 유중수적형(W/O형) 유화구조를 하고 있다.

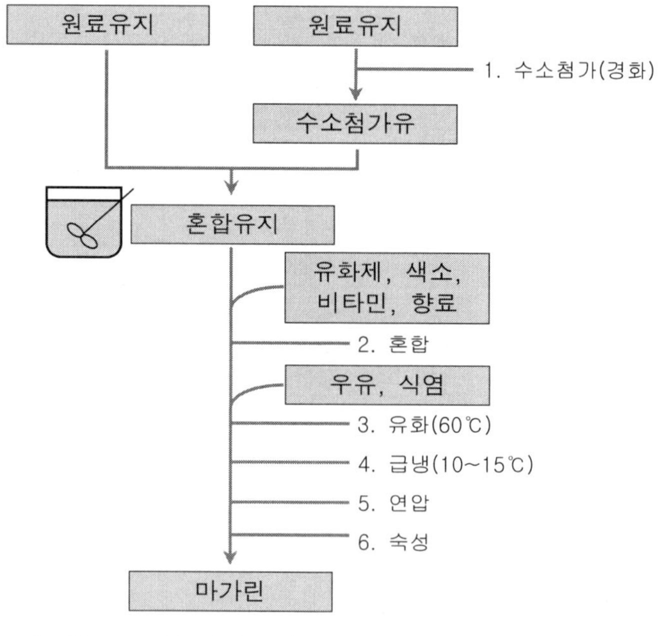

[그림 4-10] 마가린의 일반적인 제조 공정

(1) **수소첨가유의 제조** : 현재 마가린의 원료로 주로 이용되는 식물성유

지는 대부분 융점이 낮고, 실온에서 액체상이기 때문에, 그대로는 버터와 같이 고체상으로 만들 수 없다. 따라서 이들 원료는 수소첨가유(경화유)로 바꾸거나 혼합하여 사용한다.

(2) **부원료의 혼합** : 수소첨가유에 다른 유지, 유화제, 착색료, 비타민 등의 유지성분을 혼합한 후, 물, 우유제품(크림, 우유, 발효유, 분유 등), 식염, 향료 등의 수용성 성분을 혼합한다.

(3) **유화** : 마가린은 기름에 물을 첨가한 혼합물이다. 우선 첨가하는 물에 식염, 분유 등을 녹인다. 이것을 수상(水相)이라고 하며, 마가린에 풍미를 준다.

유지원료와 부원료가 균일하게 되도록 가온(50~60℃)하면서 교반한다. 이 과정에서 유지 중에 미세한 물방울이 분산되어 유중수적형(W/O형) 유화상태가 된다.

(4) **급냉** : 유화된 유지를 급냉(10~15℃)하면, 버터와 같은 고체유지로 바뀌게 된다. 급냉과정에서 유지의 결정핵이 형성되고, 결정 형태는 안정된 β′형으로 된다. β′형 결정이 형성되지 않으면, 마가린의 가소성과 신전성(伸展性)이 나빠지기 때문에 급냉은 매우 중요한 공정이다.

(5) **연압, 숙성** : 버터에서와 같이, 연압, 숙성과정을 통해 미세하고 안정된 결정조직을 형성시킨다.

3. 마가린의 물리적 특성

1) 일반 마가린의 가소성

버터의 융점은 변화시킬 수 없지만, 마가린의 융점은 변화시킬 수 있다. 버터는 저온에서 단단하고, 고온에서는 너무 부드럽지만, 소프트 마가린은 저온에서 부드럽고, 고온에서도 버터보다 단단하여 냉장고에서 꺼내는 즉시 빵에 발라 먹을 수 있다.

마가린의 융점은 보통 액상유의 배합을 증가시키면 낮아지고, 반대로 고체지방의 배합을 증가시키면 높아지게 된다.

고체지방지수(SFI, solid fat index) : 유지에 함유되어 있는 고형지방의 백분율을 말한다. 유지제품의 품질을 나타내는 지표이다. SFI 수치가 클수록 유지는 단단하다.

SFI가 0이면 완전 액체이고, SFI가 5 이하이면 너무 부드럽고, SFI가 10~35이면 가소성을 갖는다. SFI 40 이상이면 너무 단단하게 된다.

버터, 마가린의 고체지방지수(SFI)와 가소성 : 버터와 마가린의 SFI에 의한 가소성의 비교한 결과는 표 4-13과 같다. 버터의 경우 15~20℃에서 가소성을 나타내지만, 마가린은 10~25℃사이에서 가소성을 나타낸다. 즉, 마가린의 경우 버터보다 가소성의 범위가 넓다.

반면, 소프트마가린은 냉장온도인 5~10℃에서 가소성을 나타낸다.

일반적으로 최소의 가소성을 주는 SFI는 34.7이며, 이상적인 가소성을 나타내는 SFI는 17.3, 지나치게 부드러운 느낌을 줄 때의 SFI는 10 정도이다.

[표 4-13] 버터와 마가린의 고체 지방지수

		고체지방지수(SFI)				
		5℃	10℃	15℃	20℃	25℃
버 터		40.8	37.0	31.5	15.6	9.8
마아가린	(1)	39.3	35.6	32.2	17.1	13.0
	(2)	30.6	27.7	19.1	16.6	11.6
	(3)	29.2	28.5	21.6	16.1	10.9
	(4)	36.3	33.4	32.1	18.2	12.7
	(5)	34.4	31.7	23.2	18.0	13.5
소프트 마가린	(1)	10.8	10.5	8.5	7.0	5.4
	(2)	12.2	11.2	8.2	4.3	3.4
	(3)	12.5	11.8	7.2	5.0	3.2
	(4)	13.0	12.7	8.5	5.9	3.4

2) 파이용 마가린의 가소성

파이를 만들 때 가장 중요한 것은 반죽과 버터 층이 동일한 두께로 얇게 펴지는 것이다.

그러나 버터의 가소성을 나타내는 온도는 13~18℃로 비교적 좁으며, 30℃가 되면, 너무 부드러워져, 일정형태를 유지하기 어렵다(그림 4-12). 따라서 파이를 만들 때, 실내온도가 너무 높거나, 손의 온도로 반죽 온도

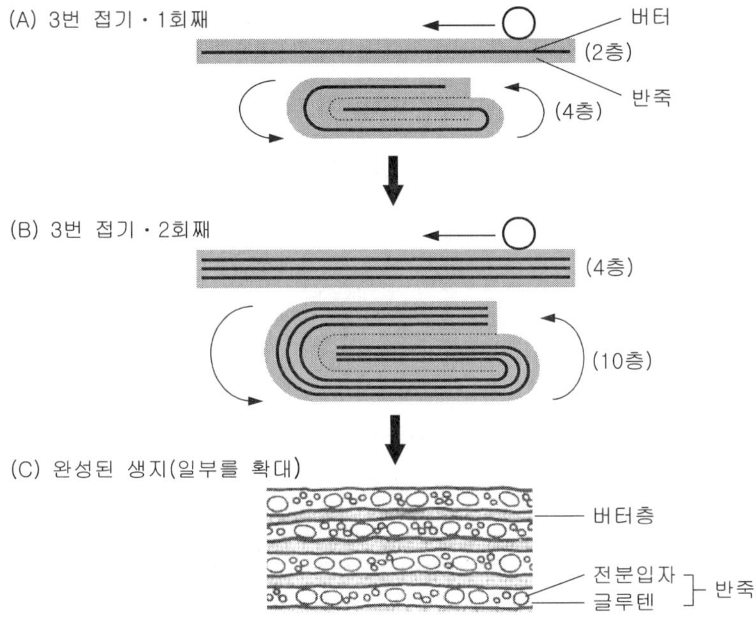

[그림 4-11] 파이의 제조

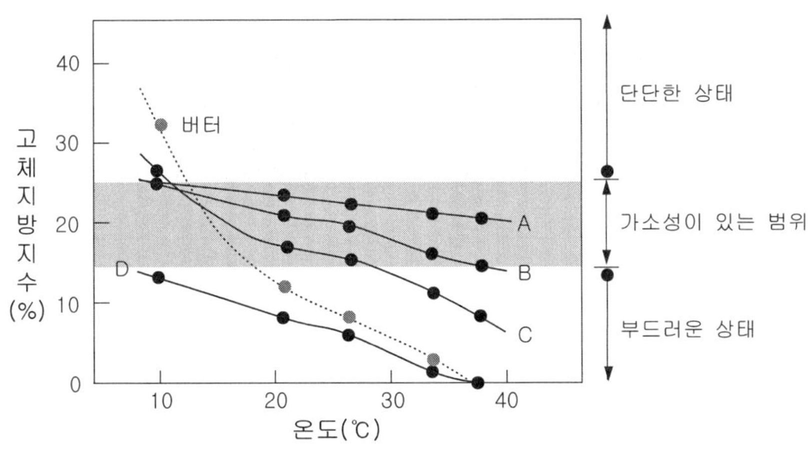

[그림 4-12] 버터와 각종 마가린의 가소성

가 올라가면, 버터가 녹아 반죽에 흡수되어, 깨끗한 층상을 만들 수 없다.

이러한 버터의 단점을 개선한 것이 파이용 마가린이다. 파이용 마가린의 가소성을 나타내는 온도범위가 10~37℃로 대단히 넓다.

파이용 마가린으로 파이를 만들면, 30℃를 넘는 여름철에도 반죽 중에 마가린이 녹아나오는 염려가 없다.

[표 4-14] 버터와 각종 마가린의 특성

	가소성을 나타내는 온도범위(℃)		입안에서의 용해	주요용도
버터	좁다	13~18	매우 좋다	제과 일반
마가린(A)	매우 넓다	10~	매우 나쁘다	파이용 등
마가린(B)	상당히 넓다	10~37	상당히 나쁘다	파이용 등
마가린(C)	약간 넓다	11~26	약간 나쁘다	제과 일반
마가린(D)	좁다	~7	매우 좋다	식탁용 (폴리용기)

역상마가린(O/W형 마가린) : 마가린은 전형적인 W/O형이지만, 근래에는 마가린의 다양화에 따라, 파이제조에 적합한 O/W형 마가린과 버터크림에 적당한 이중유화형 마가린도 제조되고 있다.

파이에 사용하는 마가린은 밀가루 반죽 중에 얇은 막을 형성해야 하므로 고융점 유지가 사용된다. 그러나 고융점 유지는 입안의 용해성이 좋지 않기 때문에 풍미 개선을 위해, O/W형 마가린이 개발되었으며, 이를 역상마가린이라고 한다(그림 4-15).

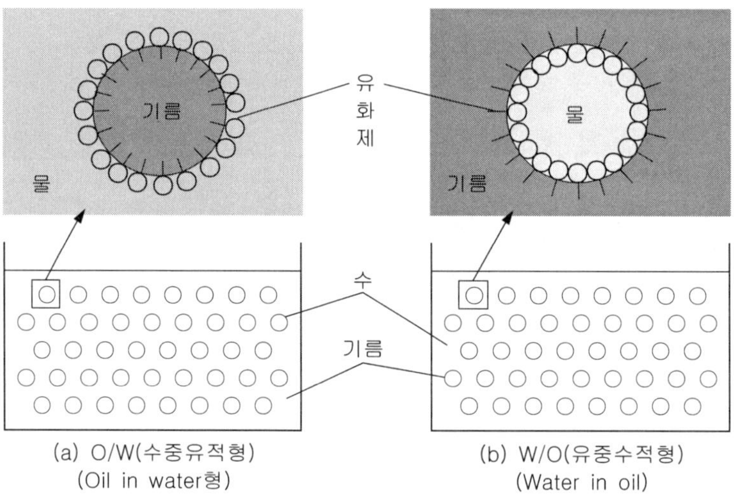

[그림 4-15] 2종류의 에멀젼 구조

이중유화형 마가린(O/W/O형 마가린) : 이중유화형 마가린의 경우(그림 4-16), 최내유상(最內油相)에는 저융점의 유지를 사용하고, 최외유상(最外油相)에는 고융점 유지를 사용하면 보형성이 우수하고, 입안의 용해성이 좋은 마가린을 만들 수 있다.

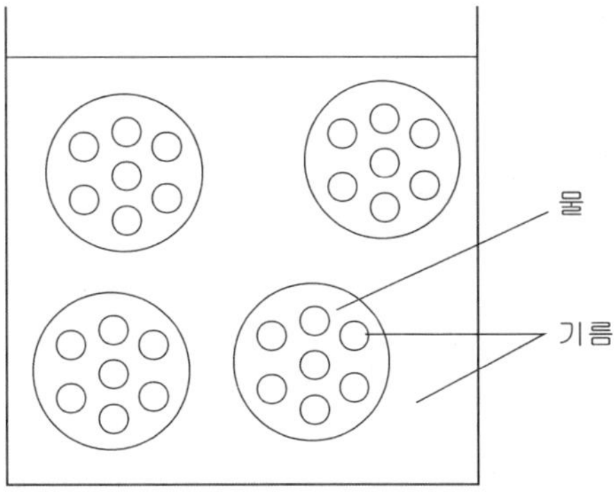

[그림 4-16] 이중유화형 마가린(O/W/O형)의 유화 구조

이중유화형 마가린이 W/O형 마가린이나 O/W형 마가린과 다른 큰 특징은 동일계내(同一系內)에 2종류의 다른 유지를 사용한다는 것이다.

W/O형 마가린에서는 보형성을 위해 유지의 융점을 높이면, 입안의 용해도가 나빠지고, 입안의 용해도를 위해 유지의 융점을 낮추면 보형성이 나빠진다.

또 최내유상(最內油相)에 유지방(乳脂肪)이나 저융점의 유지를, 최외유상(最外油相)에 융점이 높은 유지를 사용하기 때문에 보형성이 우수하고, 풍미, 특히 후미(後味)가 좋은 마가린을 만들 수 있다. 결국, 유화구조를 W/O형에서 O/W/O형으로 바꾸는 것에 의해 다양한 기능을 부여할 수 있다.

4. 마가린의 종류

마가린은 크게 가정용 마가린과 업무용마가린으로 분류된다.

1) 가정용 마가린

대부분 식탁용, 즉, 빵에 바르거나 요리에 사용하며, 다음과 같은 종류가 있다.

현재 가정용 마가린은 100% 식물성 마가린(순식물성 마가린)이 일반화되어 있다. 이러한 이유는 식물성유지가 산화에 강하고, 풍미도 담백하기 때문이지만, 소비자들의 동물성유지의 기피 현상 때문이다.

가정용 식물성마가린

(1) **비타민 강화 마가린** : 영양상의 목적으로 비타민 A를 강화한 마가린이다. 현재 마가린의 비타민 A 함량은 1,500 μg Re/100g로 버터(500 μg Re/100g)에 비해 높다.

참고로 비타민 A의 성인 1일 권장량은 남자 750 μg Re, 여자 650 μg Re이며, 1일 상한섭취량은 2,700 μg Re이다.

(2) **소프트마가린** : 가정용 소프트마가린에는 식물성경화유 30~40%에 액상의 식물성유를 50~60% 배합하여 만든다. 일반 마가린의 융점은 35℃ 이하이지만, 소프트마가린의 융점은 30℃ 전후이다. 마가린의 품질저하는 주로 유지의 산화에 의한 것으로, 특히 소프트마가린은 냉장 보관해야 한다.

소프트 마가린(soft margarine)

(3) **저지방마가린(지방 스프레드)** : 영양건강을 목적으로 유지의 함량을 줄여 만든 마가린으로, 유지함량은 40~60%정도이다.

저지방 마가린과 같이 유상(油相)보다 수상(水相)의 체적분율이 높은 것은 W/O형 유화에서 불안정하여 O/W형유화로 상(相)이 바뀌기 쉽다. 이를 개선하기 위해 유화제의 양을 늘리거나 안정제로서 친수성 콜로이드(단백질, 다당류 등)를 첨가한다. 특히 젤라틴이 많이 사용되며, 천연 검질 등과 조합하여 이용한다.

저지방마가린(fat spread)

(4) **무트랜스지방 마가린** : 경화유를 사용하지 않고, 에스터유나 분별유를 사용하여 만든 마가린이다.

- 무트랜스 저지방 마가린의 성분 예 : 식품성유지 40%(팜스테아린, 올리브유), 비타민 A, 아나토색소, 합성버터향

(5) **고리놀레산 마가린** : 영양건강을 목적으로 혈중 콜레스테롤의 저하 효과가 있는 리놀레산을 다량 함유한 마가린이다. 현재 리놀레산의 함량이 50~60%의 마가린이 시판되고 있다.

(6) **식물스테롤 첨가 마가린** : 혈중 콜레스테롤의 저하목적으로 식물성 스테롤을 첨가하여 만든 마가린이다. 보통 식품스테롤에스터를 첨가한다(11.0 g/100g).

식물스테롤은 β-카로틴의 흡수를 억제하기 때문에, 과일, 채소류와 함께 섭취하는 해야 한다.

2) 업무용 마가린

업무용 마가린은 용도에 따라 (1) 일반용, (2) 페이스트리용, (3) 파이용, (4) 버터크림용, (5) 컴파운드 마가린으로 분류된다.

(1) **일반용 마가린** : 제과, 제빵 등에 사용되는 표준의 마가린으로, 가소성의 범위가 넓고 쇼트닝과 같은 용도로 사용된다.

착색하지 않은 무색의 마가린과 무염마가린도 사용되고 있다. W/O형 마가린이다.

(2) **페이스트리용 마가린** : 페이스트리(pastry)는 마가린을 발효한 반죽에

층상으로 롤링하여 구운 플레이크 상태의 과자빵을 말한다. 페이스트리 마가린은 전연성과 풍미가 중요시 된다. O/W형 마가린이다.

(3) **파이용 마가린** : 파이는 페이스트리와 달리 반죽의 발효공정이 없기 때문에 반죽의 탄력성이 크다. 따라서 페이스트리용 마가린보다 끈기가 강한 마가린이 필요하다. O/W형 마가린이다.

(4) **버터크림용 마가린** : 버터크림은 마가린이나 쇼트닝에 설탕, 달걀을 섞어 만든 것으로, 롤케이크 또는 케이크 장식에 이용된다.

버터크림 제조에 적합한 마가린은 입안의 용해성이 좋고, 풍미가 좋아야 한다. 쇼트닝은 입안에서의 용해성이나 식감이 떨어지기 때문에, 마가린과 혼합하여 버터크림제조에 이용된다. 이중유화형(O/W/O형) 마가린이다.

[표 4-15] 버터크림의 배합예

원 료	종 류		
	A	B	C
마가린	100	50	-
쇼트닝	-	50	70
버 터	-	-	30
당 밀	80	80	85
난 황	10~20	10~20	10~20
럼주, 바닐라향	적당량	적당량	적당량

(5) **컴파운드 마가린** : 마가린의 물성과 버터의 풍미를 조화시킨 마가린으로, 버터의 함량이 많을수록 작업성은 떨어지지만 풍미는 좋아진다.

4.5. 쇼트닝(shortening)

쇼트닝은 원래 돈지의 대용품으로 제조된 가공유지이다. 돈지는 자유로이 정형할 수 있는 온도범위가 넓고, 독특한 풍미를 갖고 있어, 예로부터 과자용 유지로 이용되어져 왔다. 그러나 돈지는 돼지의 품종, 사료에 따라 그 품질이 일정치 않고, 또, 보관 중에 결정구조가 거친 형태로 변하기 쉽다는 단점이 있다. 여기에서 돈지를 대체할 수 있는 고형유지로서 개발된 것이 쇼트닝이다.

쇼트닝의 정의(식품공전) : 식용유지를 그대로 또는 이에 식품첨가물을 가하여 가소성, 유화성 등의 가공성을 부여한 고체상 또는 유동상의 것을 말한다.

쇼트닝의 역사 : 쇼트닝은 19세기말 돈지(라드)의 대용품으로 처음 미국에서 탄생하였다. 당시 부족한 돈지의 보충수단으로, 면실유에 경질우지(올레오스테아린)을 배합하여 돈지대용품을 제조한 것이 최초의 쇼트닝이었다.

그 후 정제기술 및 수소첨가기술의 발달로 천연 돈지보다 우수한 특성을 가진 쇼트닝이 제조되고 있다. 우리나라는 1958년 마가린과 같이 생산되기 시작되었다.

쇼트닝의 의미 : 쇼트닝(shortening)이란 명칭은 고체유지의 특성인 쇼트닝에서 유래하였다. 즉, shorten(짧게 하다)의 의미에서 비스킷이나 쿠키 등이 깨지고, 부서지기 쉽다는 의미로 바뀌었다. 즉, 비스킷이 부서지기 쉬운 성질, 바삭바삭한 성질을 주는 유지를 쇼트닝이라고 하며, 이러한 성질을 쇼트닝성이라고 한다.

그러나 현재에는 액체상, 고체상, 분말상의 쇼트닝도 생산되어 상당히 넓은 범위의 가공유지를 의미하는 말로 바뀌었다.

분말 쇼트닝 : 분무 건조기로 건조, 분말화한 것으로, 유분 50~80% 정도이다. 분말유지의 일종

쇼트닝(shortening)

1. 쇼트닝의 원료

1) 원료유지

원료 유지는 마가린(특히 업무용)의 원료와 동일하다. 단, 마가린은 풍미나 입안의 용해성을 고려하는 반면, 쇼트닝은 1) 빵, 제과용으로의 이용성(상온에서의 가소성), 2) 튀김용으로의 이용성(산화안정성 등), 3) 아이스크림용으로의 이용성(풍미, 입안의 용해성) 등을 고려하여 원료 유지를 선별한다.

[표 4-16] 쇼트닝 원료유지의 배합 예

종 류	원료유지	배합비율
제빵용(1)	대두경화유(융점 34℃) 팜유 대두샐러드유	50 30 20
제빵용(2)	대두경화유(융점 34℃) 어유경화유(융점 35℃) 대두샐러드유	20 60 20
튀 김 용	대두경화유(융점 34℃) 면실경화유(융점 35℃) 팜유	40 30 30
아이스크림용	야자경화유(융점 35℃) 야자유	20 80

2) 부원료

쇼트닝의 경우 마가린과 달리 수분을 거의 함유하지 않는 것이 특징이다. 또 쇼트닝은 마가린과 같이 향미성분(우유성분, 식염, 향료)도 전혀 첨가하지 않기 때문에 풍미가 거의 없다(표 4-17).

[표 4-17] 마가린, 돈지, 쇼트닝의 성분비교(100 g당)

유지	칼로리 (Kcal)	수분 (g)	지질 (g)	당질 (g)	단백질 (g)	미네랄 (g)	비타민 A (IU)
마가린	759	15.0	82.1	0.5	0.3	2.1	6000
돈 지	941	0	100	0	0	0	0
쇼트닝	921	0	100	0	0	0	0

쇼트닝 재료에 들어가는 부재료는 다음과 같다(표 4-18).

[표 4-18] 고형쇼트닝의 부재료

	사용되고 있는 성분의 예	배합비율
유화제	레시틴, 모노글리세라이드 등	일반용 0.1~0.5% 빵용 2~8% 케이크용 10~20%
산화방지제	토코페롤, BHT 등	0~0.02
가 스	질소가스	100g 당 25 mL
소포제	실리콘수지(튀김용의 경우)	0.5~3.0 ppm

(1) **식용유화제** : 일반용 쇼트닝에는 모노글리세라이드, 레시틴 등이 첨가되며, 0.1~0.5%범위로 첨가한다.

그러나 제빵용이나 케이크용 쇼트닝에는 다량의 유화제가 첨가되며, 이 때문에 유지의 결정이 미세해져 빵과 케이크의 반죽이나 구운 빵을 부드럽게 한다.

① **다량의 설탕을 배합하는 케이크의 경우** : 유화성 향상을 위해 모노글리세라이드를 10~20% 배합한 고유화형 쇼트닝을 사용한다.

② **액상쇼트닝의 경우** : 샐러드유를 주체로 모노글리세라이드 등의 유화제를 5~10% 첨가한 제품도 있고, 케이크제조에 사용된다. 액상쇼트닝은 유백색으로, 고형지방이 현탁되어 있다.

③ **튀김용이나 분무용의 경우** : 유화제를 첨가하지 않는다.

(2) **질소** : 고체쇼트닝 100 g당 25 mL 정도를 분산시킨다. 질소가스는 미세한 기포가 되어 아이스크림처럼 불투명한 백색을 나타낸다.

질소첨가 목적 : 쇼트닝에 질소를 첨가하면 ① 가소성 향상 및 가소성의 범위 확대, ② 내열성, ③ 산화안정성의 향상과 ④ 광택 개선의 효과가 있다. 또한 ⑤ 쇼트닝의 신장성을 증가시켜 빵 반죽과의 혼합을 용이하며, 동시에 ⑥ 쇼트닝자체를 백색으로 보여 상품의 가치를 높인다. 이외에 ⑦ 제과, 제빵 공정에서 발생하는 탄산가스와 수증기를 질소가스 계면에서 잡아 케이크, 빵의 내상을 균일하게 하는 목적이 있다.

튀김용, 냉과용 쇼트닝은 질소를 첨가하지 않으며, 반투명한 크림상을 나타낸다.

(3) **산화방지제** : 합성 산화방지제인 BHT를 0.02% 이하로 첨가하기도 하지만, 대부분 천연 산화방지제인 토코페롤을 첨가한다.

2. 쇼트닝의 제조공정

업무용 마가린의 일반 제조방법과 거의 동일하며, 유지를 급냉할 때 질소를 분산시켜 균일하게 분산시키는 점이 마가린 제조법과 다르다.

쇼트닝과 마가린의 차이점 : 쇼트닝은 마가린과는 달리 수분을 함유하지 않고, 유화공정은 없으나 유화제를 첨가한다. 이외에 또한, 소금이나 색소를 첨가하지 않는다(표 4-19).

또한 쇼트닝은 마가린보다 크림성이나 쇼트닝성이 우수하다

[표 4-19] 마가린과 쇼트닝의 성분 및 공정의 차이

	마가린	쇼트닝
유 지	80%	100%
유화공정	O	X
유화제	O	O(튀김용은 예외)
질 소	X	O(튀김용, 냉과용은 예외)[1]
향미 및 영양성분(색소, 소금, 비타민 A)	O	X

[1] 튀김용 쇼트닝에는 소포제가 사용되며, 질소 가스는 사용되지 않는다.

3. 쇼트닝의 가공특성

1) 쇼트닝성(shortening property)

쇼트닝은 반죽의 글루텐과 전분사이에 막상(膜狀)으로 넓게 퍼져 글루텐의 망목구조를 방해하여 점착성을 저하시킨다. 즉, 밀가루 글루텐의 집합을 방해하여 쇼트닝성을 부여한다. 돈지가 가장 우수한 쇼트닝성을 갖는 유지이다.

숏케이크(short cake) : 쇼트닝을 넣어 바삭바삭하게 구운 게이크를 말한다.

쇼트닝성은 돈지(lard)가 제일 높고, 그 다음 쇼트닝, 버터, 마가린 순서로 높다.

2) 크림성

일반적으로 고형유지로써 β형 결정을 갖는 유지가 크림성이 좋다. 이런 고형유지로는 쇼트닝, 마가린 버터, 돈지 등이 있다.

풍미의 관점에서는 단연 버터가 우수하지만, 크림성은 쇼트닝보다 떨어진다.

따라서 버터에 소량의 쇼트닝을 혼합하면 우수한 풍미와 크림성을 얻을 수 있다. 보통 버터에 쇼트닝을 8:2의 비율로 혼합하는 것이 좋다.

또한 크림성은 유지의 온도에 따라 변하므로 적정 온도에서 행하여야 한다. 각 유지의 적당한 크림형성 온도는 다르지만, 보통 쇼트닝은 25℃, 버터는 20℃에서 가장 좋은 크림성을 나타낸다.

3) 수분흡수성

쇼트닝은 수분을 흡수, 보유하는 힘이 있다. 이 특성은 버터크림을 만드는데 유효하다. 경화유만으로 제조한 쇼트닝은 22.5℃에서 흡수율 150~200%, 모노글리세라이드를 함유한 쇼트닝의 흡수율은 400% 이상이라고 한다. 이러한 쇼트닝의 수분 흡수성은 제빵제품의 수명을 연장시키고, 노화를 억제한다.

4) 가소성

파이, 데니쉬 페이스트리에 박층구조를 만든다.

5) 유화성

쇼트닝은 유화제를 첨가하여 만들기 때문에, 물, 우유, 계란 등과 유화하여 생지나 버터에 잘 분산시킴으로서, 그 팽창을 돕고, 또한 풍미가 좋은 빵이나 케이크를 만들 수 있다.

4.6. 초콜릿(chocolate)

초콜릿이란 카카오원료(카카오버터, 카카오매스 등)에 설탕, 우유, 유화제 등을 가하여 가공한 것이다.

초콜릿의 정의(식품공전) : 초콜릿류라 함은 테오브로마 카카오(*Theobroma cacao*) 나무의 종실에서 얻은 코코아원료(코코아버터, 코코아매스, 코코아분말 등)에 다른 식품 또는 식품첨가물 등을 가하여 가공한 것을 말한다.

1. 초콜릿의 원료(카카오콩)

카카오콩은 테오브로마 카카오(*Theobroma cacao*)나무의 열매인 카카오포트(cacao pot)안에 들어 있다. 카카오포트는 길이 10~30cm의 럭비공 같은 형태로, 표면은 단단한 껍질로 보호되어 있다. 그 안에 과육과 카카오콩이 채워져 있다.

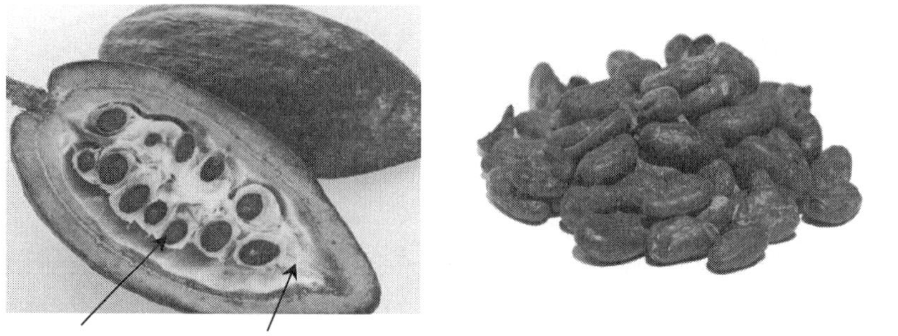

[그림 4-17] 카카오포트(cacao pot)와 카카오콩(cacao bean)

카카오콩의 발효 : 카카오콩은 과육과 단단히 밀착되어 분리하기가 어렵기 때문에, 바나나껍질로 싸서 발효(50℃, 3~12일)시켜, 과육을 제거, 분리한다. 이러한 발효 중에 과육은 썩어 부드러워지고, 카카오콩 자체에도 바람직한 변화가 생긴다(표 4-20).

일반적으로, 카카오콩은 생산지에서 발효조작을 마친 후, 소비지로 수출되고 있다.

[표 4-20] 카카오의 발효에 의한 변화

		생 카카오콩	발효시킨 카카오콩
외피의 성질		배유부분에 강하게 부착되어 분리가 어렵다.	배유로부터 분리가 쉽다.
배유	pH	6.0~6.8	4.5~5.6
	강도	매우 단단하고 분쇄가 어렵다.	균열이 생겨, 분쇄가 쉽다.
	색	담백색	갈색
	맛	쓰고, 자극성이 있다.	자극성이 없다.
	향	흙 냄새나는 콩 비린내	특유의 향기

2. 초콜릿의 종류

1) 비터초콜릿

① 설탕을 가하지 않은 상태의 카카오 매스를 의미하거나. 또는 ② 일반 초콜릿보다 카카오매스의 함량은 많고, 카카오버터와 분유의 함량은 적게 만든 초콜릿을 의미하기도 한다.

[표 4-21] 초콜릿의 종류에 따른 성분 비교

종류	주요 성분			
	카카오매스	카카오버터	설탕	우유성분
비터(bitter) 초콜릿	O			
스위트(sweet) 초콜릿	O	O	O	
밀크(milk) 초콜릿	O	O	O	O
화이트(white) 초콜릿		O	O	O

2) **스위트초콜릿**(sweet chocolate)

카카오매스에 카카오버터(18% 이상)와 설탕을 가하여 만든 초콜릿

• 세미 스위트초콜릿(semi sweet chocolate) : 스위트 초콜릿보다 카카오매스의 함량이 높은 초콜릿

초콜릿(chocolate)의 종류

3) **밀크 초콜릿**(milk chocolate)

카카오매스에 카카오버터, 설탕, 우유성분(분유, 연유, 우유 등 12% 이상)을 가하여 만든 초콜릿.

4) **화이트 초콜릿**(white chocolate)

카카오버터(20% 이상)를 원료로 하여 우유성분(14% 이상), 설탕 등을 첨

가하여 만든 초콜릿. 카카오매스를 사용하지 않기 때문에 초콜릿의 색이 하얗다.

- 다크 초콜릿(dark chocolate) : 스위트 초콜릿보다 카카오매스의 함량(35% 이상)이 높고 우유함량(0~3%)이 거의 없는 초콜릿. 플레인초콜릿(plain chocolate) 또는 블랙초콜릿(black chocolate)이라고도 한다.

3. 초콜릿의 제조법

1) 배소(焙燒, roasting)

카카오콩을 110~120℃에서 배소한다. 이 과정에서 독특한 향기와 풍미가 부여되고, 휘발성 유기산(초산 등)이 제거되어 신맛과 자극취가 감소한다.

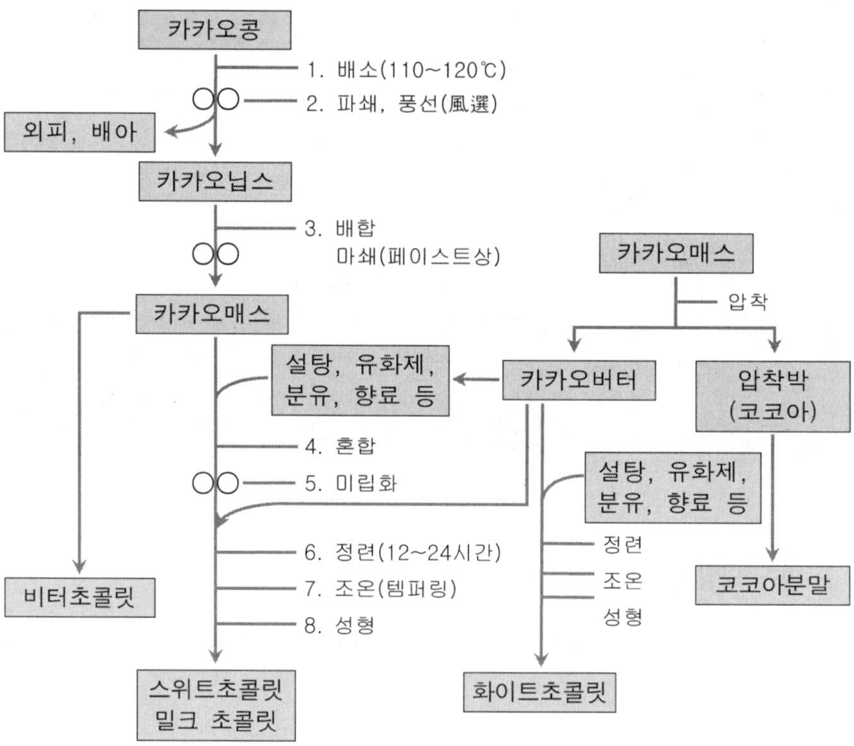

[그림 4-18] 초콜릿 제조 공정

2) 파쇄, 풍선(風選)

카카오콩을 홈이 붙은 롤러로 파쇄한 후, 풍력을 이용하여 외피와 배아를 제거하여, 배유부분만을 취한다. 이 순수한 배유부분을 일반적으로 카카오닙스(cacao nibs, 카카오버터 55% 함유)라고 한다.

- 카카오닙스(cacao nibs) : 카카오콩을 말려 볶은 뒤 외피와 배아를 제거한 것으로 카카오 배유라고도 한다.

카카오닙스(cacao nibs)

3) 배합, 마쇄

목적하는 초콜릿의 특징에 맞게 풍미가 다른 여러 카카오니브를 배합하고, 곱게 마쇄한다. 이렇게 하면, 카카오콩 중의 카카오버터가 스며 나와 전체가 페이스트(paste)상태로 된다. 이 페이스트를 카카오매스(cacao mass)라고 한다. 이 카카오매스는 다양한 초콜릿의 베이스(base)로 사용된다.

- 카카오매스(cacao mass) : 카카오닙스를 분쇄하여 페이스상태로 만든 것으로, 카카오 페이스트(cacao paste)라고도 한다. 카카오매스를 압착하여 카카오 버터가 얻어진다.

카카오매스(cacao mass)

• 코코아(cocoa) : ① 카카오매스를 압착하여 카카오버터를 얻은 후, 남은 압착박을 분쇄한 것을 코코아(또는 코코아분말)이라고 한다. 또 ② 코코아로 만든 뜨거운 음료를 코코아라고도 한다. 코코아는 지방을 제거했기 때문에 물에 녹으며, 코코아를 따뜻한 우유나 물에 탄 음료를 프랑스에서는 쇼콜라, 영국, 미국에서는 초콜릿 또는 초콜릿드링크, 우리나라에서는 코코아라고 한다.

코코아(cocoa)

4) 부재료의 혼합

카카오매스에 부재료(설탕, 분유, 유화제 등)를 혼합한다. 또 카카오매스만으로는 약간 부족한 카카오버터를 일부 보충한다.

분유 중의 유지방은 카카오버터의 굳기를 완화하여 제조공정을 용이하고, 카카오버터의 명확한 융점을 완화한다. 보충된 카카오버터는 초콜릿의 결정응고 시 수축되어 이형성(離型性)을 좋게 하고, 불루밍(blooming)을 억제하는 작용을 갖고 있다.

5) 미립화

부재료가 혼합된 초콜릿 생지는 입자가 거칠어 모래와 같은 느낌이 나므로, 롤러(미립기)로 카카오매스와 설탕입자를 매우 곱게 으깬다(직경 25마이크론(μ) 정도).

6) 정련(conching)

미립화된 초콜릿생지에 카카오매스를 가하여, 고온(50~80℃)에서 12~24시간 잘 반죽한다. 이 정련과정으로 초콜릿 입자들이 서로 충돌하여, 각이 둥글어지고, 촉감도 부드러워진다. 또 수분과 불쾌취가 휘발되어, 향미가 좋은 초콜릿이 된다.

7) 템퍼링(tempering, 調溫)

정련된 초콜릿 생지는 점도와 색조를 조정한 후, 초콜릿생지 중의 카카오버터의 결정을 가장 안정하고, 미세한 상태로 바꾸기 위하여 템퍼링(tempering) 공정을 행한다.

초콜릿의 구성성분인 카카오버터는 가장 취급하기 어려운 유지 중의 하나이다. 그 이유는 카카오버터는 분자배열이 다른 4개의 결정형(γ, α, β′ 및 β형)을 갖고 있으며, 용해한 초콜릿의 응고단계에서 어떤 결정형으로 조정하는가에 따라, 초콜릿의 품질이 완전히 달라지기 때문이다.

용해한 초콜릿을 그대로 방치하면, 카카오버터는 우선 분자배열이 느슨한 γ형 결정을 만든다(표 4-22).

[표 4-22] 카카오버터의 결정형과 특성

	템퍼링을 행하지 않은 경우(자연방치) γ형 → α형 → β′형 →β형으로 전이				템퍼링을 행한 경우
결정형	γ형	α형	β′형	β형	β형
결정형의 변화	2~3초로 α형으로 전이	약 1시간으로 β′형으로 전이	약 1개월로 β형으로 전이	형의 전이는 생기지 않음	형의 전이는 생기지 않음
분자 배열	가장 거칠다	약간 거칠다	약간 치밀	대단히 치밀	대단히 치밀
결정 크기	-	대단히 곱다.	곱다.	대단히 거칠다.	대단히 곱다.
수축률(%)	-	7.0	8.3	9.6	9.6
융점(℃)	16~18	21~24	27~29	34~35	34~35

γ형 결정은 분자배열이 거칠어 2~3초 내에 다음의 α형 결정으로 변화한다. 이 α형 결정은 1시간 정도에서 다음의 β'형 결정으로 변화한다. 그리고 이 β'형 결정은 1개월 이상 걸려 가장 치밀한 분자배열 구조를 갖는 β형 결정으로 변화한다. 그 사이에 결정의 덩어리는 점점 크게 성장하여, 혀로도 느낄 수 있을 정도의 큰 결정(직경 50~100 μ)이 되어 버린다.

이같이 자연 방치하여 응고한 초콜릿은 광택이 없고, 입안의 촉감이 나쁘고, 보존 중에 불룸(bloom)현상을 일으킨다.

따라서 고품질의 초콜릿을 만들기 위해서는, 자연방치에 의한 β형 결정을 만들지 않고, 초콜릿을 응고시키는 초기단계에서 β형 결정으로 조절하는 인공적인 조작을 행하며, 이를 템퍼링이라고 한다. 이 조작은 초콜릿의 품질을 좌우하는 매우 중요한 공정이다. 템퍼링이 불량하면, 입안에서의 촉감이 거칠게 느껴진다.

8) 성형

템퍼링이 끝난 초콜릿 생지는 틀에 채운 상태로 격렬히 진동시켜, 미세한 기포를 제거한다. 이것을 냉각하여 굳힌다. 템퍼링이 잘 된 초콜릿은 굳을 때 잘 수축하여 틀에서 쉽게 떨어진다.

4. 템퍼링의 방법

1) 항온형 템퍼링

용해한 초콜릿을 30℃로 유지하여 장시간 교반하면서 결정화하는 방법이다. 30℃에서는 β형 이외의 결정은 모두 녹은 상태이기 때문에, β형 결정만이 서서히 형성된다. 단 이 방법은 β형 결정의 형성속도가 매우 느려 상당히 긴 시간이 필요하다.

2) 승온형 템퍼링

용해한 초콜릿(40~45℃)을 일단 27℃에서 냉각하고, 다시 30℃로 승온하는 방법이다. 27℃ 상태에서 상당량의 β형과 함께 β'형이 생기지만, 이것을 30℃로 승온할 때 β'형 결정은 녹아, β형만이 남는다. 항온형 템퍼링보다 빠르고, 비교적 단시간 내에 조작을 완료할 수 있다.

이 승온형 템퍼링에는 제작자의 숙련도, 작업장의 설비 등, 제조조건에

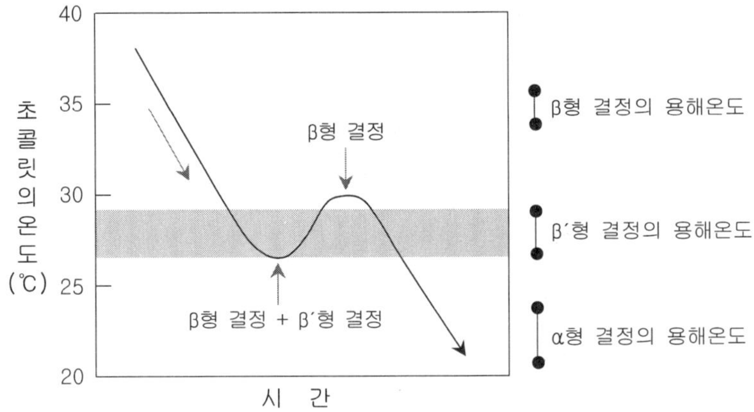

[그림 4-19] 승온형 템퍼링의 원리

[그림 4-20] 템퍼링 방법의 예

맞추어 가장 적합한 방법을 이용하고 있다.

5. 초콜릿의 불룸(bloom) 현상

초콜릿을 장기간 보관하면, 초콜릿 표면에 백색 결정(반점)이 석출되는데, 이것을 불루밍(blooming)이라 하며, 이는 초콜릿에서 녹아 나온 카카오버터 또는 설탕 결정에 의한 것이다.

> **불루밍(blooming)** : 초콜릿에 꽃이 핀 것 같다는 의미에서 생긴 용어이다.

이들 2종류의 불루밍은 원인과 특징이 다르기 때문에, 카카오버터에 의한 것을 팻불룸(fat bloom), 설탕에 의한 것을 슈거불룸(sugar bloom)이라고 한다.

불룸에 의해 생긴 이들 백색 결정은 성분적으로 본래 초콜릿과 다르지 않지만, 초콜릿조직의 품질이 저하되었음을 의미한다. 불룸이 생성된 초콜릿은 입안에서의 촉감이 좋지 않고, 초콜릿 본래 특성도 크게 상실한다.

[그림 4-21] 초콜릿의 불룸(bloom)현상

1) **팻불룸**(fat bloom)

팻불룸은 초콜릿 중의 융점이 낮은 유지성분이 초콜릿 표면으로 나와 재결정화되는 현상이다.

팻불룸은 초콜릿을 제조할 때 템퍼링이 불충분하거나, 초콜릿의 보관 중에 온도관리가 잘못된 경우에 생긴다. 템퍼링이 부족하면, 초콜릿 중에 카카오버터의 불안정한 결정이 남게 되고, 이 불안정한 결정이 보관 중에 서서히 커져, 조직의 품질저하를 일으킨다.

또한, 보관 중에 온도관리가 나쁘면, 용해와 응고를 반복하면서 안정한 β결정이 불안정한 결정으로 바뀌게 된다. 이 불안정한 결정이 부분적으로 용해되어, 초콜릿 표면으로 나와 백색 꽃과 같은 모양을 만든다.

2) **슈거불룸**(sugar bloom)

초콜릿의 독특한 쓴맛은 테오브로민(theobromine)이라는 물질에 의한 것이며, 약한 흥분성을 가진 알칼로이드이다.

초콜릿을 습도가 높은 곳에 보관하거나 차가운 초콜릿을 갑자기 따뜻한 장소에 방치할 때, 초콜릿 표면에 수분이 부착하여 초콜릿 표면으로 설탕이 석출되는 현상이다.

즉, 초콜릿에는 거의 수분이 없기 때문에, 설탕 등의 고형분은 아주 작은 입자 상태로 초콜릿 속에 분산되어 있다.

그러나 설탕은 물에 녹기 쉬기 때문에, 초콜릿 표면에 조금이라도 수분이 존재하면, 수분에 의해 설탕이 녹아 나온다. 그 후, 수분이 증발되면 녹아 있던 설탕이 백색결정으로 석출된다.

[표 4-23] 초콜릿 블룸(bloom)의 특성

분류	백색물질	원인	주의점
팻불룸 (fat bloom)	카카오버터	제조 시 템퍼링이 불충분한 경우	템퍼링을 충분히 하여 카카오지의 결정을 안정화한다.
		보존중의 온도관리가 나쁜 경우	온도가 일정한 서늘한 곳에 보관. 직사광선을 피한다.
슈거불룸 (sugar bloom)	설 탕	습도가 높은 곳에서 보관한 경우	습도가 높은 장소나 수도근처에 보관하지 않는다.
		차가운 곳에서 꺼낸 그대로 방치한 경우	차가운 초콜릿은 사용할 때에 실온에 둔다.

4.7. 드레싱류

샐러드유를 응용한 유지가공제품의 하나로 마요네즈와 드레싱이 있다. 마요네즈와 드레싱은 외관적으로 다른 분류로 보이지만 모두 드레싱류에 속한다.

드레싱의 정의(식품공전) : 드레싱이라 함은 식품을 제조, 가공, 조리함에 있어 식품의 풍미를 돋우기 위한 목적으로 사용되는 것으로, 식용유, 식초 등을 주원료로 하여 식염, 당류, 향신료, 알류 또는 식품첨가물을 가하고 유화시키거나 분리액상으로 제조한 것 또는 이에 채소류, 과일류 등을 가한 것으로 드레싱, 마요네즈를 말한다.

[표 4-24] 드레싱과 마요네즈의 규격(식품공전)

규격 \ 유형	드레싱	마요네즈
(1) 조지방(%)	10 이상	65 이상
(2) 대장균군	음성이어야 한다.	

드레싱류의 분류 : 유화형 드레싱(O/W형)과 물과 기름 층이 분리되어 있는 분리액상 드레싱이 있다. 유화형 드레싱에는 반고체상 드레싱(마요네즈 등)과 유화액상드레싱의 2종류로 분리된다(그림 4-22).

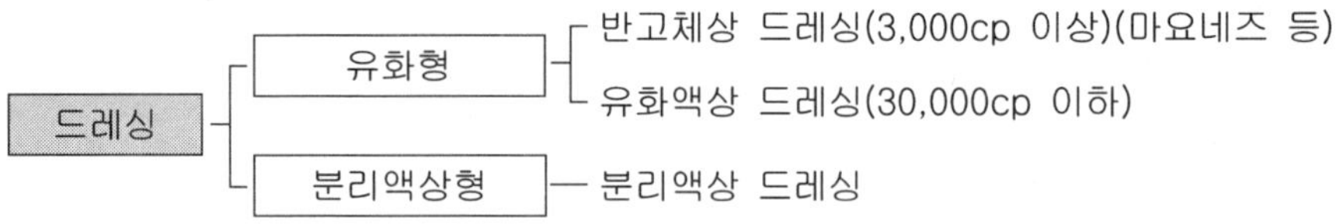

[그림 4-22] 드레싱의 분류

> **드레싱(dressing)** : 채소, 생선 등에 뿌려 먹는 소스. 옷 입히듯이 채소에 살짝 입혀 먹는 것에서 유래.
>
> **샐러드(salad)** : 생채소나 과일에 드레싱을 뿌려 섞은 것. 라틴어 sal(소금)이 어원으로, 육류를 많이 먹는 서양인들이 생채소에 소금을 뿌려 먹던 것에서 유래.

- 샐러드(salad) : ① 생채소나 과일에 샐러드유와 식초를 뿌려 섞은 것. ② 마요네즈로 드레싱한 특정재료를 함유하는 혼합물. 예) 참치샐러드

- 드레싱(drssing) : 식용유와 식초에 향신료, 허브 등을 넣어 만든 소스. 특히 샐러드에 많이 쓰인다.

- 샐러드드레싱(salad dressing) : 샐러드에 뿌려먹는 소스.

1. 마요네즈

마요네즈의 정의(식품공전) : 난황 또는 전란을 사용하고 또한 식용유(식물성 식용유 65% 이상이어야 한다), 식초 또는 과즙, 난황, 난백, 단백가수분해물, 식염, 당류, 향신료, 조미료(아미노산 등), 산미료 및 산화방지제 등의 원료를 사용한 것을 말한다.

마요네즈의 역사 : 마요네즈란 이름의 기원은 확실치 않지만, 18세기 프랑스(루이 15세 시대)와 영국이 분쟁 시 프랑스군이 지중해의 Menorca 섬(현재 스페인령)의 수도 Port Mahon을 점령했을 때 그 지방 사람들이 식탁에 사용하던 Mahonnaise가 마요네즈(mayonnaise)로 되었다는 것이 정설이다. 이것이 프랑스인 이민자에 의해 미국에 전해졌다. 마요네즈가 상업적 규모로 생산된 것은 1912년 이후이다.

1) 마요네즈의 원료

(1) 원료유지 : 마요네즈는 냉장고에 보관시 유화가 깨질 우려가 있기 때문에, 내한성이 강한 샐러드유를 사용한다.

사용되고 있는 샐러드유는 대두유, 올리브유, 카놀라유, 해바라기씨유, 홍화유, 미강유, 면실유 등이 있다. 우리나라에서는 대두유가 가장 많이 이용되고 있다.

원료유지에 따른 마요네즈

(2) **난황** : 난황은 마요네즈의 점성에 중요한 역할을 한다. 난황 중의 레시틴이 유화작용을 한다. 난백은 난황보다 수분이 많아 난백이 많이 들어가면 수분함량이 높아져 유화기능이 저하된다.

(3) **식초** : 식초는 마요네즈의 pH를 3~4로 하여 방부효과를 높이고, 마요네즈의 조미 주체가 된다.

(4) **향신료** : 향신료로는 겨자와 후추가 사용된다. 겨자는 백겨자 분말이 많이 이용되는데, 이는 매운 맛은 그다지 강하지 않지만 맛을 오래 지속하고 유화작용이 있기 때문이다.

2) 마요네즈의 제조 방법

마요네즈는 기름, 식초, 난황, 조미료(소금, 설탕, MSG, 호박산), 향신료(후추, 겨자 등)를 혼합하여 만든 수중유적형(O/W형) 유화식품이다.

마요네즈의 배합비 : 일반적으로 기름은 65~80%, 난황, 식초, 조미료, 향신료는 30% 정도의 비율로 만든다. 기름과 식초의 비율은 7:1 정도가 일반적이다(표 4-24).

[표 4-24] 마요네즈의 배합 예

성분	A	B	C
식 용 유	65.0%	70.0%	78.0%
난 황	17.0%	15.0%	9.5%
식초, 물	14.5%	12.5%	10.5%
조미료, 향신료	3.5%	2.5%	2.0%

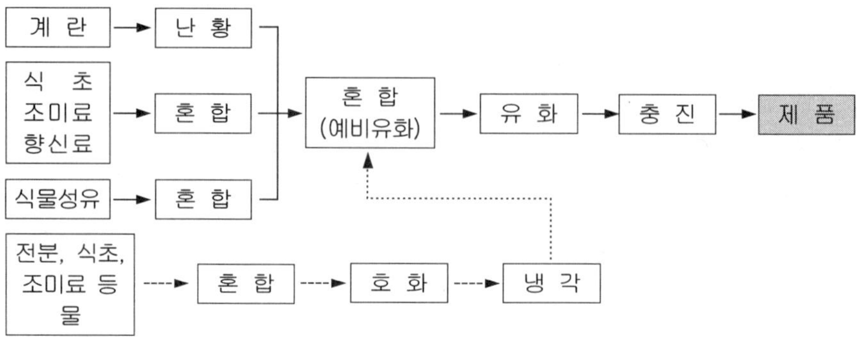

[그림 4-23] 일반적인 마요네즈 제조 공정

저지방 마요네즈 : 기름함량은 일반 마요네즈의 절반(39 g/100g)으로 줄이고, 마요네즈와 같은 점성을 주기 위해 덱스트린, 잔탄검 등을 혼합하여 만든 것이다.

칼로리는 383 kcal/100g으로 일반 마요네즈 700 kcal/100g의 절반정도이다.

저지방 마요네즈

샌드위치 스프레드(sandwitch spread) : 마요네즈를 기본으로 다진 채소, 피클, 햄 등을 넣어 만든 스프레이드.

샌드위치 스프레드

3) 마요네즈의 굳기에 영향을 주는 요인

① 기름 : 기름의 비율이 많아지면 마요네즈는 단단해진다.

② 식초 : 식초의 비율이 높아지면 마요네즈는 부드럽고 유동성이 커진다.

③ 난황과 겨자 : 유화의 역할을 하기 때문에 많을수록 유화안정성이 높아진다.

④ 교반 속도 : 교반횟수와 시간이 길수록 마요네즈의 유적이 미세하고 단단해진다.
교반속도가 빠를수록 유적이 미세해진다.

난황 및 겨자의 첨가 방법 : 난황과 겨자를 첨가할 때 수상(水相), 유상(油相) 중 어느 쪽에 첨가하는 것이 유화안정성이 높은가를 보면, 수상(水 相) 쪽에 첨가하는 것이 유화안정성이 높은 것으로 나타났다(그림 4-24).

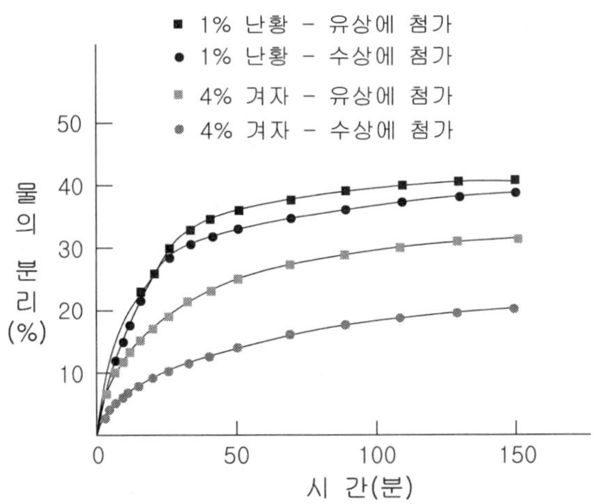

[그림 4-24] 난황, 겨자 첨가와 유화안정도

4) 마요네즈 제조 시 주의 할 점

마요네즈를 만들 때에는 O/W형 유화임을 염두에 두고 만들어야 한다. 우선 식초, 난황, 향신료, 조미료를 가하여 교반하면서 서서히 기름을 가해야만, 기름이 미세한 유적이 되어 잘 분산된 마요네즈를 얻을 수 있다. 일반적으로 실패하기 쉬운 이유는 기름의 첨가속도가 크기 때문이다.

기름은 소량씩 서서히 가해야 한다.

마요네즈을 만들 때 주의할 점은 다음과 같다

① 기름을 넣는 방법 : 한번에 많은 기름을 넣으면 분산이 어렵다
② 교반방법 : 기름을 넣었을 때 교반이 부족한 경우, 난황의 양이 너무 적거나 용기가 너무 크면 교반이 어려워 실패하기 쉽다
③ 난황과 기름의 온도 : 너무 낮거나 높으면 좋지 않다. 18℃가 적당하다.

5) 마요네즈의 보관

마요네즈는 0℃ 이하 또는 고온(30℃)에 보관하면 유화파괴에 의한 분리현상이 일어나므로 보관온도에 주의하여야 한다.

2. 드레싱

드레싱은 기호식품으로 많은 종류가 있지만, 크게 반고체상, 유화액상 및 분리액상의 3가지로 분류되며, 각종 향신료를 첨가한 다양한 제품이 시판되고 있다.

드레싱의 정의(식품공전) : 드레싱 중에서 반고체상 또는 유화액상으로 균질하게 유화시킨 것 또는 분리액상인 것으로서 마요네즈가 아닌 것을 말한다.

1) 유화형 및 분리액상 드레싱의 제조 방법

드레싱의 제조방법은 마요네즈와 동일하며, 같은 장치를 전부 또는 일부를 사용하여 제조한다.

유화형 액상 드레싱과 분리액상형 드레싱의 제조공정은 그림 4-25 및 그림 4-26과 같다.

분리액상형 드레싱은 샐러드유, 식초, 소금, 후추 등을 잘 혼합하면 일시적으로 기름이 분산되어 걸쭉한 백탁상태가 되나 잠시 후 기름과 식초가 분리된다.

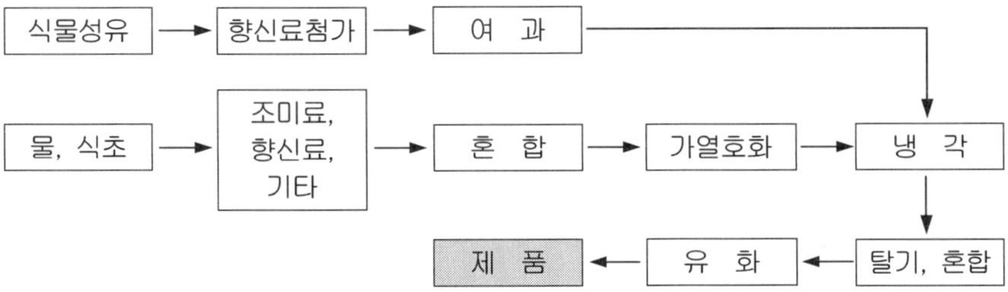

[그림 4-25] 일반적인 유화형 드레싱의 제조 공정

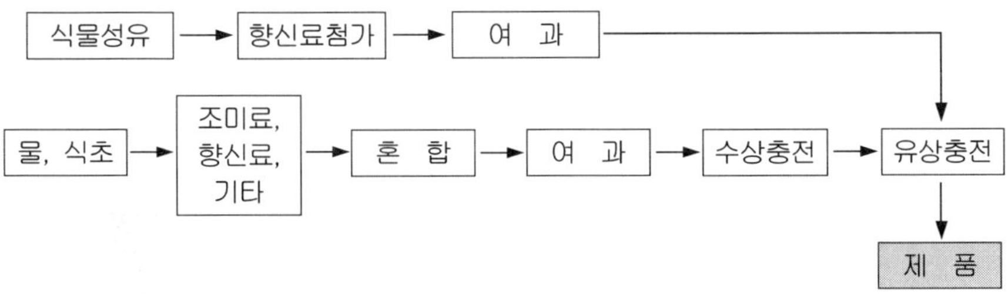

[그림 4-26] 일반적인 분리액상형 드레싱의 제조 공정

2) 대표적인 드레싱류

(1) **사우젠드아일랜드 드레싱(thousand island dressing)** : 난황을 사용한 유화형 드레싱으로, 식물성유지(마요네즈)에 파프리카, 토마토케첩 등이 첨가하여 만든 것이지만, 여기에 피클과 당근을 잘게 썰어 넣은 것도 있다. 가장 일반적인 샐러드드레싱이다.

(2) **시저 드레싱(caesar dressing)** : 식물성유지에 난황, 파마산 치즈, 엔초비(서양식 멸치 절임), 머스타드 등을 혼합하여 만든 유화형 드레싱이다. 미국에서 가장 대중화된 드레싱이다.

유화형 및 분리액상형 드레싱

(3) **프렌치 드레싱**(french dressing) : 식초를 기본으로 하는 드레싱으로 보통 기름과 식초를 3 : 1의 비율로 혼합하여 제조한다. 풍미를 위하여 과일 식초(포도식초, 사과식초 등)를 이용하는 경우가 많다.

또 일반샐러드유 대신에 올리브유등도 이용한다. 향신료로 이용되는 겨자, 양파, 마늘 등은 약간의 유화작용을 나타낸다.

프렌치드레싱에는 유화형과 분리액상형의 2가지 타입이 있다.

(4) **이탈리안 드레싱**(italian dressing) : 식물성유지(올리브유, 대두유 등)에 식초, 다진 허브 등을 섞어 만든 분리액상형 드레싱.

유화형 및 분리액상형 드레싱

(5) **발사믹 드레싱**(balsamic dressing) : 발사믹은 이태리어로 향기가 좋은 포도식초를 의미한다. 즉, 발사믹 드레싱은 포도식초를 주원료로 만든 분리액상드레싱이다.

식용유는 올리브유가 많이 사용되며, 보통 발사믹식초와 올리브유는 3 : 1의 비율로 혼합한다.

(6) **무지방 드레싱**(fat free dressing) : 근래 건강지향성 드레싱으로 기름을 전혀 함유하지 않은 드레싱.

무지방 드레싱(fat free dressing)

4.8. 향미유(flavored oil)

향미유는 기름에 허브(바질 등), 향미채소(마늘, 파 등)를 첨가하여 기름에 향미를 부가시킨 것으로, 마늘오일, 레몬오일, 바질오일 등이 있다. 또 버터의 풍미를 부가한 향미유도 있다.

향미유의 정의(식품공전) : 식용유지(다만, 압착참기름, 초임계추출참기름, 압착들기름, 초임계추출들기름은 제외)에 향신료, 향료, 천연추출물, 조미료 등을 혼합한 것(식용유지 50% 이상)으로서, 조리 또는 가공 시 식품에 풍미를 부여하기 위하여 사용하는 것을 말한다.

1. 대표적인 향미유

우리나라의 대표적인 향미유는 참깨 향미유와 고추씨 향미유이다. 참깨 향미유는 식물성유지에 참깨 추출향을 혼합하여 만든다, 단 향미유에는 압착참기름, 초임계추출참기름, 압착들기름, 초임계추출들기름은 사용할 수 없다.

향미유(flavored oil)

시판되고 있는 향미유는 참맛기름, 참진한기름, 참고소한기름, 들향기름, 고추맛기름 등의 이름으로 시판되고 있다.

[표 4-25] 시판되고 있는 향미유의 성분 및 배합의 예

시판 향미유	배합성분 및 비율
예 1	압착올리브유(99.96%), 바질추출물(0.01%), 마늘추출물 (0.03%)
예 2	압착올리브유(99.86%), 고추추출물(0.11%), 파프리카추출물 (0.03%)
예 3	옥배유(90%), 대두유(9.9%), 참깨향(1%)
예 4	옥배유(20%), 대두유(68%), 올레오레진캡시컴[1](1%), 올레오레진 파프리카(1%), 고춧가루(10%)

[1] 올레오레진 캡시컴 : 고추열매를 유기용매로 추출한 것으로 주성분은 캡사이신이다.

4.9. 분말유지

분말유지는 1 μm의 미세한 유지입자를 단백질, 당질 등으로 둘러싼 분말상의 가소성이 없는 유지제품이다.

마가린이나 쇼트닝은 크림성, 쇼트닝성 등의 중요한 기능을 갖지만, 물에 녹지 않기 때문에 제과, 제빵반죽에 균일하게 분산, 혼합하기가 어렵지만, 분말유지는 쉽게 분산되는 등의 다양한 기능을 갖는다.

1. 분말유지의 제조

분말유지 제조방법은 크게 분무건조방법, 분쇄방법 및 코팅식 마이크로캡슐화 방법의 3가지로 분류되며, 이중에서 분무건조방식이 가장 일반적이다.

(1) **분무건조법** : 단백질, 당질로 구성된 담체(carrier)가 지방산을 둘러싸고, 이것들이 모여 분말유지 입자를 형성한다. 유지, 담체, 유화제의 조합에 따라 기능을 다양화할 수 있다.

(2) **분쇄법** : 고형지를 냉각, 고형화한 후 분쇄한 것으로 비교적 고융점의 유지 100%의 분말유지가 많다.

(3) **코팅식 마이크로캡슐화법** : 유지를 코팅제로 덮는 방식으로, 비용이 많이 들어 일반적으로 이용되지 않는다. 샐러드유와 같은 액상유도 분말화할

수 있는 특징이 있다.

2. 분무건조법에 의한 분말유지 제조

분말유지는 유지, 탄수화물, 우유단백질, 유화제 등을 첨가하여 만든다(표 4-26).

[표 4-26] 분말유지의 조성

	사용되는 성분의 예	배합비율(%)
식용유지	주로 팜유, 돈지, 유지방 등 고형지 이외에 채종유, 대두유 등의 액상유 등	60~70
당 질	옥수수 시럽, 말토덱스트린	5~45
우유단백질	카세인나트륨, 유청단백질	5~20
유화제	모노글리세라이드, 설탕지방산에스터 등	1~10
산화방지제	토코페롤	0.01

1) 원료유지

팜유, 돈지, 유지방 등의 고형지가 주로 사용하지만 채종유, 대두유 등의 액상유도 분말화가 가능하며, 배합비율은 60~70% 정도이다

2) 부재료

(1) **단백질, 탄수화물** : 유지를 싸고 있는 성분으로 당질을 사용하여 물에 쉽게 분산되게 한다. 단백질은 유화력이 있는 카세인나트륨이나 유청단백질을 사용한다.

(2) **유화제** : 유화제는 카세인나트륨과 함께 O/W 유화액를 만들며, 분말유지가 사용되는 최종식품에 기능을 맞게 종류나 첨가량을 조절하지만, 보통 1~10% 정도 배합한다.

고기능의 분말유지에는 이보다 많이 배합하기도 한다.

이외에 유지의 산화를 억제하기 위한 산화방지제(토코페롤), 풍미강화를 위한 향료를 첨가하기도 한다.

3) 분무건조법에 의한 분말유지 제조법

각 원료를 혼합하여 현탁액(slurry)상태로 만들고, 균질기로 균질화하여 살균, 분말화한다. 노즐에서 분무되는 현탁액이 240~250℃의 열풍에 접촉하면, 수분이 증발하여 순식간에 분말화된다. 1 μm의 미세한 지방구가 수천~수만개 모여 분말유지 1개의 입자를 형성한다. 오늘날에는 진동식 유동탱크에서 입자화하면서 냉각하는 방법을 사용하고 있다(그림 4-27).

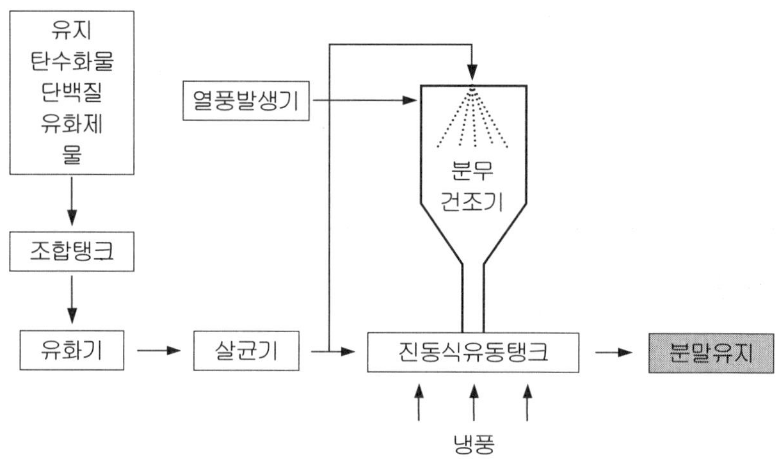

[그림 4-27] 분무건조법에 의한 분말유지 제조

4) 분말유지의 특성

① 다른 식품과 분말상태에서도 쉽게 혼합할 수 있다.

② 쇼트닝, 마가린보다도 균일하게 분산되기 때문에 장시간 안정된 유화를 유지할 수 있다. ③ 가열에도 유화가 잘 파괴되지 않고(120℃, 30분간에도 안정), 압력이 강해도 유화가 잘 유지된다.

5) 분말유지의 용도

① 소맥분이나 전분 등에 쉽게 혼합되기 때문에, 빵, 케이크, 튀김제품의 버터가루 등의 프리믹스 제품에 이용할 수 있다

② 냉동튀김식품에 이용된다. 이 경우, 전자레인지나 오븐에서 조리할 때 분말유지의 작용으로 바삭한 식감을 준다. 또 가열에도 유화가 안정하기 때

문에, 레토르트 살균제품에도 이용이 가능하다.

③ DHA와 같이 산화안정성이 약한 고도불포화지방산을 함유한 유지의 산화안정 개선을 위해 사용되기도 한다.

5장. 식용유지의 품질저하 및 방지책

기름이 변패하는 것은 큰 문제가 아니라고 생각하는 사람들이 있을 것이다. 식품의 부패는 곰팡이의 발생이나 수분에 의해 눅눅해지는 변질을 생각하기 때문에 기름이 변패한다는 것은 쉽게 납득하기 어려울 것이다. 그러나 변패된 기름을 섭취하면 중독 증상을 일으키고, 그 섭취량이나 변패 정도에 따라 설사, 복통 등을 일으킬 수 있다.

유지의 산패에 있어서 가장 문제되는 것은 자동산화와 가열산화이다. 이외에 효소에 의한 가수분해와 곰팡이에 의한 메틸케톤을 형성하는 경우가 있다.

식품공전에는 식용유지, 유지함유식품 및 튀김식품 등에 대하여 산가 및 과산화물가를 지표로 하여 산패에 의한 사고방지에 노력하고 있다.

5.1. 유지의 산화

유지의 품질저하에 있어서 가장 문제가 되는 것은 산소에 의한 산화이다. 일반 식품에서는 미생물 오염에 의한 품질저하(부패)가 가장 큰 문제이지만, 유지의 경우는 수분이 적고(0.1% 미만), 미생물 증식에 필요한 질소원이 없기 때문에 미생물오염의 가능성은 매우 적다.

따라서 근래 식품 안전이 요구되는 시대 흐름에 따라, 유지제품(유지 100%)에도 미생물 규격을 요구하는 경향이 있으나 큰 의미는 없다.

유지의 산화는 실온에서 일어나는 자동산화와 고온에서도 일어나는 가열산화가 있으며, 가열산화의 경우 그 산화속도가 매우 빠르다.

1. 자동산화

유지의 자동산화과정은 그림 5-1에 나타내었다. 유지는 단일물질이 아닌 많은 트리글리세라이드의 혼합물이기 때문에 그의 산화생성물도 복잡하다.

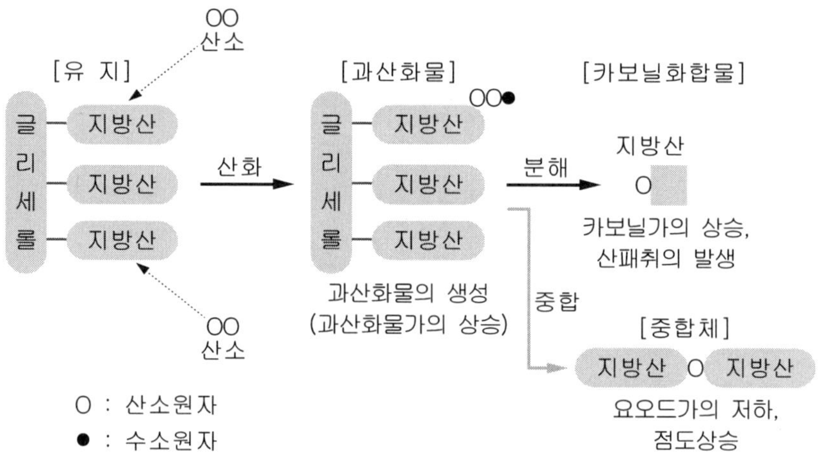

[그림 5-1] 상온에서의 유지의 자동산화

1) 산패취

산패된 기름은 유지분자의 절단에 의해 생성된 저분자 화합물에 의해 특유의 냄새를 나타내며 이러한 산화취를 산패취라고 한다. 건강상 산패취가 나는 식품은 먹지 말아야 하며, 가정에서도 이 냄새를 기억해 둘 필요가 있다.

우선 작은 접시에 5~10 mL의 기름을 담고 랩으로 씌워 햇빛이 잘 드는 곳에 방치해 둔다. 10일이 경과하면 산패취가 형성되므로 이 냄새를 기억해 두는 것이 좋다. 대단히 인상이 깊은 냄새이기 때문에 한번 기억하면 산패된 유지식품을 먹는 일은 없을 것이다.

또 화학적으로 유지의 산화물을 측정하는 방법이 있고, 이때에는 과산화물가로 산패정도를 나타낸다.

일반적으로 훈련된 사람은 과산화물가가 50을 넘으면 산패취를 느낄 수 있으며, 이 같은 기름을 함유한 식품을 먹을 수 없다. 그러나 과거에 과산화물가가 높은(1,000 밀리당량/kg oil 이상) 즉석면을 먹고 중독된 일이 있었다. 이것도 산패취를 기억하고 있으면 미연에 방지할 수 있다.

2. 가열산화

감자튀김 등 기름으로 튀기는 가공식품의 제조, 어묵, 후라이드 치킨 등의 조리를 하는 경우, 기름을 장시간 180℃ 전후로 유지한다. 유지의 종류, 가열 조건 등에 따라 다르지만, 기름은 점차적으로 산화되어 물리적, 화학적 성질이 크게 변한다(그림 5-2).

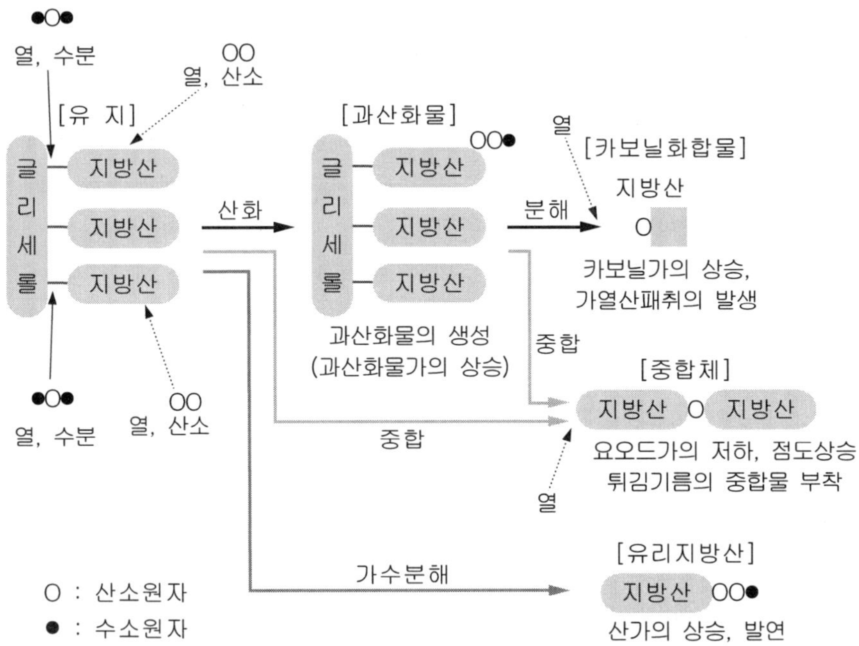

[그림 5-2] 튀김과정과 같은 고온에서의 가열산화

1) 과산화물의 분해

과산화물은 100℃ 이하에서는 비교적 안정하여, 가공, 조리과정에서 급속히 분해되는 일은 없다. 그러나 고온이 될수록 분해가 급속히 진행된다.

예를 들면, 건어물 등의 과산화물은 구우면 반감한다. 한편 인스턴트라면의 경우에는 뜨거운 물을 가한 전후의 과산화물은 대부분은 변화가 없다.

가열에 의해 생성된 과산화물은 160℃ 이상의 고온에서는 생성되는 즉시 분해되기 때문에 가열 중에는 과산화물의 함량이 낮다. 이 때문에 튀김유의 과산화물의 함량을 튀김유의 품질 지표로 하는 것은 적합하지 않다. 그러나 튀김식품(라면 등)은 저장 중에 다시 자동산화과정을 거쳐 산화되기 때문에 과산화물가의 측정이 유효하다.

3. 그 외의 유지의 변패

유지의 변패는 대부분 자동산화에 의해 발생하지만, 기름의 종류에 따라 가수분해 또는 케톤 형성에 의해 이취를 발생하는 경우가 있다.

1) 가수분해에 의한 변패

수분함량이 큰 지방질식품은 가수분해에 의해 산패되기 쉽다. 특히 버터는 가수분해에 의해 부티르산($C_{4:0}$), 카프로산($C_{6:0}$), 카프릴산($C_{8:0}$) 등의 저급지방산을 생성하여 이취를 발생하는 경우가 있다. 또한 야자경화유는 5℃에서 저장할 때의 결정 상태에서도 가수분해되는 경우도 있다. 이때 야자경화유 중의 저급지방산의 가수분해가 선택적으로 일어나는 이취를 발생한다.

한편 일부 식물성유(특히 현미유, 팜유, 올리브유)를 착유할 때 라이페이스에 의해 가수분해가 일어날 수 있다. 어유 중의 라이페이스도 활성이 강하여 착유한 원유나 어육내의 지방도 가수분해에 의한 산패가 일어나기 쉽다. 따라서 원료 유지는 채유하기 전에 수분을 제거하여 라이페이스에 의한 가수분해를 막아야 한다.

2) 케톤 변패

C_6~C_{14}의 포화지방산을 갖는 버터, 야자유 등은 미생물의 작용에 의해 케톤을 형성하여 산패취를 발생한다.

예를 들어 야자유에 푸른곰팡이가 번식하여 케톤류(메틸아밀케톤 등)를 형성하는 경우가 있어, 미생물 오염에 주의해야 한다.

3) 색의 복귀

대두유나 면실유을 정제 탈색하여 보존해 두면, 점차 착색되어 탈색전의 기름과 같은 정도로 색이 진해지는 경우가 있다. 이것을 색의 복귀라고 한다.

보존온도가 높으면(40℃) 그 속도는 빨라지고, 1일~1주일 정도에서 나타난다. 원인물질은 토코페롤의 산화생성물(tocored)이고, 불충분한 정제로 불순물이 많으면 일어나기 쉽다.

색의 복귀현상이 발생한 대두유는 풍미도 나쁘고, 산화안정성도 저하되기 때문에, 색의 복귀는 초기 자동산화와 관계가 있는 것으로 생각된다.

3) 냄새의 복귀(변향)

대두유와 같이 리놀렌산의 함량이 높은 식용유를 정제(탈취)하여 콩비린내를 제거하여 보관해 두면, 저장 중에 다시 콩비린내를 갖게 되는 현상을 냄새의 복귀 또는 변향이라고 한다. 냄새의 복귀는 산패가 일어나기 전에 나타나는 냄새로 산패취와 구분된다. 변향은 리놀렌산의 함량이 높은 대두유, 아마인유나 수소첨가유 중 아이소리놀레산의 함량이 높은 경우 일어나기 쉽다.

5.2. 유지의 산화촉진 요인

산화 촉진요인으로서는 산소, 빛, 온도가 있고, 유지에 미량 존재하는 금속이온 등이 산화촉진작용을 한다.

유지의 산화방지를 위해서는 촉진요인의 영향을 막는 것이 좋지만, 실제 조리과정 중에는 쉽지 않다.

1. 온도

온도가 높을수록 산화속도가 증가한다. 일반적으로 10℃ 상승함에 따라 산화속도는 2~3배정도 증가한다. 즉, 기름의 산화는 저장온도가 낮을수록 늦기 때문에, 식용유를 냉장고에 보관하여 풍미의 저하를 막을 수 있다.

유통, 판매시의 온도도 중요하다. 여름철의 창고온도는 40℃ 이상인 경우도 있기 때문에, 고온을 피해 보관할 필요가 있다.

(1) **튀김조리** : 180℃ 전후의 튀김조리나 200℃ 이상의 볶음조리시의 유지의 산화속도는 대단히 빠르다.

따라서 볶음조리 중의 불필요한 가열을 피하고, 튀김조작 중에도 튀김을 하지 않는 경우에는 전원을 끄는 등의 배려가 필요하다.

(2) **냉동식품** : 냉동식품의 경우, 보존온도는 대단히 낮지만, 산패가 의외로 빠르게 진행된다. 이것은 동결에 의해 조직이 다공질구조로 되면서 접촉면적이 커지고, 얼음결정 형성에 의한 염농도가 증가로 자동산화가 촉진되기

때문이다.

2. 산소

산소는 유지의 자동산화의 직접 원인물질이다. 공기 중의 산소 이외에도 유지 중의 용존산소도 자동산화의 원인물질이 된다.

또 냄새의 복귀현상은 미량의 산소에 의해 일어날 수 있기 때문에, 가능한 한 질소충진, 산소제거제, 진공 포장 등으로 용존산소를 제거하는 것이 바람직하다.

질소충진 : 일반적으로 튀김과자는 다공질인 경우가 많고, 포장봉지안의 산소로 충분히 산화될 수 있다.

따라서 기체 차단성이 우수한 포장지를 사용하고, 질소충진이나 산소제거제를 이용하여 봉지안의 산소농도를 감소시킬 필요가 있다.

산소농도는 1% 이하가 바람직하지만, 다공질의 과자의 경우, 가스 치환율이 떨어지는 것 등을 고려하여 공기량과 산소제거제의 능력 등을 계산할 필요가 있다.

[표 5-1] 질소충진 포장에 의한 땅콩제품의 산화억제 효과(과산화물가 비교)

보존일수	볶은 제품		튀김 제품	
	공기포장	질소가스 포장	공기포장	질소가스 포장
0	3.4	3.4	4.7	4.7
30	38.1	3.9	33.5	3.0
60	49.5	5.1	46.0	3.7

* 포장시 산소농도 2.06%, 저장온도 37℃, 암소

이외에 유지회사에서는 정제유의 보관탱크를 질소충진하여 자동산화를 억제하는 것이 바람직하다.

3. 광선

식용유의 자동산화는 래디칼반응에 의해 진행된다. 광선은 래디칼생성이 촉진하기 때문에 결국 자동산화가 빨라진다.

광선의 파장에 따른 촉진작용 : 각종 파장의 광선은 모두 산화촉진작용을 갖고 있지만, 특히, 파장이 짧을수록 산화촉진작용이 강하다(표 5-2).

[표 5-2] 빛의 파장에 따른 과산화물가의 변화(24시간 조사)

빛의 파장(nm)	과산화물가(meq/kg oil)	
	옥수수기름	면실유(목화씨유)
360~520	20.5	17.5
420~520	8.6	12.5
490~590	4.6	8.0
580~680	1.3	3.3
680~790	1.1	1.9

직사광선과 같은 강한 빛 이외에도 슈퍼나 편의점 등의 형광등에도 주의할 필요가 있다.

이를 방지하기 위해서는 포장지의 투명부분을 줄이고, 또 포장지를 착색하여 불투명하게 하거나, 알루미늄포장을 하는 것이 좋다.

한편, 식용유 중에 극미량 잔존하는 클로로필은 빛에 의해 광증감물질로 작용하여 래디칼을 생성하여, 결국 과산화물의 생성을 촉진한다.

카로틴류는 광증감산화를 억제하는 소거제(quencher)로서 알려져 있다. 팜유의 원유에는 카로틴류를 많이 함유하고 있지만 정제공정에서 거의 완전히 제거되기 때문에 그 효과를 기대하기 어렵다.

4. 금속

금속은 미량에서도 유지의 자동산화를 촉진한다. 특히, 철이나 구리의 영향이 크기 때문에 주의해야 한다(표 5-3).

[표 5-3] 유지의 보존성을 1/2로 감소시키는 금속의 함량

금 속	함 량(ppm)	금 속	함 량(ppm)
구리	0.05	니켈	2.2
망간	0.6	아연	19.0
철	0.8	알루미늄	50.0
크롬	1.2		

예를 들어, 철은 0.1 ppm 이상, 구리는 0.01 ppm 이상의 농도에서 자동산화에 영향을 주는 것으로 알려져 있다.

따라서 이들 금속은 정제공정에서 완전히 제거해야 하며, 튀김기의 재질에도 주의해야만 한다.

5. 효소

정제 식용유의 경우는 착유, 정제공정 중에 효소가 실활되기 때문에 효소의 영향을 걱정할 필요는 없다.

그러나 착유전의 미강유나 팜유의 경우에는 라이페이스(lipase)의 작용에 의해 유리지방산과 다이글리세라이드, 모노글리세라이드 등이 생성되기 때문에 채유수율이나 품질 저하에 주의해야 한다.

5.3. 유지의 품질저하 방지법

1. 식용유의 포장용기

보관 중의 식용유의 산화는 열, 공기(산소), 빛의 존재 또는 산화 촉진물질의 혼입 등에 큰 영향을 받는다. 따라서 식용유지의 용기는 이들 촉진요인을 억제하는 기능이 요구된다.

요구기능으로는 ① 기체의 비투과성, ② 내습성, ③ 차광성, ④ 식품에 대한 안정성, ⑤ 강도, ⑥ 외관 등이 있다.

현재 유통에 사용되는 용기의 재질은 금속, 유리, 종이 및 플라스틱 등이다.

1) 금속용기

금속용기는 강도가 강하고, 기체 투과성이 없으며 차광성이 우수하지만, 중량이 무겁다는 단점이 있다. 그러나 식용유의 품질차원에서는 가장 바람직한 용기이다.

2) 유리용기

유리병은 기체 투과성이 없으나, 중량이 무겁고, 강도도 약하여 취급하기 어렵다는 단점이 있다.

또 투명한 경우, 빛의 영향을 받기 쉽다. 반면에 착색 병은 차광성은 있으나, 재활용면에서 그 이용에 한계가 있다.

현재 참기름이나 올리브유와 같은 가정용 고급식용유의 소포장에 이용되고 있다.

최근에는 고급유리병에 넣은 올리브유가 식탁에서 장기간 방치되어 올리브유의 특유의 색의 퇴색과 이취발생의 문제가 발생하고 있다.

유지의 정제공정에서는 클로로필 등의 색소를 충분히 제거하는 것이 중요하다.

유지제품의 용기로는 금속용기와 갈색병과 같이 빛을 차단하는 재질이 좋지만, 가정용 제품에는 내용물이 보이는 요구가 강하기 때문에 문제이다.

3) 플라스틱용기

플라스틱용기는 가격이 싸고, 가볍고, 취급이 용이하지만, 금속, 유리에 비해 기체 투과성이 있어, 식용유의 보존성에 큰 영향을 준다.

플라스틱용기의 재질 : 플라스틱용기의 재질로는 PET와 PE가 많이 이용되고 있다.

[표 5-4] 용기의 종류와 소재

재질	용기의 종류	소재
금속	18L	스틸
종이	내장필름 부착 종이팩	내장 : LLDPE+(LLDPE ONY/LLDPE) 골판지
	외장필름 부착 종이팩	외장 : HDPE/LDPE 내장 : LLDPE/NY/LLDPE 골판지
	가정용 팩	외장 : 골판지 내장 : PET/EVOH/LLDPE
플라스틱	적층플라스틱	PE/EVOH/PE 3종 부착
	PET	PET

LLDPE : linear low density polyethylene, ONY : 연신나일론, HDPE(high density polyethylene, NY : 나일론, PET : polyethylene terephthalate, EVOH : 에틸렌비닐공중합체, PE : polyethylene

(1) PET(polyethylene terephthalate) : 투명성, 산소차단성이 비교적 좋고, 기계적 강도도 강하지만, 내열성이 떨어지고, 빛의 영향을 받기 쉽다는 단점이 있다. 최근에는 PET의 내측에 이산화규소와 탄소를 증착하여 기체투

과성을 거의 제로에 가깝게 한 PET용기가 음료를 중심으로 확대되고 있으며, 유지제품에도 일부 사용되고 있다.

(2) PE(polyethylene) : 반투명성이며, 산소차단성이 나쁘기 때문에 기체투과성이 낮은 나이론 등을 적층하여 기체투과성을 낮춘 PE 용기가 이용되고 있다.

2. 항산화제의 사용

유지의 산화방지를 위해서는 산소를 완전히 차단하거나, 산화 촉진요인(산소, 금속 등)을 제거하는 것이 바람직하지만, 실제적으로 곤란하다.

여기에서 항산화제를 사용하여 산화를 억제하는 경우가 있다.

항산화제는 자동산화의 개시단계에서 생성한 래디칼에 수소를 주어 안정화시켜, 유지의 산화가 더 이상 진행되지 않도록 한다.

항산화제는 환원성의 수소를 분자 내에 갖고, 이 수소를 유리래디칼에 주어 자신은 이량체가 되어 안정화하여 자동산화를 정지시킨다.

RO·(또는 ROO·) + AH ⟶ RH(또는 ROOH) + A·
유리 래디칼 항산화제 과산화물

A· + A· ⟶ A - A(이중체)

단, 항산화제의 모두 이중체화가 진행되면 연쇄반응이 일어난다. 항산화제에 의한 효과는 자동산화의 진행단계를 늦추는 것이다.

1) 대표적인 천연 항산화제

토코페롤(mixed tocopherol)은 유지에 사용되는 대표적인 항산화제이다. 토코페롤은 원래 유지에 함유되어 있지만 유지의 최종 정제과정인 탈취공정에서 그 일부가 탈취 스컴(scum)으로 제거된다.

토코페롤은 4개의 이성체가 존재하지만, 그중에서 γ- 및 δ-토코페롤의 항산화효과가 크다(그림 5-3).

한편, α-토코페롤은 유지에 대한 항산화 효과는 낮지만, 생체활성이 높아, α-토코페롤의 함량이 높은 경우에는 비타민 E 강화제로 취급할 수 있다.

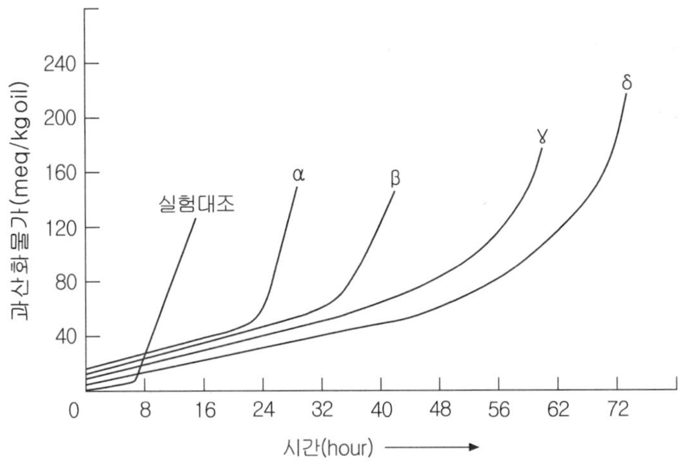

[그림 5-3] 토코페롤 동족체들의 항산화효과(돈지 100℃에서 실험)

일반적으로 대두유 등의 탈취 스컴이 토코페롤의 공급원으로 이용되고 있다. 식물성유지는 원래 토코페롤을 함유하고 있기 때문에, 식물성유지에 대한 첨가효과는 그다지 크기 않지만, 동물성유지(돈지 등)에는 토코페롤을 거의 함유하지 않기 때문에, 토코페롤의 첨가효과는 크다(그림 5-4).

그러나 과잉 첨가는 역으로 산화를 촉진하는 효과가 있기 때문에 주의해야 한다.

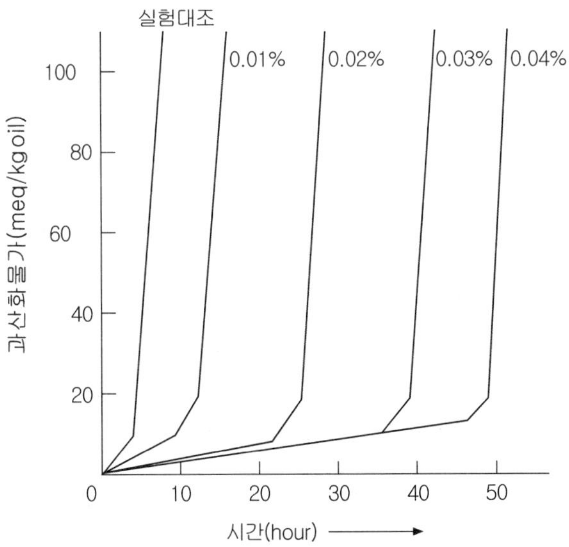

[그림 5-4] 토코페롤의 첨가량에 따른 항산화작용

토코페롤은 페놀성의 수산기를 갖고 있고, 이것이 환원성 수소의 공급원이 되어 항산화제로서의 기능을 갖는다.

토코페롤과 측쇄의 구조가 다른 토코트리엔올(tocotrienol)은 팜유 중에 함유되어 있는 성분으로 항산화효과뿐만 아니라 생리활성도 주목되고 있다.

2) 합성 항산화제

합성 항산화제는 식품위생법상의 사용량의 제한과 유지에 대한 용해성, 첨가한 경우의 풍미변화, 사용제한 등을 충분히 조사한 후 사용해야 한다.

그러나 합성 항산화제는 소비자들의 극단적인 기피풍조로 인하여, 사용이 감소되고 있는 실정이다.

또 우리나라, 미국, 동남아시아, 중국 등에서는 항산화제로 사용되지만, 일본에서는 식품첨가물로 인정되어 있지 않은 TBHQ가 있다. 따라서 일본에 유지제품을 수출하는 경우에는 주의할 필요가 있다.

현재 이용되고 있는 합성항산화제로는 BHA, BHT, TBHQ, PG, 아스코빌 팔미테이트(AP) 등이 있다.

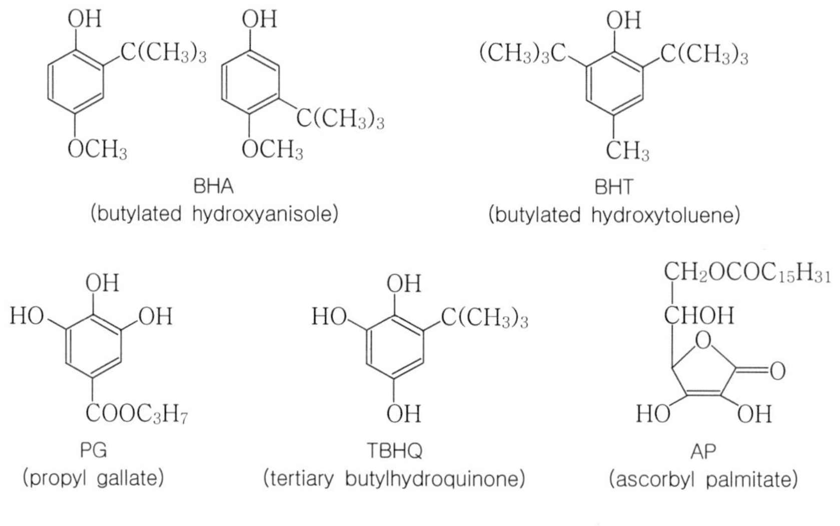

[그림 5-5] 합성항산화제의 종류

[표 5-5] 식품첨가물로 허용된 항산화제

품명	대상식품	사용량
BHT	어패냉동식품(생식용 냉동어패류 및 생식용 냉동 굴은 제외) 고래고기 냉동품(생식용 냉동고래 고기는 제외)	1.0 g/kg 이하
	유지, 버터, 어패건조물, 어패자반 건조 으깬 고구마	0.20 g/kg 이하
	추잉검	0.075 g/kg 이하
BHA	어패냉동식품(생식용 냉동어패류 및 생식용 냉동 굴은 제외) 고래고기 냉동품(생식용 냉동고래 고기는 제외)	1.0 g/kg 이하
	유지, 버터, 어패건조물, 어패자반 건조 으깬고구마	0.20 g/kg 이하
노르디히드로구아이아레트산 몰식자산프로필 구아야크지 구연산이소프로필	유지, 버터	0.10 g/kg 이하 1,0 g /kg 이하 0.1 g/kg 이하
에틸렌디아민사질산칼슘이나트륨		0.035 g/kg 이하
에틸렌디아민사질산나트륨		0.25 g/kg 이하
에리쏘르빈산 에리쏘르빈산나트륨 *dl*-α-토코페롤		산화방지 목적에 한한다.

5.4. 식용유의 보관 방법

식용유는 미생물에 의한 부패되는 일은 없지만. 산화에 의해 품질이 저하되므로 적당한 조건의 보관이 필요하다.

보존을 할 때 산화를 막는 최선의 방법은 빛, 산소를 차단하고, 가능한 한 낮은 온도에서 유지하는 것이다.

식용유를 보관할 때는 다음과 같은 점을 고려하는 것이 좋다

① 온도가 높은 장소를 피하고, 서늘한 곳에 보관한다(싱크대 아래 등). 특히, 가스레인지 부근 등의 고온인 장소는 피한다.

단, 땅콩기름이나 올리브유와 같은 기름은 보관 온도를 너무 낮게 하면 유지의 결정이 석출되는 경우가 있어 주의해야 한다.

② 공기(산소)와의 접촉을 막기 위해 확실히 밀봉한다.

③ 직사광선 등의 광선을 피하기 위해 암소에 보관한다(싱크대 아래 등).

④ 튀김에 사용한 후에는 신속히 튀김찌꺼기를 제거한다.

이외에 산화에 강한 참기름을 소량 첨가하면 참기름 성분의 세사몰이나 세사민올이 천연항산화제 역할을 하여 기름을 오래 보관할 수 있다.

1. 식용유의 보관 및 상미기간

1) 개봉 전의 보관 및 상미기간

포장된 식용유의 경우는 용기의 재질이 품질에 큰 영향을 미친다. 특히 품질의 저하요인인 열, 공기(산소), 광선 중에서 빛의 영향이 가장 크기 때문에 투명한 용기에 보관하는 경우에는 암소에 보관하는 것이 바람직하다.

식용유의 상미기간을 각 회사가 자사의 품질을 평가, 검토한 후 상미기간을 결정하여 각 상품에 상미기간이 표시되고 있다.

또 참기름은 산화, 풍미안정성이 좋기 때문에 이들보다 반년정도 길게 설정하고 있다.

개봉 전 식용유의 상미기간 : 미개봉 식용유의 상미기간은 용기의 재질에 따라 다르지만, 보통 캔, 종이용기, 갈색 병의 경우, 제조 후 2년, 투명 유리병의 경우는 1.5년, 플라스틱용기는 1년이다. 그러나 이것은 실온 암소에 보관했을 때를 가정한 것이다.

[표 5-6] 포장용기에 따른 미개봉 식용유의 상미기간(실온, 암소보관)

포 장 용 기	상미 기간
캔, 착색유리병, 종이용기	제조 후 약 2년
무색 유리병	제조 후 1년 반
플라스틱용기	제조 후 약 1년

2) 개봉 후 식용유

기름에는 한번 개봉하면 사용하지 않아도 공기 중의 산소에 의해 산화되기 시작한다. 따라서 개봉 후에는 식용유와 공기(산소)가 직접 접촉하지 않도록 잘 밀봉해야 한다. 뚜껑이 없는 경우에는 랩 등으로 잘 밀봉하여 벌레나 이물질, 물 등이 혼입되지 않도록 하고 암소에 보관한다.

개봉 후 식용유의 상미기간 : 개봉 후에는 가능한 빨리 사용하는 것이 좋으며, 적어도 1~2개월 이내에 다 사용하는 것이 좋다.

3) 튀김에 사용한 식용유

기름을 튀김 등에 사용한 후 그대로 두는 것은 기름의 품질저하를 빠르기 때문에 최대한 빨리 사용한다.

(1) 튀김유의 몇 회 정도 사용할 수 있는가? : 튀김유의 사용횟수는 기름의 종류, 튀김재료의 종류, 온도, 사용 후 보관상태, 시간경과 등에 따라 크게 달라지기 때문에 일괄적으로 말할 수는 없다.

과거에 동경 소비자센터에서 행한 시험결과에 의하면, 적절 온도에서 튀김할 때 매회 1/3 정도 기름을 보충하면 10회까지는 조금씩 산화가 진행되고 그 후에는 큰 변화가 없기 때문에 30회 사용해도 큰 문제가 없다고 한다. 반면에, 튀김유는 2~3회 사용하면 독성물질이 생성되므로 폐기처분해야 한다고 견해도 있다.

단, 가정에서 사용하는 튀김유는 업무용과는 달리 1일에 20~30분정도 가열하기 때문에 열산화는 비교적 적다고 생각된다. 따라서 4인 가족의 경우, 동일기름을 1개월 내에 3~4회 정도 사용하는 것이 좋을 듯하다.

(2) 튀김찌꺼기 : 튀김찌꺼기를 기름에 방치하면 유지의 착색을 촉진하거나 튀김물에 부착하는 등의 문제가 발생할 수 있다.

따라서 튀김에 사용한 후의 기름은 뜨거운 상태에서 여과기(gauze 또는 종이도 좋다)로 여과하거나 침전 시켜 튀김찌꺼기를 제거하는 것이 좋다. 튀김찌꺼기를 제거한 기름은 보존용기에 넣어 벌레나 이물질이 혼입되지 않도록 밀봉하여 서늘한 암소에 보관한다.

(3) 튀김유의 관리 규정

① 튀김에 사용하는 유지는 신선도가 항상 유지되도록 자주 교체하여 산가 및 과산화물가의 관리를 철저히 하여야 한다.

② 튀김 중에는 유지의 가열산화를 최소화할 수 있도록 튀김온도를 190℃ 이하로 유지하고 가능한 한 자동온도조절장치가 부착된 튀김 솥을 사용하도록 하여야 한다.

③ 튀김공정 중에는 찌꺼기를 자주 여과하거나 건져주어야 한다.

④ 튀김 솥은 철분 등에 의한 산패촉진이 방지될 수 있도록 스테인레스 또는 내부식성의 재질을 사용하여야 한다.

⑤ 튀김식품 용도로 사용되는 식용유지는 최초 투입된 식용유지량의 7%이상이 감소되었을 경우에는 그 양을 보충하여야 하며, 산가 2.5 이상, 과산화물가 50 이상일 경우 식용유지 전체를 교체한다.

4) 신유첨가율(turn over rate, TOR, 회전율)

기름을 튀김에 연속적으로 사용하는 경우, 기름이 튀김물에 흡착되어 점점 감소된다. 이에 응하여 감소된 기름량 만큼 새로운 기름을 보충하여 기름의 양을 일정하게 유지하면, 튀김물의 튀김상태를 일정하게 유지할 수 있으며 기름의 산화도 억제할 수 있다.

이와 같이 튀김기 내의 전체 유지량에 대한 시간당 새로운 기름의 첨가율을 백분율로 나타낸 것을 신유첨가율(TOR)이라고 한다.

신유첨가율이 낮으면 유지의 산패가 빠르고, 신유첨가율이 높으면 안정된 튀김작업을 할 수 있다

튀김 공장의 경우에는 신유첨가 횟수를 균일하게 유지하여, 튀김제품의 품질을 일정하게 관리할 필요가 있다. 일반적으로 신유첨가율은 1시간당 10% 정도로 하면 폐유가 거의 없다. 그림 6-3에 튀김유의 품질 저하에 대한 신유첨가 효과를 나타내었다.

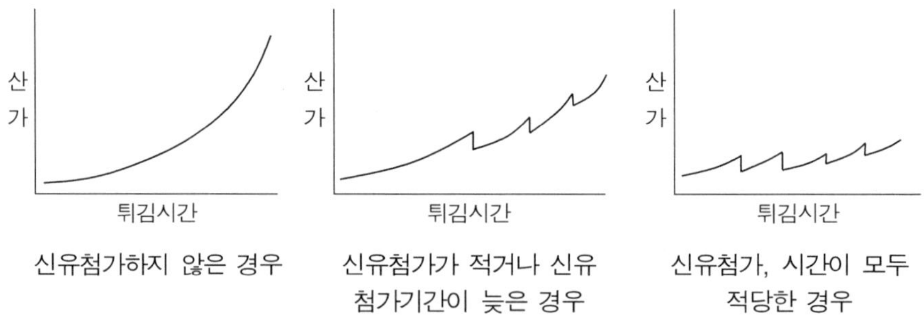

[그림 6-3] 신유첨가 유무에 따른 튀김유의 산가변화

5.5. 유지의 품질 측정법

1. 산가(acid value, AV)

정의(식품공전) : 산가라 함은 지질 1 g을 중화하는데 필요한 수산화칼륨의 mg 수를 말하며, 산가는 지방산이(글리세라이드로서 결합 형태로 있지 않은 유리지방산의 양을 나타낸다.

원리 : 산가는 지방산이 글리세라이드로서 결합하지 않은 유리지방산의 양을 측정하는 것이다.

$$\underset{\text{지방산}}{RCOOH} + KOH \longrightarrow \underset{\text{지방산염}}{RCOOK} + H_2O$$

[표 5-6] 일부 지방질 식품의 산가 규격

종 류	산 가	종 류	산가
일반정제 식용유	0.6 이하	압착올리브유	2.0 이하
참기름(압착)	4.0 이하	정제올리브유	0.6 이하
추출참깨유	0.6 이하	혼합올리브유	2.0 이하
들기름(압착)	5.0 이하	땅콩기름	2.0 이하
추출 들깨유	0.6 이하	쇼트닝[1]	0.8 이하
압착고추씨기름	3.0 이하	마가린[1]	1.0 이하
압착해바라기유	4.0 이하	저지방마가린[1]	1.0 이하
유지함유식품	2.5 이하	(지방스프레드)	
유탕, 처리식품	2.0 이하	향미유	3,0 이하
유밀과	3.0 이하	버터(가공버터 포함)	2.8 이하

[1] 단, 업소용으로 유화제를 사용한 경우는 제외

실험 방법 : 검체 5~10 g을 정밀히 달아 마개달린 삼각플라스크에 넣고 중성의 에탄올-에테르혼합액(1 : 2) 100 mL를 넣어 녹인다. 이를 페놀프탈레인시액을 지시약으로 하여 엷은 홍색이 30초간 지속할 때까지 0.1 N 에탄올성수산화칼륨용액으로 적정한다.

계산 :

$$산가 = \frac{5.611 \times (a-b) \times f}{S}$$

S : 검체의 채취량(g)
a : 0.1 N 에탄올성 수산화칼륨용액의 소비량(mL)
b : 공시험에서의 0.1 N 에탄올성 수산화칼륨용액의 소비량(mL)
f : 0.1 N 에탄올성 수산화칼륨용액의 역가

2. 과산화물가(peroxide value, POV)

정의(식품공전) : 과산화물가라 함은 규정의 방법에 따라 측정하였을 때 유지 1 kg) 의하여 요오드칼륨(KI)에서 유리되는 요오드(I_2)의 밀리당량수이다.

원리 : 일반적으로 유지는 산화초기에 과산화물을 형성한다. 그리고 유지의 초기단계에 있어서 산화정도를 나타내는 것으로서 과산화물가가 측정되고 있으나 그 방법에 관해서는 엄밀히는 아직 정법이 존재하지 않는다. 그 때문에 여러 방법이 고찰되고 있으나 그 중에서 가장 일반적이고 실시하기 쉬운 측정법이 요오드적정법이다. 이것은 과산화물이 KI와 반응하여 다음에 나타낸 것과 같이 요오드를 유리시키는 성질을 이용한 것이다.

$$ROOH + 2KI \longrightarrow ROH + I_2 + K_2O$$

(potassium oxide)

$$I_2 + 2Na_2S_2O_3 \longrightarrow Na_2S_4O_6 + 2NaI$$

(Sodium teterathionate) (Sodium iodide)

실험방법 : 검체 약 1~5 g을 달아 초산클로로포름(3 : 2) 25 mL에 필요하면 약간 가온하여 녹이고 쓸 때에 만든 포화요오드칼륨(KI)용액 1mL를 가볍게 흔들어 섞은 다음 어두운 곳에 10분간 방치하고 물 30 mL를 가하여 세게 흔들어 섞은 다음 전분시액 1 mL를 지시약으로 하여 0.01 N 티오황산나트륨액으로 적정한다. 따로 공시험을 하여 보정한다.

계산 :

$$과산화물가(meq/mg) = \frac{(a-b) \times f}{검체의\ 채취량(g)} \times 100$$

a : 0.01N 티오황산나트륨액의 적정수(mL)

b : 공시험에서의 0.01 N 티오황산나트륨액의 소비량(mL)

f : 0.01 N 티오황산나트륨액의 역가

유지함유식품 및 튀김식품의 과산화물가 규격 : 유지함유식품의 과산화물가는 50.0 이하, 가공유지의 과산화물가는 3.0 이하이다. 잘 정제된 신선한 식용유에서는 그 수치가 거의 0에 가깝지만, 캔에 밀봉한 상태로 반년~1년 방치하면 5 전후까지 증가하는 경우가 있다.

[표 5-7] 일부 유지함유식품의 과산화물가 규격

종 류	과산화물가	종 류	과산화물가
유지함유식품	50.0 이하	가공유지[1)]	3.0 이하
튀김식품	60.0 이하	팜올레인	5.0 이하
조미김(유처리)	60.0 이하	팜스테아린	3.0 이하

1) 가공유지 : 유지를 수소첨가, 분별, 에스터교환에 의해 식용에 적합하도록 정제한 것

6장. 식용유지와 조리 · 튀김

6.1. 조리, 튀김 중의 식용유지의 역할

유지는 음식의 맛을 향상시키는 경우가 많은 데 그 이유는 다음과 같다

1. 조미료로서의 유지

조미료로서 이용되는 유지에는 2가지가 있다.

(1) **자체의 풍미를 부여하는 유지** : 압착올리브유나 배전참기름, 버터, 마가린, 호유(蠔油) 등은 자체의 풍미를 부여하여 조미료로 이용되는 유지이다.

① **배전참기름** : 배전참기름은 정제를 하지 않아 강한 향미를 부여하기 때문에 조미료로 바람직하다.

② **호유(蠔油)** : 굴을 삶아 떠오르는 유지를 모은 것으로, 조리에 소량 가하여 풍미를 향상시킬 수 있다.

③ **버터** : 서양요리에서 풍미를 위해 버터를 이용하는 경우가 많은데, 이들 풍미는 버터의 원료인 우유 중에 함유되어 있는 여러 성분에 의해 형성된다.

(2) **향미채소 등을 혼합하여 풍미를 부여하는 유지**

① **라유** : 라유(辣油)는 참기름에 고추를 넣고 가열하여 참기름에 고추의 매운 맛을 용출시킨 것으로, 참기름의 향과 고추의 매운맛이 잘 조화되

어 중화요리에 필수적인 조미료로 이용되고 있다.

② 샐러드유 : 샐러드유는 정제과정을 거치기 때문에 거의 풍미가 없지만, 다른 조미료와 혼합하여 샐러드드레싱이나 마요네즈 등으로 만들면 풍미를 부여한다.

라유(辣油)

2. 가열에 의한 향미

유지를 고온에서 가열하면 특유의 향을 부여하며, 특히 튀김의 경우 바람직한 향미를 부여한다. 이는 튀김과정 중에 튀김재료의 아미노-카보닐반응에 의해 생성된 향미물질에 기인한다.

또한 튀김유의 리놀레산(C 18:2)이 가열산화되어 형성되는 카보닐화합물도 향미성분을 생성한다. 그러나 가열산화에서 생성된 카보닐화합물은 그 함량이 많아지면 바람직하지 않은 냄새로 변한다.

튀김과정 중의 기름은 물과 달리 200℃ 이상의 열을 전달할 수 있기 때문에 식품 중의 수분을 단숨에 증발시켜 최단시간에 조리를 가능하게 하고, 튀김옷 같은 다공질의 형성으로 좋은 식감의 식품을 만들 수 있다.

즉, 튀김 중에 형성되는 향미는 주로 ① 튀김옷의 탈수에 의한 입안에서의 바삭함, ② 튀김재료의 아미노-카보닐반응에 의해 생성된 향미물질, 그리고 ③ 튀김유 중의 리놀레산의 산화에 의해 생성된 카보닐화합물에 의해 기인된다.

3. 유지의 물리적인 맛

유지의 맛은 화학적인 맛이 아닌 유지의 피막형성에 의해 매끄러운 촉감에, 즉 물리적인 맛이다.

물리적인 맛은 유지입자의 크기, 입안에서 형성되는 피막의 두께, 유화성 등에 의해 좌우된다.

유지의 물리적 맛을 개선하는 데는 유지의 융점과 친수성 물질의 용존 정도가 중요한 요인이 된다.

물리적인 맛은 일반적으로 액상유지에서 나타나기 때문에 융점이 낮아 입안에서 녹는 유지가 좋다.

물리적인 맛의 예를 다음과 같다

① 소고기의 마블링(marbling) : 마블링은 고기근육사이에 미세한 지방이 대리석 무늬처럼 분산되어 있는 지방의 얇은 층을 말한다. 이와 같이 마블링된 쇠고기를 가열하면 미세한 지방이 용해하면서 고기전체에 분산되어 물리적인 맛을 나타낸다. 그러나 우지는 융점이 높아 차게 되면 응고되어 입안의 느낌이 나빠진다.

② 참치회 뱃살 : 참치 회의 뱃살과 같이 지방 부위가 많은 부위는 융점이 낮기 때문에, 차게 해도 물리적 맛을 부여한다.

③ 햄, 소시지의 지방함량 : 햄이나 소시지도 유지의 함량이 많을수록 맛이 좋아지는데 이것도 유지의 물리적 맛에 기인한다.

한편 물리적 맛은 화학적 맛을 부드럽게 한다. 예를 들어 유지를 기타 조미료에 가하면 짠맛, 매운맛, 신맛을 완화하여 부드럽게 한다.

4. 냄새성분의 마스킹(marsking)

생선이나 육류를 기름에 튀기면 생취(生臭)가 적어진다. 이는 고온에 의해 생취성분이 휘발되기 때문이기도 하지만, 대부분 기름피막에 의해 생취성분을 마스킹하기 때문이다.

또한 유지를 향이 강한 채소(양파, 피망 등)에 뿌려 강한 향을 마스킹하여 부드럽게 하는 경우도 있다. 마요네즈도 이 사용법이라고 할 수 있다.

5. 유화성, 쇼트닝성에 의한 풍미나 조직감의 증진

기름은 물과 섞이지 않지만 유화제를 가하면 미세한 지방구를 형성하여 유화된다. 유화된 기름은 입안의 촉감을 좋게 하고, 화학적인 맛을 부드럽게 한다.

예를 들어 유화상태의 우유와 크림은 입안에서의 촉감이 좋고, 부드러운 맛을 부여한다. 그러나 지방을 제거한 탈지유는 풍미가 저하된다.

쿠키를 씹으면 바삭하게 부서져 쾌감을 느낀다. 이와 같이 부서지기 쉬운 성질을 쇼트닝성이라고 하며, 이는 유지의 작용에 기인한다.

6. 크림성

휘핑에 의해 가소성 유지에 공기가 포립되는 성질을 크림성이라고 하며, 특히 쇼트닝은 크림성이 우수하다.

또한 버터크림은 크림성을 이용하여 만든 것으로 공기를 많이 포립한 크림은 부드럽고 입안의 촉감이 좋다. 크림성을 나타내는 유지로는 쇼트닝, 버터, 마가린 등의 고체지이다.

7. 조리조작 중의 유지의 작용

1) 부착방지 작용

① 파스타 삶을 때 : 파스타를 삶아 그대로 방치하면 면들이 부착되는 경우가 있다. 이러한 경우 소량의 기름을 가하여 삶거나, 삶은 후 소량의 기름을 뿌리면 면의 부착을 방지할 수 있다. 또 전체적으로 광택과 풍미를 줄 수 있다.

② 생선이나 고기구울 때 : 생선이나 고기를 구울 때 후라이팬이나 석쇠 등에 달라붙는 경우가 있다. 이는 50℃ 이상으로 가열하면 단백질변성에 의해 내부 활성기가 표면으로 노출되면서 금속과 결합하기 때문이다.

따라서 석쇠에 기름을 바르면 단백질과 금속의 결합을 억제하여 달라붙지 않게 된다.

③ 볶음밥 : 볶음밥의 경우, 유지가 밥과 가열용기와의 부착을 방지함과 동시에 밥 입자의 점착도 방지하기 때문에 보통의 밥과 달리 흩어진 상태가 된다.

④ 케이크 등의 빵 성형틀에 샐러드유나 버터를 바르는 것도 같은 역할이다.

2) 공기 차단작용

식품 중에는 공기와의 접촉에 의해 색의 변화를 일으키는 것이 있다.

예를 들어 녹색채소나 가지 등을 가열하면 산화효소에 의해 색이 나빠지기 쉽다. 그러나 기름을 이용하여 가열하면 선명한 색을 유지할 수 있다. 이것은 열에 의한 산화효소의 실활과 기름피막형성에 의한 산소차단으로 효소작용이 억제되기 때문이다.

3) 윤기 부여

유지를 이용한 조리는 윤기를 좋게 한다. 이는 반사율이 큰 기름이 식품표면을 덮기 때문이다. 예를 들어 제과, 제빵분야에서는 표면에 기름을 도포하여 윤기를 내는 방법이 이용되고 있다.

4) 건조 방지

유지는 식품표면에 피막을 형성하여 수분의 건조를 방지한다. 튀김이 변질되기 어려운 이유도 이 때문이다.

또 버터케이크 등은 오래 보존할 수 있고, 항상 촉촉함을 잃지 않는 것도 이 때문이다.

이외에 전분을 이용하여 만든 스프는 차가워지면 표면에 전분피막을 형성하여 외관과 맛을 나쁘게 한다. 그러나 물보다 비중이 작은 유지를 이용하면 유지가 표면을 덮어 피막을 형성하지 않는다.

5) 보존성 향상

포테이토칩과 튀김 등과 같이 기름으로 튀겨 수분이 적게 한 것은 곰팡이가 생기기 어렵고 장기간 보존할 수 있게 된다. 또 풍미의 변화도 적다.

6.2. 튀김과 유지

1. 튀김유의 조건

튀김유의 조건으로는 ① 색이 연하고 투명하며, 광택이 있는 것, ② 냄새가 없고 기름 특유의 완만한 맛을 가질 것, ③ 가열시 냄새가 나지 않고, 거품형성이나 연기가 나지 않을 것 ④ 열안정성이 높을 것 등이다.

보통 튀김유는 색이 연하고, 냄새가 없지만, 참기름과 같이 색이 진하고, 향이 진한 것을 선호하는 경우도 있다. 정제유의 경우에도 원료에 따라 특유의 향미를 갖는 것도 있다.

2. 튀김유의 선택

일반적으로 튀김에 이용되는 기름은 대두유, 채종유(카놀라유)이지만, 정제 참기름, 미강유 등도 이용된다. 또한 돈지, 우지 등의 동물성유지가 이용되는 경우도 있다. 일반적으로, 식물성유지는 동물성 유지에 비해 풍미가 좋다. 반면 동물성유지는 바삭한 조직감을 나타낸다.

또한 1종류의 기름보다는 2~3종류(카놀라유, 대두유, 팜유 등)를 혼합하여 튀김유로 이용하는 경우도 있다.

업무용 튀김유로 팜유에서 분리, 정제한 팜올레인도 시판되고 있다. 이들 기름에는 향미를 위하여 면실유나 대두유 등을 소량 첨가하기도 한다.

1) 튀김유의 지방산 조성

튀김유의 지방산 조성은 튀김유의 풍미, 열안정성 등에 영향을 준다.

(1) 올레산(C 18:1)함량이 높은 기름 : 열안정성이 좋고, 튀김을 바삭하게 하는 성질을 갖는다. 대표적인 기름으로는 올리브유, 카놀라유, 땅콩기름 등의 식물성기름과 돈지와 우지 등의 동물성기름이 있다.

근래에는 생물공학 기술로 개발된 올레산 함량이 높은 고올레산 홍화유나 고올레산 해바라기유가 있으며, 이들은 올리브유와 같은 정도의 올레산을 함유하고 있다.

돈지와 우지는 팔미트산(C 16:0)과 스테아르산(C 18:0)도 많이 함유되어 있어 30~40℃ 이하에서는 굳어버린다. 뜨거울 때 먹는 경우는 지장이 없다.

(2) 리놀레산(C 18:2)함량이 높은 기름 : 튀김이 끈끈하고 바삭하게 튀겨지지 않지만, 특유의 풍미를 갖는다. 예를 들면, 대두유로 튀김을 할 경우, 튀김 특유의 향은 기름 중에 함유된 리놀레산(C 18:2)의 산화에 의해 생성되는 것으로 알려져 있다.

대표적인 기름으로는 대두유, 면실유, 옥수수유, 홍화유, 해바라기유 등이 있다.

(3) 올레산과 리놀레산 함량비율이 반 정도의 기름 : 비교적 튀김을 바삭하게 하지만, 올레산 비율이 높은 기름보다는 바삭하게 튀기기 어렵다. 그러

나 리놀레산이 특유의 풍미를 부여한다,

대표적인 기름으로는 미강유, 정제참기름 등이 있다.

(4) **리놀렌산(C 18:3)함량이 높은 기름** : 리놀렌산은 리놀레산과 같이 특유의 풍미를 부여하지만, 산패취를 일으키기 쉽다. 따라서 튀김유에는 리놀렌산함량이 적은 기름이 좋다.

대표적인 기름으로는 들기름, 대두유가 있다. 리놀렌산의 함량은 대두유 7~10%, 들기름 60% 정도이다.

튀김유로 부적당한 기름

유화제를 첨가한 기름은 발연점이 낮기 때문에 튀김유로 사용하지 않는 것이 좋다. 예를 들어 유화제를 첨가한 쇼트닝, 물과 유화제가 함유되어 있는 버터나 마가린 등은 튀김용도로 부적당하다. 또한 레시틴을 첨가한 볶음용 유지는 튀김 중에 거품을 발생시킬 수 있다.

3. 튀김 방법

튀김은 튀김재료나 튀김옷 중의 수분이 고온에 의해 다량 발산되고, 그 대신에 기름이 흡수된다. 즉, 수분과 물의 교체가 일어난다. 흡수된 기름은 튀김물의 풍미를 좌우한다.

튀김방법은 튀김옷의 유무 또는 재료에 따라 크게 3가지로 나누어진다.

1) 튀김옷을 입히지 않고 튀기는 방법

조직이 단단한 채소나 비린내나는 생선 등을 튀길 때 사용한다. 감자, 당근, 우엉, 고등어 등이 이용된다. 주로 160~165℃ 정도의 비교적 낮은 온도에서 천천히 튀긴다.

2) 튀김가루를 입혀 튀기는 방법

튀김재료 표면에 밀가루나 전분을 입혀 튀기는 방법으로, 단단한 육질의 생선(가자미 등)이나 닭고기 등을 튀길 때 사용한다.

이 방법은 튀김재료 고유의 맛을 유지하면서 바삭한 식감을 낼 수 있다. 튀김온도는 160~170℃에서 천천히 튀겨 내부까지 열이 전달되도록 한다. 가루를 입힌 후 여분의 가루를 떨어내고 잠시 재웠다가 튀기면 튀김유 중에

가루가 떨어지지 않아 산패를 억제할 수 있다.

3) 튀김옷을 입혀 튀기는 방법

튀김재료에 밀가루, 달걀 등의 튀김옷을 입혀 튀기는 방법이다.

육류의 경우, 튀김옷을 입히지 않고 튀기면 열전달이 빨라 육질이 너무 단단해지고, 또 육즙이 흘러나오게 된다. 튀김옷은 육즙의 유출을 막고, 열을 서서히 전달시키는 역할을 한다,

그러나 튀김옷을 입히면 튀김옷으로의 기름흡수가 크게 증가한다.

예를 들어 튀김옷을 입히지 않은 닭튀김의 경우 지방함량이 13.8%이지만, 튀김옷을 한 경우는 21.7%로 크게 증가한다.

4. 튀김옷에 사용되는 재료

1) 밀가루(박력분)

튀김용 밀가루는 글루텐함량이 적은 박력분이 좋다. 그 이유는 밀가루에는 글루테닌과 글리시아닌이라는 단백질이 함유되어 있고, 물을 혼합하면 글루테닌과 글리시아닌이 얽혀 망목구조의 글루텐을 형성한다. 이 글루텐은 수분증발을 억제하기 때문에 기름에 튀겨도 수분이 잘 증발되지 않아 튀김이 바삭하지 않고, 튀김옷도 두껍고 질겨지기 때문이다.

중력분을 사용하는 경우에는 밀가루 분량의 반 정도를 전분으로 대체하면 박력분과 비슷하게 조절할 수 있다.

현재 감자, 고구마, 옥수수 전분이 시판되고 있다. 감자전분은 튀김옷을 잘 부풀게 하고, 바삭하게 하며, 고구마전분은 고소하지만 튀김옷이 질기다.

한편 옥수수전분은 옥수수향이 있으나 적게 부푼다. 따라서 튀김옷을 만들 때에는 밀가루에 감자전분을 혼합하는 것이 좋다.

(1) **바삭하게 튀기는 방법** : 튀김옷이 바삭할수록 맛있게 느껴진다. 하지만 가정에서 튀김을 하면 그다지 바삭하지 않다, 뭐가 문제일까?

튀김이 바삭하지 않는 원인 중 하나는 밀가루를 반죽하는 방법에 있다.

반죽하는 물의 온도는 15℃가 적당하다. 이 온도에서는 글루텐 형성이 적기 때문에 튀김을 바삭하게 할 수 있다.

보통 물의 온도가 20℃ 정도이므로 얼음물을 이용하여 수온을 낮춘다. 그

러나 너무 물의 온도가 낮으면 튀김 중의 수분 증발시간이 길어져 바삭해지지 않는다.

튀김전용 밀가루

시판 튀김용 밀가루에는 탄산수소나트륨(중조, $NaHCO_3$)을 첨가하는 경우가 있다. 그 이유는 탄산수소나트륨이 탄산가스를 발생시키는 동시에, 수분을 증발시켜 튀김을 바삭하게 하기 때문이다. 보통 밀가루에 탄산수소나트륨을 0.2% 첨가하면 튀김을 바삭하게 할 수 있다. 그러나 탄산수소나트륨은 유지의 가수분해와 영양소(비타민 B_1)의 파괴를 촉진한다. 또한, 유지의 가수분해로 생성된 유리 지방산들은 발연점을 저하시키므로 주의해야 한다.

2) 달걀

달걀은 튀김옷을 만드는데 필수적인 재료이다. 튀김옷 반주에 비해 달걀의 양이 많으면 반죽의 점도가 높아지고, 튀긴 후 튀김옷이 두꺼워져 좋은 튀김이 되지 않는다.

달걀과 물의 비율 : 달걀과 물은 1:3의 비율로 혼합하여 밀가루에 반죽하면 적당한 반죽을 얻을 수 있다.

달걀이 들어간 반죽은 밀가루만으로 반죽할 때보다 탈수율이 좋고, 팽화율도 10~30% 정도 증가된다.

또한 달걀의 응고 및 기포 때문에 씹을 때 바삭한 촉감을 준다.

또한 달걀은 튀김옷과 재료가 떨어지지 않게 밀착시키고 맛과 영양을 높여준다. 달걀을 풀 때 너무 세게 저으면 달걀 단백질의 변성으로 접착력을 저하된다.

3) 빵가루

빵가루는 고기에 열이 직접 전달되는 것을 막아주는 역할을 한다. 빵가루에 함유되어 있는 공기가 열의 전도를 막기 때문이다.

빵가루는 튀김옷 표면에 부착되어 있어, 튀길 때 수분과 기름이 가장 교체되기 쉬운 상태에 있다. 빵가루의 수분이 증발하고, 대신 그 자리에 기름이 들어가면 바삭한 상태가 된다.

(1) 우유, 당류, 쇼트닝 등을 함유한 빵가루 : 튀김용 빵가루가 아닌 빵에는 소맥분 외에 우유, 당류, 쇼트닝 등이 함유되어 기름과 함께 가열되면 각종의 문제를 일으킨다. 우선 우유는 유당과 단백질을 함유하여 기름에 의한 가열로 마이얄반응이 과도하게 일어나 튀김이 타기가 쉽다.

당류는 수분 유지력이 높아, 튀김옷 안의 수분과 기름의 교체를 방해한다. 빵가루는 부재료가 적게 함유된 빵가루가 바싹 튀겨진다.

(2) 생빵가루와 건조 빵가루 : 생빵가루가 건조 빵가루보다 좋다. 생빵가루의 다공질은 수분과 기름의 교체를 용이하게 하여 바삭한 튀김을 만든다. 그러나 빵가루가 건조되면 수축에 의해 다공질구조가 감소하여 수분과 기름의 교체가 잘 이루어지지 않게 된다.

(3) 빵가루의 입자 크기 : 빵가루의 입자크기도 씹는 맛에 영향을 준다. 너무 입자가 작아도 톡톡하는 감을 주고, 너무 거칠면 튀김옷에서 빵가루가 벗겨져 떨어지거나, 먹을 때 입에 물기가 없어 너무 바삭한 감촉으로 맛이 떨어진다. 그리고 입자가 고르지 않아도 식감에 좋은 영향을 주지 못함으로 입도(粒度)는 어느 정도 균일성 있게 하는 것이 중요하다.

5. 튀김의 비법

1) 튀김재료에 따른 튀김 온도

튀김을 잘하려면 무엇보다도 적당한 온도를 아는 것이다. 온도 조절이 잘못되면 표면은 파삭파삭하고, 속은 익지 않는다.

(1) 튀김온도는 튀김재료의 종류와 튀김목적에 따라 다르다.

생선과 조개류, 야채 등은 고온단시간, 감자, 고구마, 연근 등과 같이, 전분의 호화나 조직의 연화를 목적으로 하는 경우는 약간 온도를 낮게 하고 튀김온도를 길게 한다. 두꺼운 육류(돈가츠 등)는 내부까지 불이 통과하는데 시간이 걸리기 때문에 튀김온도를 약간 낮게 한다.

포테이토칩과 같이 탈수를 목적으로 하는 경우도 저온에서 서서히 튀기고 2번 튀김을 한다.

도넛과 같이 팽화를 목적으로 하는 경우도 저온에서 서서히 튀긴다.

튀김온도가 높은 경우, 장시간 튀기면 타버리고, 튀김온도가 낮은 경우는 튀김시간이 짧으면 중심까지 불이 통과하지 않는다.

[표 6-1] 일부 튀김재료에 대한 적정 튀김온도와 시간

튀김재료의 종류	튀김온도(℃)	튀김 시간(분)
어패류, 야채	180~190	1~2
고구마, 감자, 연근(두께 0.7~0.8 cm)	160~180	3
굴 튀 김	180~190	1.5~2.5
튀김옷을 입힌 튀김	180	2~3
어 묵	180~190	1~2
도 넛	160	3
돈 가 스	160	2.5
닭 튀 김	160~180	5~8
포테이토칩	140~160	3~4

(2) 튀김물은 먹을 수 있는 상태와 튀김색이 일치하지 않는다.

튀김온도를 140℃, 240℃로 돈가츠를 튀긴 경우, 240℃에서는 튀김시간 30초에서 적당한 튀김색이 되더라도 먹을 수 있는 상태까지 튀기는 데는 1분30초이다. 140℃에서는 4분에서 튀기면 먹을 수 있지만, 적당한 색은 되지 않는다.

크로켓(고로케) 등은 주재료인 감자의 전분과 열을 전달하는 수분이 결합되어 있기 때문에 열전달이 나쁘고, 내부온도의 상승이 지연된다.

따라서 크로켓을 튀길 때에는 감자이외의 다진 고기와 양파 등도 미리 가열해 두고, 200℃ 정도의 고온에서 단시간 튀겨 우선 외측의 튀김옷을 단단하게 하여, 내부 감자의 유출을 피하는 것이 좋다.

1) 튀김온도를 간단히 알 수 있는 방법

(1) 튀김옷으로 튀김온도 아는 방법 : 튀김의 적정온도는 튀김재료, 튀김방법에 따라 다르지만, 일반적으로 160~180℃ 정도이다.

튀김유의 온도는 온도계로 측정하는 것이 정확하지만, 온도계가 없는 경우는 가열된 기름에 소량의 튀김옷을 넣어, 떠오르는 상태를 보고, 온도를 판단할 수 있다.

가열된 기름에 튀김옷을 넣었을 때, 튀김 솥의 중간까지 가라앉다가 곧 떠올라올 때의 온도가 180℃ 정도로, 튀김에 적당하다.

[표 6-2] 튀김옷으로 식용유 온도를 판단하는 방법

튀김온도	비 고
140°C	튀김옷이 가라 앉아 좀처럼 떠오르지 않는다.
150~160°C	바닥에 가라앉은 후, 떠오른다.
180°C	중간에서 떠오른다.
190~200°C	바로 떠오른다.
240~250°C	튀김유에서 연기가 난다.
340°C	튀김유에서 불이 난다.

(2) 물에 적신 젓가락 끝을 튀김유에 넣어 젓가락 끝의 거품상태로 판단하는 방법

㉠ 미세한 거품이 조용히 나온다. → 150℃ 이하

㉡ 거품이 강하게 나온다. → 170~180℃

㉢ 거품이 강하게 나오고 소리가 난다. → 190℃ 이상

(3) 소금을 튀김유에 넣어 판단하는 방법 : 소금을 넣었을 때 '찌르르'하는 소리가 나면, 기름의 온도가 170℃ 전후이며, 소리가 나지 않으면 적정온도에 도달하지 않은 것을 의미한다.

3) 튀김 및 볶음의 비법

튀김을 할 때는 ① 한번에 많은 튀김물을 넣지 말고(기름표면의 1/2~1/3 정도), ② 기름온도를 일정하게 유지할 것, ③ 튀김찌꺼기를 걷어낼 것 등이 맛있는 튀김을 만드는데 중요하다.

또한, 채소, 어패류를 튀기는 경우는 ① 채소류를 먼저, 어패류를 나중에 튀기고, ② 튀김옷을 입히는 것을 먼저, 가루를 입혀 튀기는 것을 나중에 튀기는 것이 좋다.

- 여러 재료의 튀김을 할 때는 우선 ① 옷을 입히지 않은 채소, ② 튀김옷을 입힌 튀김, ③ 밀가루 입힌 튀김, ④ 간장 등으로 조미한 튀김의 순으로 튀긴다.

(1) 돈가츠를 부드럽게 튀기는 방법 : 일반가정에서는 돈가츠를 튀길 때 튀김온도를 180℃로 하여 튀긴다. 확실히 튀김옷은 바삭하고 내부도 익은 상태이지만, 전문점에서의 돈가츠보다는 덜 부드럽다.

전문점에서는 먼저 150~160℃에서 4~5분 튀긴다. 내부까지 열이 전달되

지만, 튀김옷은 그다지 바삭하지 않다. 다음으로 180~185℃의 튀김유에 넣어 갈색이 될 때까지 튀긴다.

이와 같이 전문점에서는 온도가 다른 2개의 튀김유를 사용하여 2번 튀기기 때문에 바삭하면서 부드러운 돈가츠를 만들 수 있다.

그러나 가정에서는 이러한 조작을 할 수 없기 때문에, 우선 약한 불에서 튀긴 후 다시 온도를 올려 갈색이 되도록 튀기면 바삭하면서 부드러운 돈가츠를 만들 수 있다.

(2) **굴튀김을 잘하는 방법** : 굴과 같이 수분함량이 많은 것을 고온에서 빠르게 튀기는 것이 포인트이다. 튀김 시간이 길어지면 굴의 수분이 흘러나와 튀김옷이 벗겨져 버린다.

따라서 굴튀김과 같이 내부가 약간 생의 상태가 바람직한 경우에는 200℃의 고온에서 단시간 튀기는 것이 비결이다. 온도차를 크게 하여 튀김옷 외측에 막을 만들어 내부의 수분을 빠져나가지 않도록 한다. 지나치게 튀기면 푸석푸석한 굴튀김이 되기 때문에 주의한다.

(3) **볶음의 방법**

① **불의 강약 조절** : 볶음은 강한 불에서 재빨리 볶는 것이 중요하다. 강한 불에서 볶는 이유는 재료에 함유되어 있는 수분이 나오지 않기 때문이다. 수분이 나오면 재료를 찐 것과 같은 상태로 되어 아삭한 씹힘성이 없어진다.

또 육류는 육즙의 누출을 방지하여 감칠맛을 부여한다. 약한 불에서는 육즙이 나와 버린다.

② **볶음재료의 볶는 순서** : 육류와 익기 어려운 단단한 채소(당근, 감자 등)를 먼저 볶고, 잎채소는 나중에 넣고 재빨리 볶는다. 잎채소를 먼저 볶으면 수분이 나와 아삭한 씹힘성이 없어진다.

6. 튀김 중의 물리, 화학적 변화

튀김에 사용한 기름은 몇회 반복하여 사용하면, 품질이 저하되어 색, 거품, 냄새 등이 변한다. 이러한 상태가 되면 새로운 기름으로 교환해야한다.

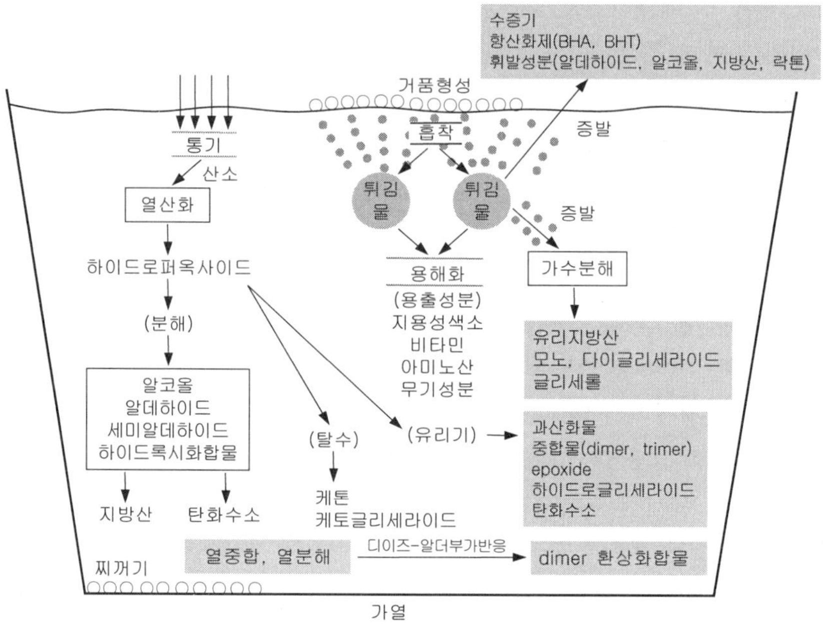

[그림 6-2] 튀김유의 변질

① 색 : 튀김망의 색이 보이지 않을 정도로 짙은 색이 된다. 이 경우 튀김의 내부까지 익지 않고 튀김의 표면만 탄다.

② 거품 : 미세하고 잘 꺼지지 않는 거품이 많아져 튀김물이 잘 보이지 않게 된다.

③ 연기 : 가수분해에 의한 유리지방산 함량의 증가로 발연점이 저하된다. 이로 인해 튀김을 하지 않고 기름을 가열해도 연기가 난다.

④ 점도 : 기름에 끈적거림이 생겨 걸쭉한 상태로 된다.

⑤ 냄새 : 튀김물의 풍미가 나빠진다.

1) 유지의 발연점, 인화점, 연소점, 발화점

유지는 물과는 달리, 비등하지 않고, 계속 가열하면 온도가 상승하여, 연기가 발생하거나 불이 붙는다.

(1) 발연점(smoke point) : 기름을 가열할 때 기름 표면에 푸른 연기가 발생할 때의 온도를 발연점이라고 한다. 예를 들어, 후라이팬에 기름을 붓고 깜

빡하고 그대로 가열하면 연기가 발생하는데, 이 때 온도를 발연점이라고 하며, 식용유지의 열분해에 의해 생성된 휘발성물질(주로 유리지방산)에 의한 것이다.

일반적으로 발연점이 낮으면, 인화점, 연소점도 낮다.

[표 6-3] 식용유의 온도와 발연점, 인화점, 연소점 및 발화점

	온 도(℃)	기름의 상태
발연점	230~240	기름표면에 푸른 연기가 발생하기 시작하는 온도
인화점	300~315	연기가 공기와 접촉하여 순간적으로 발화하는 온도
연소점	350~365	지속적(5초간)으로 연소하는 온도, 화기가 없으면 발화되지 않는다.
발화점	390~405	화기가 없어도 자연적으로 발화하는 온도

(2) **인화점**(flash point) : 기름을 강하게 가열하여 생긴 연기가 공기와 접촉하여 순간적으로 발화하는 온도를 인화점이라고 한다. 예를 들어, 중화요리점 등에서 볶음을 할 때 냄비에 불이 붙는 광경 등을 흔히 볼 수 있는데, 이 경우는 인화점이 낮은 돼지기름을 사용하기 때문이다.

유지는 인화점 이상(300℃ 이상)이 되면 지속적으로 연소한다.

[표 6-4] 각종 식용유지의 발연점 및 인화점

식용유지	발연점(℃)	인화점(℃)
채종유(카놀라유)	244~248	315~324
대 두 유	236~249	314~328
옥수수유	223~237	315~319
홍화유(고리놀레산)	246~253	318~323
해바라기유(고리놀레산)	234~238	320~321
면 실 유	232~241	313~316
현 미 유	210~244	312~316
땅콩기름	229~256	317~325
팜 유	226~237	311~313
팜올레인	227~242	312~313
참 기 름	147~224	289~316
올리브유	177~208	304~312
버 터	208	-
돈 지	190	-
야자유(코코넛유)	181~183	277~279

2) 아크롤레인(acrolein) 생성

연기가 나는 튀김 작업장에서 장시간 작업하면 머리가 아픈 경우가 있다. 이것은 유지를 가열하면 글리세롤과 지방산으로 분해되고, 글리세롤은 다시 아크롤레인이라는 물질을 생성하기 때문이다(그림 6-3).

아크롤레인은 강한 독성과 자극취를 갖으며, 식욕을 감퇴시키는 원인이 된다.

연속 튀김기를 사용하는 공장에서는 아크롤레인 함량을 측정하여 종사자들의 건강상태를 측정하는 곳도 있다.

따라서 가정에서 튀김하는 경우에는 온도조절에 유의하여 발연점을 방지하거나 발연점이 높은 기름을 사용하고, 반드시 환풍기를 이용하여 배기해야 한다.

또한 아크롤레인은 발암성의 아크릴아마이드(acrylamide)를 생성하는 유해성분이기도 하다.

미국 FDA(미국식품의약청, 2002년)은 튀김식품 중의 아크릴아마이드함량의 실태조사를 지시하고, 현재도 계속 조사 중이다.

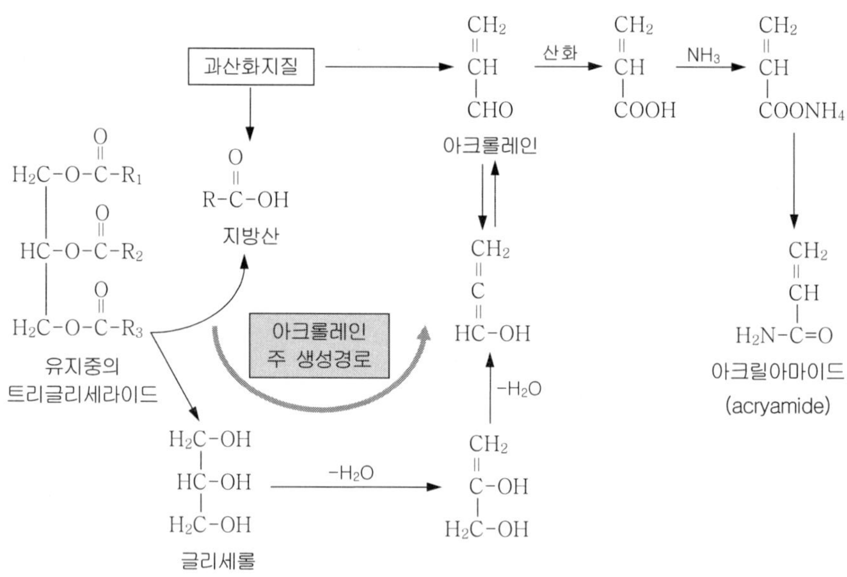

[그림 6-3] 가열유지 중의 아크롤레인의 생성

7장. 식용유지와 영양

7.1. 생체의 지질

1. 생체지질의 분류

생체지질은 순환지질, 구조지질 및 저장지질의 3가지로 크게 분류할 수 있다(그림 7-1).

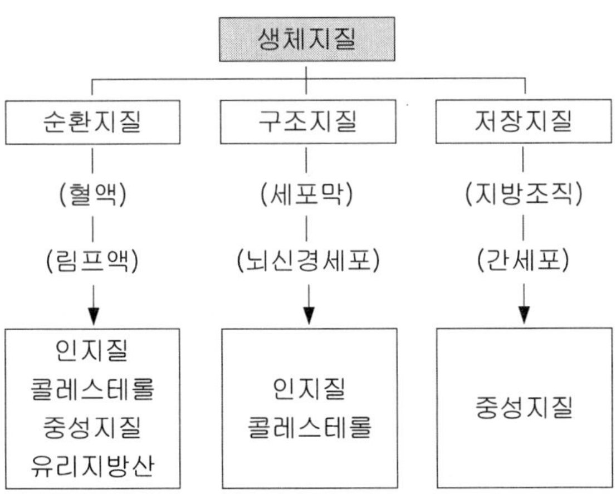

[그림 7-1] 생체지질

1) 순환지질

혈액, 림프액 등의 체액에 존재하는 지질을 말하며, 소화, 흡수된 지질을 간장과 지방조직(피하조직)등으로 보내거나 이를 회수하여 체내를 순환하는 지질이다.

순환지질의 구성성분은 인지질, 콜레스테롤, 중성지질이지만, 그 양은 연령, 성별, 식사내용, 건강상태 등에 따라 변하고, 또 측정방법 등에 따라서도 수치가 변하기 때문에, 일년 정도의 정기진단을 보고 안심하거나 걱정하는 것은 그다지 의미가 없다.

2) 구조지질

구조지질은 세포막과 뇌신경세포를 구성하는 성분으로, 주로 인지질과 콜레스테롤로 구성된다. 각종 영양소의 세포 출입은 막투과성에 의해 영향을 받기 때문에 매우 중요한 생체지질이다. 특히 인지질 중에서 스핑고마이엘린(sphingomyelin)은 뇌 신경세포를 구성 성분인 마이엘린(myelin)을 함유하고 있다. 이 성분을 신경세포부분에서 제거하면, 신경기능이 정상적으로 작용하지 않는다.

3) 저장지질

체지방의 대표적인 저장지질은 피하지방이다. 그러나 지방조직은 단순한 지방의 저장고가 아니고, 기능적으로는 순환지질을 총괄적으로 비축, 방출하여 단백질, 탄수화물의 에너지 대사와의 균형을 유지하는 중요한 부분이다. 따라서 필요이상으로 감소하면, 몸 상태에 악영향을 주기 때문에 주의해야 한다.

위하수(胃下垂) : 정상인보다 위가 밑으로 처지는 상태를 말한다. 젊고, 마른 여성에게 위하수가 많은데, 이는 스트레스와 다이어트를 위한 불규칙한 식사 등이 원인이다.

또한, 지방조직 중에서 복강(腹腔)내 지질은 각종 장기를 외부압력으로부터 보호하는 쿠션역할과 장기보호 역할을 한다. 아주 마른 사람에게 위하수(胃下垂)가 많은 것은 여러 장기를 지탱하는 복강내 지방조직이 부족한 것도 한 원인이 될 수 있다.

이와 같이 생체지질의 구성인자는 인지질, 콜레스테롤, 중성지질, 유리지방산의 4가지이며, 이들은 단독 또는 조합된 형태로 항상 신진대사를 행하기 때문에, 그 보급원이 되는 물질을 항상 섭취해야 한다.

2. 생체지질의 거동

혈액 등에 존재하는 순환지질은 지질상태 그대로 운반될 수 없다. 식초와 기름, 물, 후추로 만드는 분리형 드레싱은 잘 흔들면 일시적으로 분산되어 잘 섞인 것으로 보이지만, 방치하면 2층으로 분리된다. 이러한 일이 생체에서 일어나면 큰일이지만, 실제로 그럴 우려는 없다. 이는 혈액 중의 지질이 리포단백질의 형태로 존재하기 때문이다.

리포단백질(lipoprotein) : 리포단백질은 단백질, 인지질, 중성지질, 콜레스테롤로 구성되며, 이들 구성성분 비율에 따라 4종류로 분류된다. 즉, 밀도가 가벼운 순부터 카일로마이크론(chylomicron), VLDL, LDL, HDL로 분류된다(그림 7-2). 리포단백질의 밀도는 중성지질의 함량이 많을수록 적고, 단백질의 함량이 많을수록 밀도가 낮다.

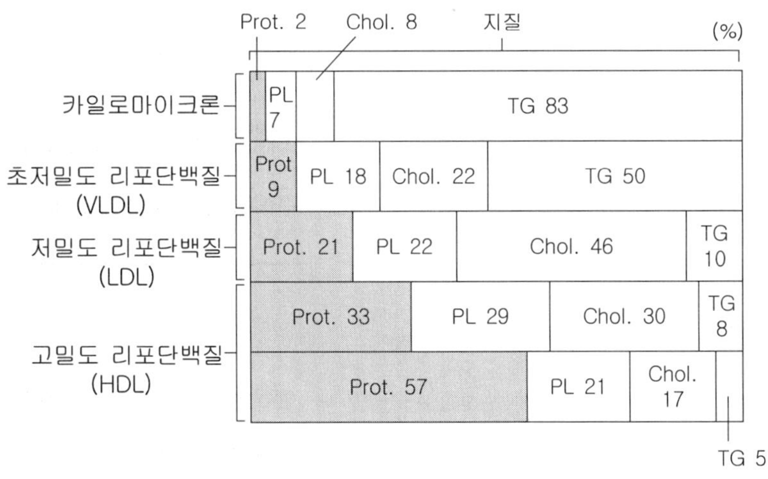

TG = 트리글리세라이드, PL = 인지질, Chol = 콜레스테롤, Prot.=단백질

[그림 7-2] 리포단백질의 분류와 조성(%)

이들 리포단백질(lipoprotein)은 지단백질, 단백지질(proteolipid)라고도 하며 체내의 지방이나 지방산을 조직이나 간으로 운반하는 역할을 한다.

리포단백질은 친유성의 중성지질과 콜레스테롤을 친수성의 아포리포단백질과 인지질로 덮어 구상(球狀)의 미세입자를 형성하여(그림 7-3), 물에 녹는 상태로 혈액, 림프액으로 자유롭게 이동, 운반되어 체내를 순환한다.

아포리포단백질(apolipoprotein) : 혈청단백질에서 지질부분을 제외한 단백질 부분으로 지질과 결합하여 지질을 운반하는 역할을 한다.

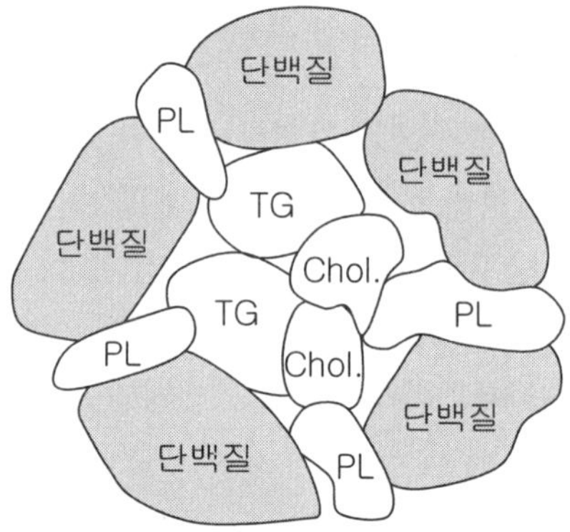

[그림 7-3] 리포단백질의 모형도

[표 7-1] 각종 리포단백질의 성질

	밀도(g/mL)	기 능	기 원
카일로마이크론	< 0.95	섭취된 지방을 운반	소 장
VLDL	0.95~1.006	간장에서 합성된 지방을 혈액 등으로 운반.	간 장
LDL	1.006~1.063	혈중 콜레스테롤의 주요 운반체. 각종 조직 세포막으로 흡수되어 막에 콜레스테롤이 부착한다.	VLDL의 대사산물
HDL	1.063~1.21	각종 조직세포막의 콜레스테롤을 간장으로 운반하고, 체외로 배출	간장과 소장

1) 카일로마이크론(chylomicron)

소화관에서 흡수된 중성지방을 림프관을 통해 혈액으로 운반하는 역할을 한다. 혈액 중에서 가장 대형의 리포단백질이며, 혈액으로 운반된 카일로마이크론은 LPL(lipoprotein lipase, 리포단백질 라이페이스)에 의해 혈중에서 유리지방산으로 분해된다.

2) VLDL(very low density lipoprotein)

간장에서 합성된 최초의 리포단백질이다. 혈액으로 방출되면 LPL (lipoprotein lipase)에 의해 중성지방이 분해되어 LDL(low density lipoprotein)로 대사된다.

3) LDL(low density lipoprotein)

VLDL에서 중성지방이 분해 제거된 후 남은 리포단백질로, 콜레스테롤 함량이 높다. 각 조직(혈관 등)에 콜레스테롤을 운반하는 작용을 한다. 따라서 LDL 콜레스테롤의 함량이 높으면 관상동맥 벽에 축적될 확률이 높다. 동맥경화 원인의 지표가 된다.

4) HDL(high density lipoprotein)

지질함량이 가장 적고, 가장 작은 리포단백질이다. 조직 내(혈관 등)에서 이용하고 남은 과잉의 콜레스테롤을 간으로 운반하여 체외로 배출, 제거하는 작용을 한다.

즉, 동맥벽의 여분의 콜레스테롤을 간으로 운반, 제거하여, 동맥경화에 대한 방어효과를 갖는다.

따라서 혈청 총콜레스테롤 농도보다 총콜레스테롤 농도에 대한 HDL 콜레스테롤의 농도비, HDL 콜레스테롤 농도에 대한 LDL 콜레스테롤의 농도비가 동맥경화를 예견할 수 있는 좋은 지표이다.

7.2. 유지의 소화, 흡수

1. 유지의 소화

지방질 식품을 먹으면 왜 포만감이 오래 가는가? 유지는 어떻게 소화, 흡수되는가?

지방의 소화는 당질이나 단백질보다 소화속도가 느리다. 그 이유는 당질은 타액 중의 소화효소(α-amylase)에 의해 분해되기 시작하고, 단백질은 위액 중의 소화효소(pepsin 등)에 의해 분해되기 시작한다. 그러나 지방은 소장상부인 십이지장에 도달하여 라이페이스(lipase, 췌장에서 분비)에 의해 본격적으로 분해되기 때문이다.

췌장의 라이페이스 : 라이페이스의 최적 pH는 중성부근으로, 산성인 위액(pH 2.0)에서는 활성이 낮아 지질의 분해는 위에서 충분히 이루어 지지 않는다. 그러나 췌장은 약알칼리성(pH 8.0)이기 때문에 췌장 라이페이스는 최대 활성을 갖는다.

한편, 췌장에서는 라이페이스이외에 여러 소화효소(트립신 등), 인슐린, 글루카곤(glucagon)을 분비하여 십이지장으로 배출한다.

인슐린은 글라이코젠(glycogen)의 합성을 촉진하고 혈당량을 저하시키는 작용을 하며, 반대로 글루카곤은 간의 글라이코젠의 분해를 촉진하고 혈당량

[표 7-2] 소화효소의 종류

소화액	효 소	기 질
타 액	α-아밀레이스	전분(아밀로오스, 아밀로펙틴)
위 액	펩신(pepsin)	단백질
췌 장	α-아밀레이스 트립신(trypsin) 카이트립신(chymotrypsin) 카복시펩티데이스(carboxy pepetidase) 라이페이스(lipase)	전분(아밀로오스, 아밀로펙틴) 단백질, 펩톤 단백질, 펩톤 펩타이드 C 말단 트리글리세라이드

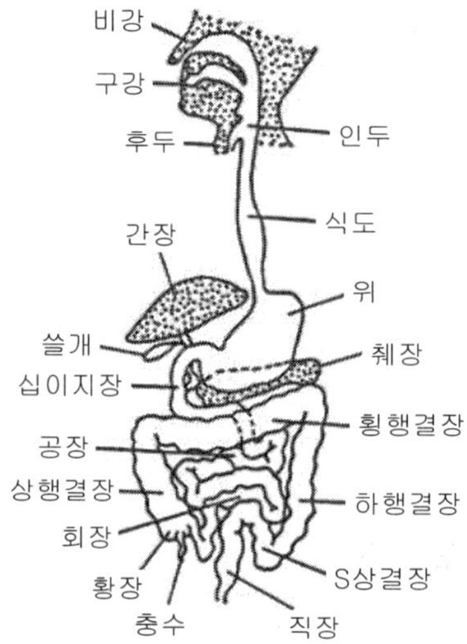

[그림 7-4] 인체소화기계(人體消化器系)

을 높이는 역할을 한다.

우선, 식품으로부터 섭취된 지방(대부분 트리아실글리세롤)은 물에 녹지 않지만, 십이지장의 담즙산에 의해 유화된다.

이렇게 유화된 지방은 췌장 라이페이스(lipase)에 의해 2-모노글리세라이드, 지방산, 글리세롤로 가수분해된다(그림 7-5).

식품으로부터 섭취된 지방이 지방산과 모노글리세라이드로 분해된 후에 흡수되는 이유는 소장의 상피세포가 일종의 방어기능을 수행하기 때문에 트리글리세라이드자체로 흡수될 수 없기 때문이다.

2. 인지질의 소화

> **라이소인지질(lysophospholipid)** : 인지질의 2번 탄소위치의 지방산이 가수분해 된 형태

췌장에서 분비되는 인지질 가수분해효소(phospholipase, A_2)에 의해 라이소인지질(lysophospholipid)과 지방산(2번 위치)으로 분해된다.

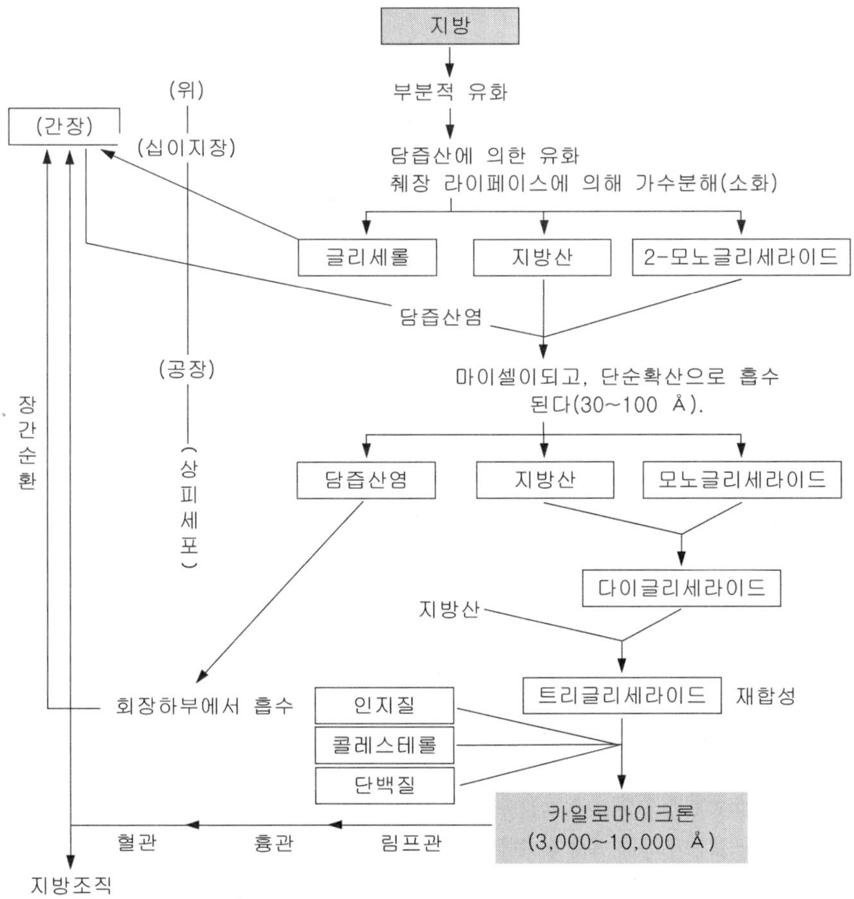

[그림 7-5] 지질의 소화와 흡수

3. 유지의 흡수

십이지장에서 가수분해된 2-모노글리세라이드와 지방산은 담즙산염과 입자가 작은 마이셀(micelle)을 형성하여 소장 점막의 융모를 통해 흡수된다.

흡수된 대부분의 지방은 다시 트리글리세라이드로 재합성되어 여러 조직으로 운반된다.

1) 담즙산(bile acid)의 장간순환(腸肝循環)

마이셀을 형성했던 담즙산은 지방 가수분해물을 소장 점막으로 흡수시킨 후, 해체되어 회장(소장의 아랫부분)을 통해 간장으로 되돌아간다. 이것을 담즙산의 장간순환(장과 간을 순환하는 것)이라고 한다. 그리고 간장으로 되돌아간 담즙산은 다시 지방의 흡수에 재이용된다.

이와 같이 지방은 담즙산과 결합하여 흡수되기 때문에 담즙산이 부족하면 지방의 소화, 흡수가 어려워진다.

담즙산은 간에서 콜레스테롤에 의해 합성되기 때문에 간질환이나 담즙수송에 장해가 있으면 지방의 소화, 흡수에 지장을 초래하게 된다.

담즙산(bile acid)의 작용 : 간에서 콜레스테롤에 의해 생성되는 담즙(쓸개즙) 성분으로 하루 0.6~1 L가 분비된다. 지방을 유화하여 소화, 흡수를 촉진한다. 그러나 섬유질은 담즙산과 결합하여 지방의 흡수를 억제하고, 혈중 콜레스테롤을 저하시킨다.

지방을 먹으면 포만감이 오래가는 이유

소장에서 흡수된 모노글리세라이드와 지방산은 다시 결합하여 다이(di), 트리글리세라이드를 재합성하고, 이것에 인지질, 콜레스테롤, 단백질 등이 결합하여 카일로마이크론이 되어 림프액으로 이동 혈관(정맥혈)으로 들어가 간장으로 이동한다.

식사 후 3~4시간 이상이 경과해야만 혈중의 중성지질이 증가하는 것은 이러한 긴 과정을 거쳐 지질이 소화, 흡수되기 때문이다.

즉, 지방은 식사 후 3~4시간 동안 위에서 머물러 있기 때문에 공복감을 지연시키고, 적은 양의 식사로도 만복감을 느끼게 한다. 또한 소장 하부의 지방은 위의 호르몬 방출을 자극하여 공복감을 억제시킨다.

따라서 지방은 다이어트를 위해 저칼로리식을 하는 경우, 소량의 지방을 첨가하면, 만복감이 지속되어 효과적이다.

한편, 지방질식품의 경우도 포만감이 오래가는데 그 이유는 유지 피막이 음식물을 덮어 좀처럼 소화되지 못하기 때문이다.

담석(gall stone) : 담낭(膽囊), 담관(膽管)에서 생기는 결석(結石). 콜레스테롤담석과 색소성담석이 있으며, 담즙의 구성성분(콜레스테롤, 담즙산, 인지질 등)간의 용해성 차이에 의해 생성된다.

콜레스테롤은 물에 불용성이지만, 담즙 중의 담즙산, 인지질(주로 레시틴)과 결합하여 마이셀을 형성하여 용존한다. 그러나 담즙 중의 콜레스테롤이 과포화되거나 간에서 담즙산분비가 감소하면 콜레스테롤이 석출되어 담석이 생긴다(콜레스테롤담석). 색소성 담석은 담즙을 이루는 빌라루빈(bilirubin)과 칼슘이 엉겨 생성된다.

2) 중쇄지방산의 흡수

중쇄지방산(탄소 수 8~10개)로 구성된 유지는 담즙산이 없어도 마이셀을 형성할 수 있다. 이 때문에 코코넛유와 같이 중쇄지방산으로 구성된 유지는 간질환 환자의 에너지원으로 이용되고 있다(제 8장 식용유지와 건강 참조).

7.3. 생체에서의 지질 합성

당질(탄수화물)은 타액과 소화관액에 의해 단당류로 분해되어 포도당이 된 후, 혈액으로 이동되어 에너지원으로 이용되고, 남은 당질은 글라이코젠(glycogen)으로 합성, 전환되어, 간장이나 근육에 축척된다.

그러나 체내에 축적될 수 있는 글라이코젠의 양에는 한계가 있기 때문에, 결국 여분의 당은 간장에서 중성지질로 합성되어, 체내 여러 곳에 저장된다.

지방 역시 십이지장에서 모노글리세라이드나 지방산으로 분해되어 혈액으로 이동되어 에너지원으로 이용되거나, 당질이나 아미노산으로부터 유래한 지방산 등과 함께 트리글리세라이드로 합성되어 체내 여러 곳에 저장된다.

체중 70kg의 성인남성의 경우 평균 12 kg 정도의 지방을 체내 저장하며, 이 양은 약 8주간의 기초에너지를 공급할 수 있는 양이다.

그런데 생체에서의 지질 생합성은 어떻게 일어나는 것일까? 우선, 트리글리세라이드를 구성하는 지방산의 생합성부터 설명하기로 한다.

1. 지방산의 생합성

생체에는 여러 화학반응를 촉매하는 효소가 있다. 효소 중에는 어떤 특정 물질의 도움 없이는 촉매작용을 할 수 없는 것이 있으며, 이러한 물질을 보조인자라고 한다.

보조인자로는 Fe^{2+}, Mn^{2+}, Zn^{2+}과 같은 금속이온과 보효소(coenzyme)가 있다. 그 중 하나로 보효소 A(coenzyme A)라는 것이 있다.

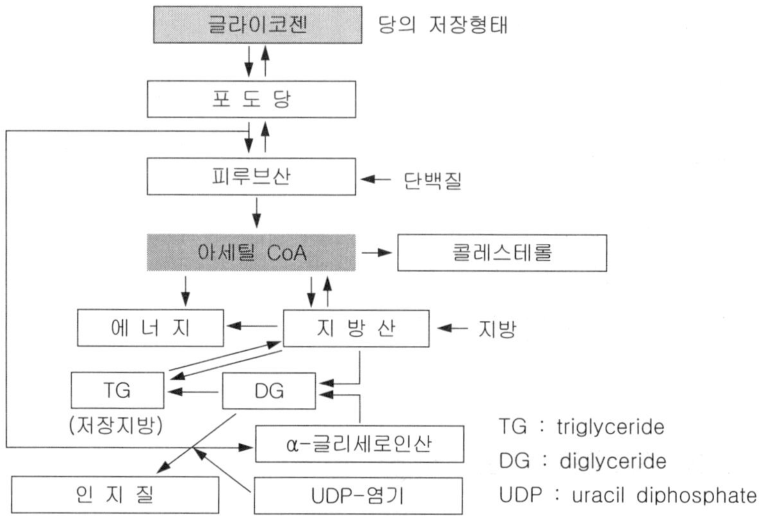

[그림 7-6] 간장에서의 아세틸 CoA의 역할

1) 지방산의 합성과정

지방산의 생합성은 아세틸 CoA로부터 시작된다. 아세틸 CoA는 포도당의 분해산물인 피루브산(pyruvic acid)에서 유래한다.

우선 아세틸 CoA(탄소 수 2개)는 아세틸 CoA 카복실화효소(acetyl CoA carboxylase)에 의해 카복실화되어 말로닐 CoA(탄소 수 3개)로 된다.

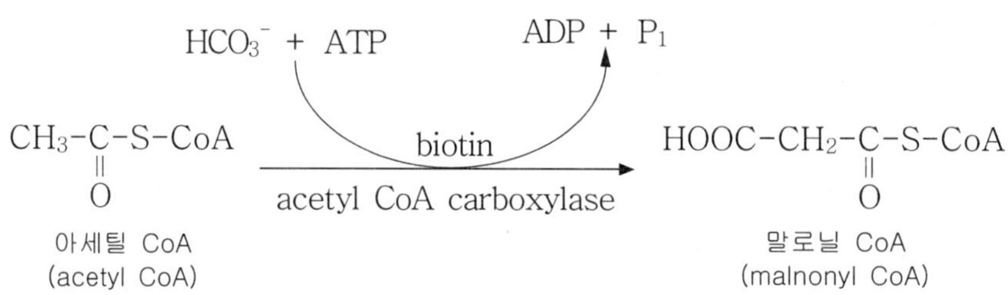

형성된 말로닐 CoA 1 분자가 아세틸 CoA 분자 1분자와 축합하여, 탄소 수를 2개씩 증가시키는 반응을 반복하여 장쇄지방산을 합성한다.

이 반응은 지방산합성효소와 NADPH 작용에 의해 일어나며, 이 지방산합성효소는 7종류의 효소로 구성된 복합체로부터 생성된다.

독일의 리넨은 아세틸 CoA와 말로닐 CoA로부터 합성되는 장쇄지방산의 생합성기작을 발표하여 노벨상을 받았다.

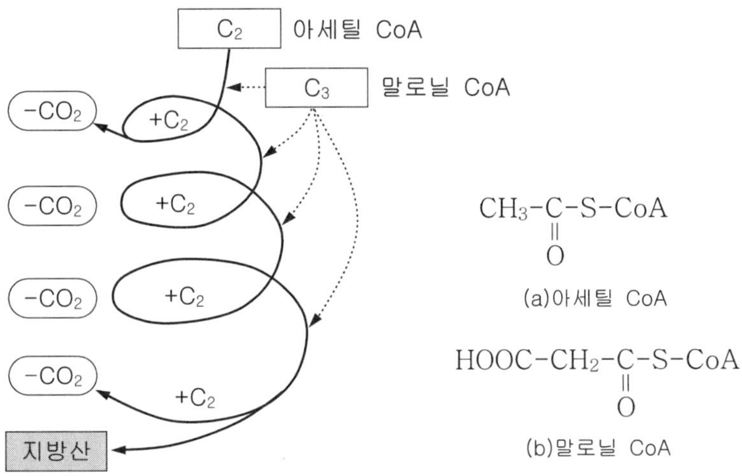

[그림 7-7] 지방산의 생합성 과정

예를 들어, 생체에서 대량 합성되는 팔미트산(C 16:0)은 아세틸 CoA 1분자와 말로닐 CoA 7분자로부터 만들어 진다. 동물성유지를 구성하는 대부분의 지방산이 짝수인 것은 지방산 생합성과정이 탄소 수 2개씩 증가하는 반응이기 때문이다.

이와 같이 합성된 지방산은 다른 장쇄지방산의 전구체로서 여러 지방산의 생합성에 이용된다.

지방산의 생합성은 쥐의 경우 주로 지방조직에서 이루어지지만, 사람의 경우에는 간에서 이루어진다.

2) 스테아르산 및 올레산의 생합성

팔미트산(C 16:0)은 세포내에서 대량 생합성되며, 고등 동식물의 주요 지방산인 스테아르산(C 18:0)과 올레산(C 18:1, n-9)은 이들 팔미트산(C 16:0)으로 부터 합성될 수 있다.

즉, 사람과 동물의 경우는 팔미트산(C 16:0)의 사슬연장 반응에 의해 스테아르산(C 18:0)을 합성하고, 또 스테아르산은 불포화화효소(desaturase)에 의한 불포화화반응에 의해 올레산(C 18:1), 에이코사트리엔산(eicosatrienoic acid, 20:3, Δ5, 8, 11)을 합성한다.

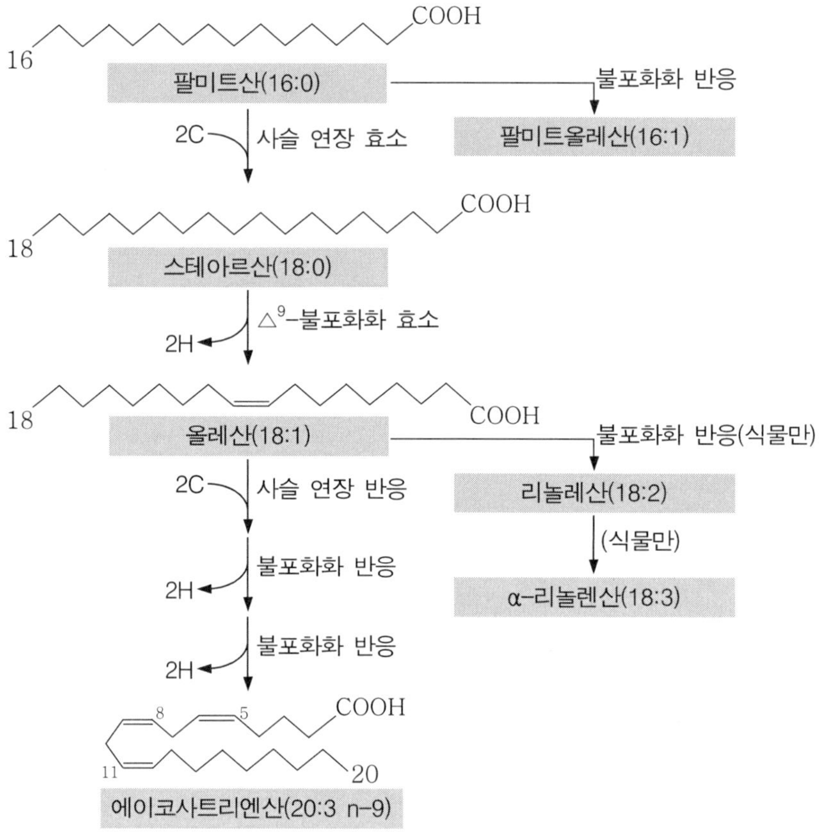

[그림 7-8] n-9계 다가불포화지방산의 사슬연장 및 불포화화 반응

3) 필수지방산(essential fatty acid)

사람이나 동물은 포화지방산이나 올레산(Δ9)은 합성할 수 있지만, 리놀레산(Δ9, 12)과 α-리놀렌산(Δ9, 12, 15)을 합성할 수 없다. 이는 사람이나 동물에는 Δ12 및 Δ15-불포화화 효소가 존재하지 않기 때문이다.

따라서 동물체내에서는 올레산(Δ9)을 리놀레산(Δ9, 12)으로 전환할 수 없다. 또 리놀레산을 α-리놀렌산(Δ9, 12, 15)로 전환할 수 없다.

그러나 식물에는 Δ12 및 Δ15-불포화화 효소가 존재하기 때문에 리놀레산과 α-리놀렌산을 합성할 수 있다.

이와 같이 생체 내에서 합성할 수 없어, 식품으로부터 섭취해야만 하는 지방산을 필수지방산이라고 한다.

리놀레산, α-리놀렌산 이외에 아라키돈산, EPA, DHA도 필수지방산으로 간주하고 있다.

(1) 리놀레산(n-6)으로부터의 ɣ-리놀렌산과 아라키돈산(n-6)의 생합성 : 식품으로부터 섭취된 리놀레산(n-6)은 다음과 같은 사슬연장 및 불포화화 반응을 통해 ɣ-리놀렌산(Δ6, 9, 12)과 아라키돈산(Δ5, 8, 11, 14)은 같은 n-6계의 다가불포화지방산을 생합성할 수 있다.

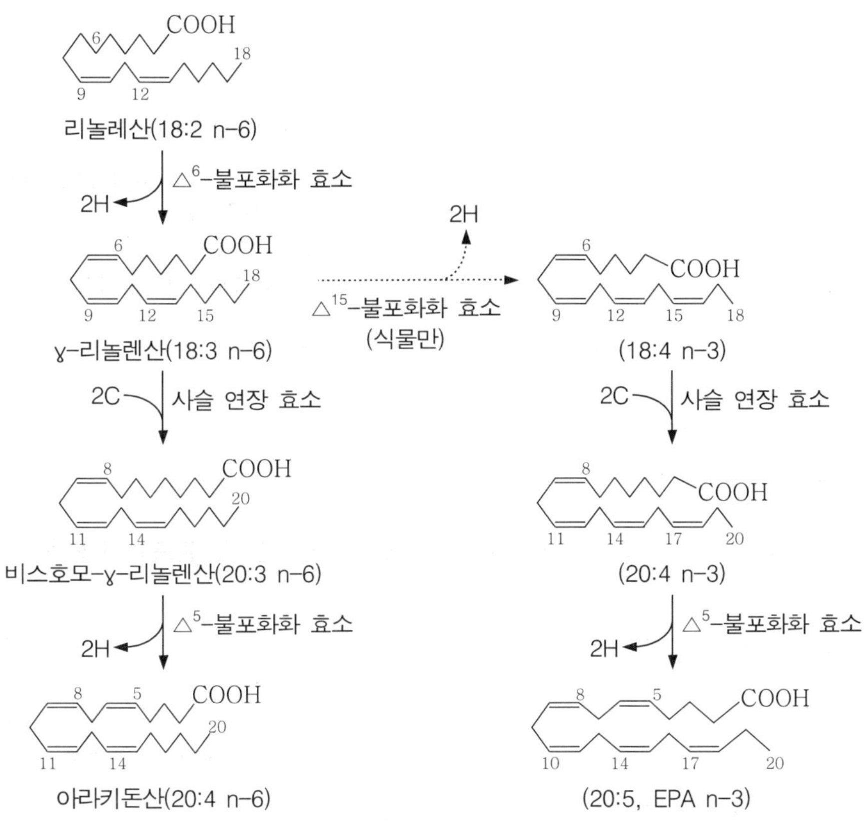

[그림 7-9] n-6계 다가불포화지방산의 사슬길이 연장 및 불포화화반응

(2) α-리놀렌산으로 부터의 EPA와 DHA(n-3)의 합성 : α-리놀렌산은 다음과 같은 사슬연장 및 불포화화 반응을 통해 EPA와 DHA를 생합성할 수 있다.

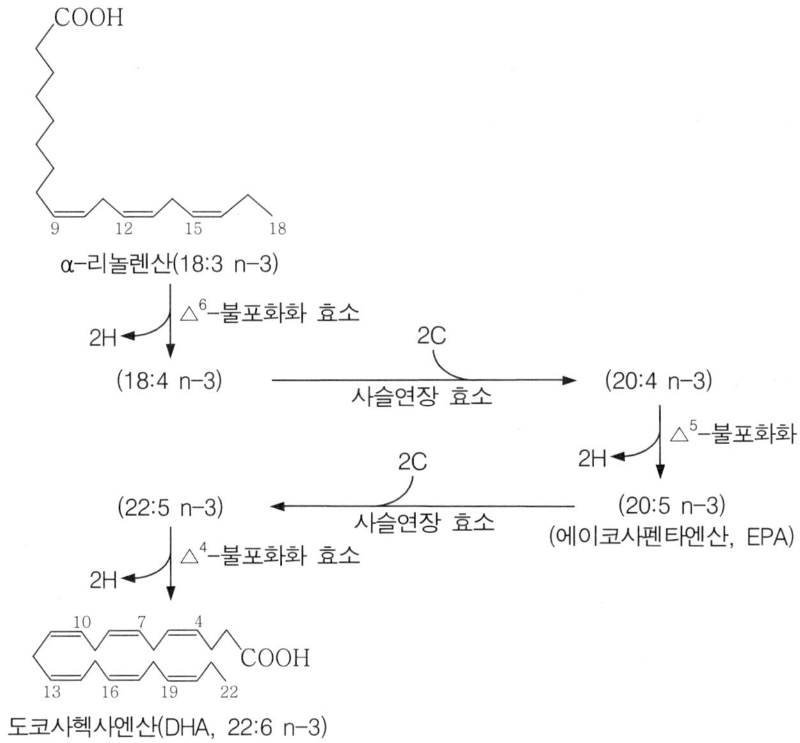

[그림 7-10] n-3계 다가불포화지방산의 사슬연장 및 불포화화 반응

2. 지질의 생합성

생합성된 지방산은 아실-CoA 합성효소의 작용으로 지방산 아실 CoA가 되고, 지방산 아실-CoA 3개가 글리세린-3인산 1개와 반응하여 트리글리세라이드가 합성된다(그림 7-11).

즉, 먼저 글리세린 3-인산이 2분자의 지방산 아실 CoA과 결합하여 다이글리세라이드-3-인산로 전환된다. 이것이 가수분해되어 1,2-다이글리세라이드가 되고, 더욱이 1,2-다이글리세라이드가 3번째의 지방산 아실 CoA와 반응하여 최종적으로 트리글리세라이드가 합성된다.

트리글리세라이드의 생합성은 동물의 경우, 대부분 간장에서 일어나며, 식물은 과실이나 종자 중에서 일어난다.

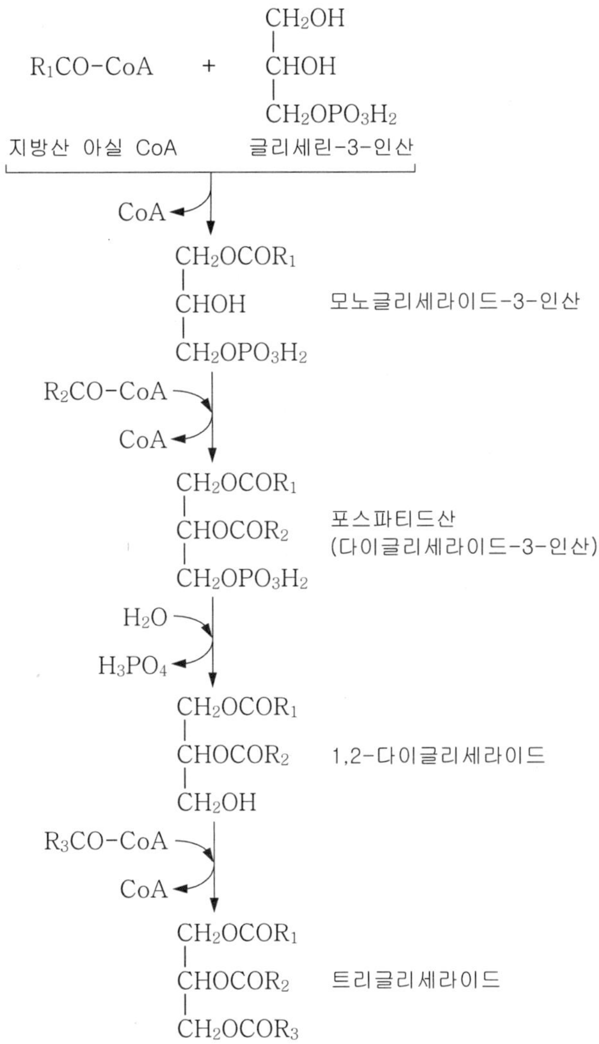

[그림 7-11] 지질(트리글리세라이드)의 생합성

7.4. 생체지질의 대사

지방은 생체에 필요한 에너지를 공급하는데 매우 중요한 역할을 한다. 즉, 지방은 1 g당 9 kcal로, 당질이나 단백질에 비해 2배 이상의 에너지를 갖는다. 지방에서 얻어지는 에너지의 95%는 지방산에서 나오며, 나머지 5%는 글리세롤에 의한 것이다.

지방산은 미토콘드리아에서 분해되어 에너지를 생산한다.

1. 지방산의 산화

지질에는 중성지질(트리글리세라이드), 인지질, 콜레스테롤(에스터형), 유리지방산 등이 있으며, 이들의 공통점은 지방산을 함유하며, 이들 지방산을 분해하여 에너지를 생산한다는 것이다.

생체가 급히 에너지를 필요로 할 때(예 운동할 때) 근육에너지로 이용되는 것은 ① 근육 글라이코젠이 분해되어 생성되는 포도당과 ② 지방조직에서 분해되어 생성되는 지방산이다.

그러나 근육 글라이코젠의 저장량이 적기 때문에 완만한 운동을 할 때는 대부분 유리지방산에서 에너지가 조달된다.

한편 격렬한 운동을 할 때는, 우선 근육 글라이코젠에서 분해되어 포도당을 이용되고, 그 후 간의 글라이코젠이 이용된다. 그러나 이들 글라이코젠의 저장량이 적기 때문에 30분 이내에 소비되고, 계속 격렬한 운동을 하면 저혈당이 된다. 결국, 지방조직에서 분해된 지방산에 의해 에너지가 조달된다.

1) 지방산의 산화과정

우선 지방산은 아실 CoA 합성효소에 의해 지방산 아실 CoA를 형성한다.

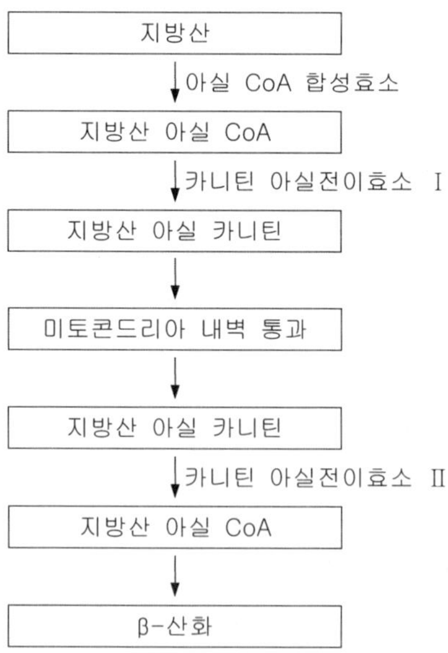

[그림 7-12] 지방산의 산화

이 지방산 아실 CoA는 미토콘드리아 내벽을 통과할 수 없기 때문에, 카니틴 아실전이효소 I(carnitine acyl transferase I)에 의해 지방산 아실카니틴 형태로 미토콘드리아 내부로 들어간다. 통과된 지방산 아실카니틴은 카니틴 아실 전이효소 II에 의해 지방산 아실 CoA와 카니틴으로 되어 β-산화과정을 거친다(그림 7-12).

카니틴(carnitine) : 지방산을 세포질로부터 미토콘드리아로 운반하는 물질.

2) 지방산의 β-산화

미토콘드리아에서 생성된 지방산 아실 CoA은 카복실기로 부터 2번째 위치(β-위치)에서 2개씩 절단되어 아세틸 CoA를 생성하며, 이 반응을 β-산화(β-oxidation)이라고 한다. β-산화경로를 한바퀴 돌 때 마다 탄소수가 2개씩 절단되므로(그림 7-13), 탄소수 10개로 구성된 지방산의 경우에는 4번의 β-산화에 의해 5개의 아세틸 CoA를 만들 수 있다.

또한, 팔미트산(C 16:0)의 경우는 7번의 β-산화에 의해 8개의 아세틸 CoA를 만들 수 있다.

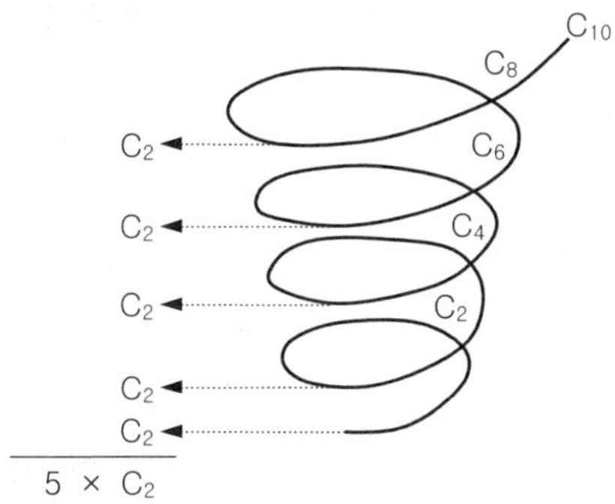

[그림 7-13] 지방산의 β-산화(탄소수가 10개인 경우)

불포화지방산은 구조적 특징과 β-산화에 관여하는 효소기질의 특이성이 맞지 않아 그대로는 산화될 수 없다. 불포화지방산의 경우는, 아이소머레이스와 에피머레이스이 작용한 후 아세틸 CoA를 만든다.

이와 같이 형성된 아세틸 CoA는 TCA 회로를 통해 아세틸 CoA의 아세틸기 부분은 이산화탄소와 물로 분해되고, 그 과정에서 고에너지화합물인 ATP(adenosine triphosphate, 아데노신삼인산)가 생산된다.

아이소메레이스(isomerase) : 시스형을 트랜스형으로 이성화하는 효소.

에피머레이스(epimerase) : D형을 L형으로 전환하는 효소

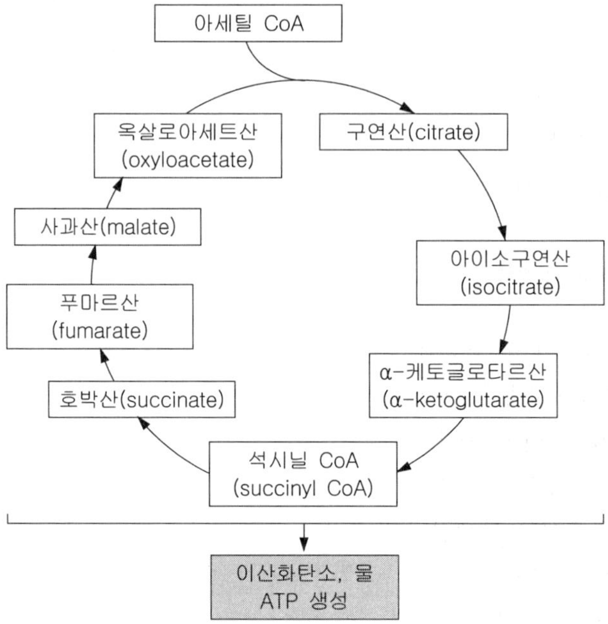

[그림 7-14] 구연산회로(TCA회로)
구연산회로를 걸쳐 최종적으로 이산화탄소와 물이 생성된다.

구연산회로는 지방산뿐만 아니라 탄수화물, 단백질도 아세틸 CoA 형태로 전환되어 ATP를 생성하는 공통경로이기도 하다

그러나 포도당 1분자와 팔미트산 1분자당 생성되는 아세틸 CoA, ATP의 생성량을 보면 지질인 팔미트산이 매우 고에너지이다(표 7-3).

[표 7-3] 완전 산화된 경우의 포도당과 팔미트산의 에너지 비교

	Acetyl CoA생성량 (1분자당)	ATP 생성량 (1분자당)	Kcal/g
포 도 당	2	38	4(3.8)
팔미트산	8	129	9(9.1)

2. 케톤체(ketone body)

케톤체는 지방의 산화가 불완전할 때, 아세틸 CoA로부터 생성되는 아세토아세테이트, β-하이드록시부티르산, 아세톤의 총칭이다.

심한 단식 등으로 장기간 포도당이 공급되지 않으면, 지방조직의 지방산이 다량 동원되며, 이들 지방산은 β산화에 의해 다량의 아세틸 CoA를 생성한다.

그러나 생성된 다량의 아세틸 CoA는 TCA회로를 통해 전부 처리될 수 없기 때문에 2개의 아세틸 CoA가 아세토아세틸 CoA로 된 후, 케톤체를 생성한다.

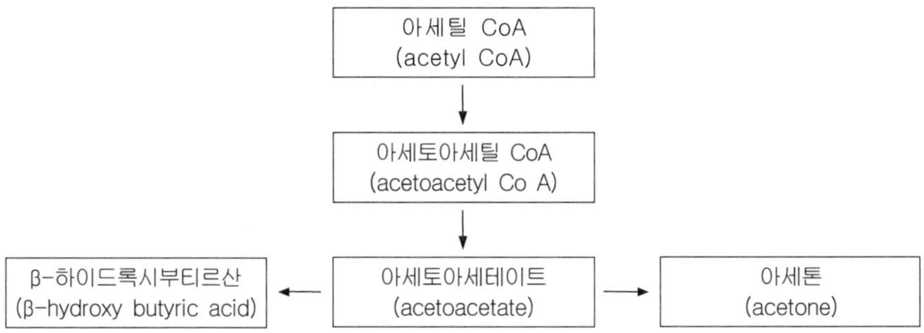

[그림 7-15] 케톤체(ketone body)의 생성

생성된 케톤체는 혈액에 방출되어 간 이외의 조직에서 다시 아세틸 CoA로 변환되어 에너지원으로 이용된다.

1) 케토시스(ketosis)

장기간의 단식, 고지질식사나 저탄수화물 식사를 하면 혈중에 다량의 케톤체가 축적된다. 또, 당질대사의 장애가 있는 당뇨병환자의 경우, 포도당으로부터의 에너지 생성이 부족하고, 결국, 지방조직에서 다량의 지방산을 동원해야 하기 때문에 이상적으로 케톤체가 다량 합성되어 축적된다.

이와 같이 혈중에 다량의 케톤체가 축적되거나 소변으로 케톤체가 다량 배설되어 소화기장애나 신경증상을 일으키는 현상을 케토시스(케톤증)라고 한다. 혈중의 케톤체가 70 mg/100mL 이상이면 소변으로 배출된다.

또한 아세토아세테이트와 β-하이드록시부티르산함량의 증가로 인한 체액 pH가 산성이 되어 산독증(acidosis)를 동반하기 때문에 케토산증(ketoacidosis)이라고도 한다. 이들 증상이 심해지면 사망하는 경우도 있다.

따라서 체지방 감소를 위해 장기간 탄수화물을 섭취하지 않는 저탄수화물 식사는 매우 위험하다. 따라서 지방의 효율적인 산화에는 당질이 필요하다.

그러나 탄수화물을 공급하면, 포도당에 의한 옥살로아세트산의 공급 증가로 구연산이 형성되고 구연산회로로 들어 갈 수 있기 때문에 케톤체 형성이 감소한다.

마라톤 선수들은 케톤체 대사 효율이 높기 때문에 케톤체를 형성하지 않고 지방을 다량의 에너지원으로 유용하게 사용할 수 있다.

3. 지질의 영양생리학적 역할

지방은 효율적인 에너지의 공급, 지용성 비타민의 흡수촉진, 필수지방산의 공급 등의 영양생리학적 기능을 갖기 때문에 매우 중요하다. 그러나 과잉섭취하면 비만, 동맥경화 등의 원인이 되므로 주의해야 한다.

1) 칼로리

지방은 탄수화물, 단백질과 함께 3대 영양소로 알려져 있다. 탄수화물, 단백질은 1 g당 4 kcal를 나타내지만, 지방은 9 kcal를 나타낸다.

따라서 유지는 중요한 에너지원이며, 지방질식품은 섭취량이 적어도 필요한 에너지를 공급할 수 있기 때문에, 소화기(위장 등)의 부담도 적다. 반면 탄수화물위주의 식사를 하는 경우에는 위장병이 많은 것으로 알려져 있다.

2) 비타민 B군의 절약 효과

비타민 B_1은 탄수화물, 지방 대사에 필요한 비타민이지만, 탄수화물 대사에서 더 많은 비타민 B_1을 필요로 한다.

체내에서 당질을 에너지로 이용하는 데는 많은 비타민 B군이 필요하다. 한국인은 쌀을 주식으로 하는 식생활을 하기 때문에 비타민 B_1이 부족되기 쉽다. 따라서 에너지원을 당질에만 의존하지 않고, 일부 지방에 의존하면, 비타민 B_1과 B_6의 소비를 절약할 수 있다.

3) 지용성 비타민의 흡수효과

카로틴은 프로비타민 A로 식물에서 합성되고, 동물은 식물의 카로틴을 섭취하여 체내 비타민 A로 전환시킨다. 카로틴이 풍부한 채소(당근 등)는 기름과 함께 섭취하면 흡수율이 좋아진다. 예를 들어, 당근을 생으로 조리한 경우, 흡수율은 10% 이하이지만, 기름과 함께 먹으면 흡수율은 20~30%이며, 최대 60%까지 증가한다. 따라서 식품 중의 지용성 비타민은 기름에 볶거나 튀기거나 하여 기름을 함께 섭취하면 흡수율을 향상시킬 수 있다.

4) 생리활성물질의 공급

식물성유지 중에는 비타민 E, 카로테노이드, 리그난(참기름의 세사몰 등),

식물스테롤, 오리잔올(oryzanol) 등의 생리활성물질이 함유되어 있다.

이 중에서 비타민 E는 대부분의 식물성유에 공통적으로 함유되어 있다. 보통 식용유를 1일 약 10 g을 섭취하고 있는 현재 비타민 E의 1일 소요량(10 mg)의 약 30%가 식용유로부터 공급되고 있다. 비타민 E는 생체 지질의 산화억제에 매우 중요한 역할을 한다.

또 식물스테롤도 대부분의 식물성유에 공통적으로 함유되어 있으며, 콜레스테롤의 흡수를 저해하고, 혈중 LDL 콜레스테롤의 상승억제작용이 있다.

참기름에는 특유의 항산화성분인 리그난류가 함유되어 있으며, 비타민 E와의 복합작용으로 항알러지효과를 나타낸다.

4. 유지의 소화율

유지는 탄수화물, 단백질에 비해 소화시간이 길기 때문에, 소화율이 나쁘다고 오인하지만, 소화율은 의외로 높아, 보통 식용유의 경우 거의 100%의 소화율을 보인다. 소화율은 유지의 융점과 밀접한 관계가 있어, 체온(37℃) 이하에서 녹는 기름은 소화율은 매우 높다.

그러나 융점 60℃ 아상의 유지는 거의 포화되지 않는다.

융점이 높은 유지의 소화율이 낮은 이유는 생체 내에서 고체로 존재하여 물이나 소화액과의 유화가 어렵고, 결국 라이페이스에 의한 분해가 어렵기 때문이다.

유지 종류	융점 (℃)	소화율 (%)
트리스테아린	60	14~19
양 기 름	49	93
돈 지	38	97
올리브유	-	98

[표 7-4] 경화유의 융점과 소화율

융 점(℃)	소화율	융 점(℃)	소화율
37	98	50	92
39	96	52	79
43	96		

5. 연령에 따른 유지의 섭취량

일반적으로 성인의 경우, 적절한 유지섭취량은 에너지 비율의 20~25%, 어린이 25~30%가 권장되고 있다. 임신, 수유부는 20~30%이며, 운동량이 많고, 동맥경화의 위험이 낮은 경우는 20~30%가 바람직하다.

[표 7-5] 연령에 따른 유지의 섭취량

연령	지질에너지 비율(%)	연령	지질에너지 비율(%)
0~5개월	45	18~69세	20~25
6~11개월	30~40	70세 이상	20~25
1~17세	25~30	임신, 수유부	20~30

6. 가시적 지방질(visible fats)과 비가시적 지방질(invisible fats)

식용유지, 버터, 마가린 등의 함유 지방함량은 쉽게 알 수 있기 때문에 가시적 지방질이라고 한다.

한편, 육류(14~45%), 달걀노른자(30%), 땅콩류(40~50%), 라면류(15%), 감자튀김이나 도넛(35~45%) 등의 함유 지방함량은 쉽게 알 수 없기 때문에 비가시적 지방질이라고 한다.

사람의 1일 섭취 지방함량(약 60 g) 중에서 약 75%가 곡류, 두류, 육류, 어패류, 우유, 달걀 등에서 오는 비가시적 지방질이며, 가시적 지방질은 25%밖에 없다.

[표 7-6] 가시적 지방질 비가시적 지방질의 섭취량

	비가식적 지방질(g)			가시적 지방질(g)		
	식 품	식품섭취량	유지섭취량	식 품	식품섭취량	유지섭취량
식물성	곡 류	257	5.1	식물성 유지	8.9	8.9
	두 류	70	4.9	마요네즈	4.8	3.2
	채소류	290	0.5	마가린	1.5	1.2
	과실류	117	0.1			
	서 류	65	0.4			
	종실류	1.9	0.7			
	해조류	5.5	0.1			
	조미료 등	18.2	0.3			
	과자류	22.2	2.2			
동물성	육 류	78.2	13.0	버 터	1.0	0.8
	난 황	39.7	4.4	동물성 유지	0.2	0.2
	우유류	127.6	4.6			
	어패류	92.0	5.8			
그 외의 식품		5.3	1.0			
합 계			43.1(75%)	합 계		14.3(25%)

7. 필수지방산의 영양생리학적 역할

1) 필수지방산의 결핍증

필수지방산(n-3계 및 n-6계)이 부족하면 성장 저하, 피부의 각질화 등의 증상을 일으킬 수 있다.

한 예로, 지방이 적은 사료로 사육한 쥐의 경우, 성장이 늦고, 피부 각질화, 출혈 등의 증상을 보였으나, 리놀레산(n-6계)을 공급하면 이런 증상이 개선되었다. 또한 리놀레산 대신 리놀렌산(n-3계)이나 아라키돈산(n-6계)을 공급해도 같은 효과가 나타났으나, 올레산은 개선효과를 보이지 없었다.

리놀레산은 대두유, 옥수수유, 면실유, 미강유 등의 대부분 식물성유의 주요 성분이며, 곡류, 두류에 함유되어 있어, 일상의 식생활에서 리놀레산이 결핍되는 일은 없다.

한편, 리놀렌산은 식물성유지 중에서는 채종유(카놀라유), 대두유 등에 약 7~10% 정도로 비교적 많이 함유되어 있으며, 들기름에 60% 정도 함유되어 있다.

2) 필수 지방산의 필요량

필수 지방산의 필요량은 섭취에너지의 3%(1일 4~7 g에 해당)로 되어 있다.

예를 들어, 1일 섭취에너지가 2,000 Kcal인 성인의 경우, 섭취에너지의 3%는 60 Kcal이므로 9로 나누면(지방 1 g은 9 Kcal), 1일 약 7 g 정도 섭취하면 된다.

3) 에이코사노이드(eicosanoid 또는 icosanoid)

에이코사노이드란 에이코사폴리엔산(eicosapolyenoic acid)으로부터 효소반응에 의해 생성되는 생리활성물질의 총칭이다. 주요 물질로는 프로스타글란딘(PG, prostaglandin), 트롬복산(TX, thromboxane), 루코트리엔(LT, leucotrien)이 있다.

프로스타글란딘은 5원환(五員環)을, 트롬복산은 6원환(六員環)을 갖지만, 루코트리엔은 환상구조를 갖지 않는다(그림 7-16).

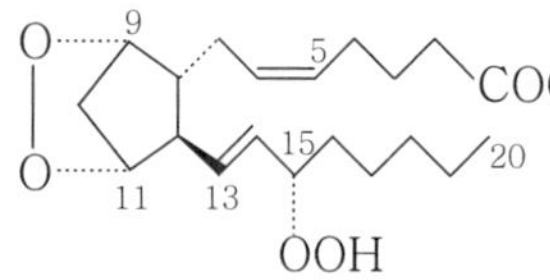

프로스타글라딘 G_2
(prostaglandin G_2)

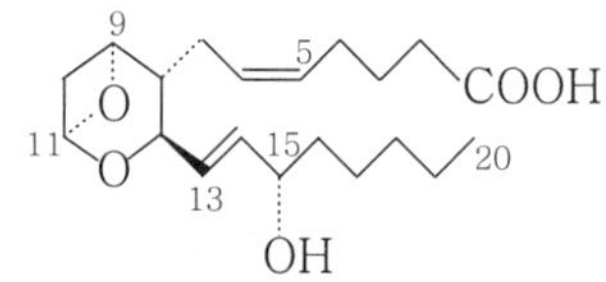

트롬복산 A_2
(thromboxane A_2)

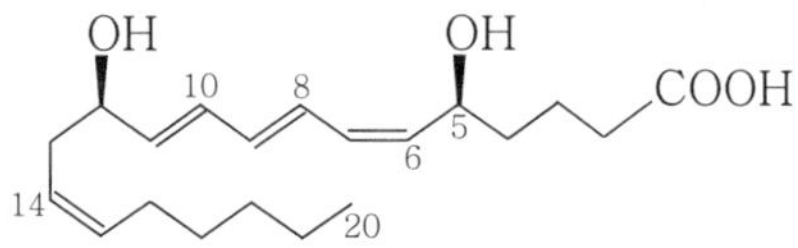

루코트리엔 B_4
(leucotrien B_4)

[그림 7-16] 주요 에이코사노이드(eicosanoid)의 기본 구조

- 에이코사폴리엔산(eicosapolyenoic acid) : 탄소 수 20개의 다가불포화지방산으로 에이코사노이드의 전구물질이다.

  대표적으로는 에이코사트리엔산(C 20:3, eicosatrienoic acid), 에이코사테트라엔산(C 20:4, eicosatetraenoic acid), 에이코사펜타엔산(C 20:5, eicosapentaenoic acid) 이 있다.

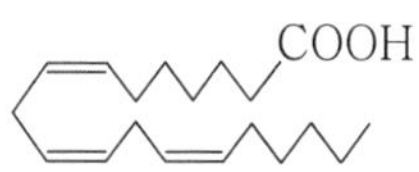

비스호모-γ-리놀렌산
(에이코사트리엔산)

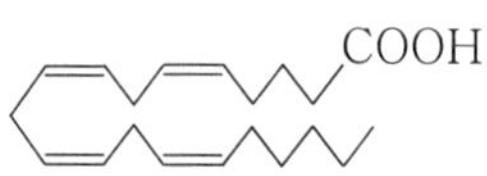

아라키돈산
(에이코사테트라엔산)

에이코사펜타엔산(EPA)
(에이코사펜타엔산)

[그림 7-17] 대표적인 에이코사폴리엔산(eicisapolyenoic acid)의 구조

(1) **에이코사노이드(eicosanoid)의 생합성** : 에이코사노이드는 아라키돈산, EPA, DHA 등을 출발물질로 하여 생합성된다.

그러나 n-6계열과 n-3계열로부터 생성되는 생리활성물질들은 상호적으로 혈소판응집과 응고억제, 혈관확장과 수축, 기관지 이완과 수축 등의 길항작용을 갖는다. 이 밸런스가 나쁘면 고혈압, 동맥경화 등을 일으키는 원인이 된다.

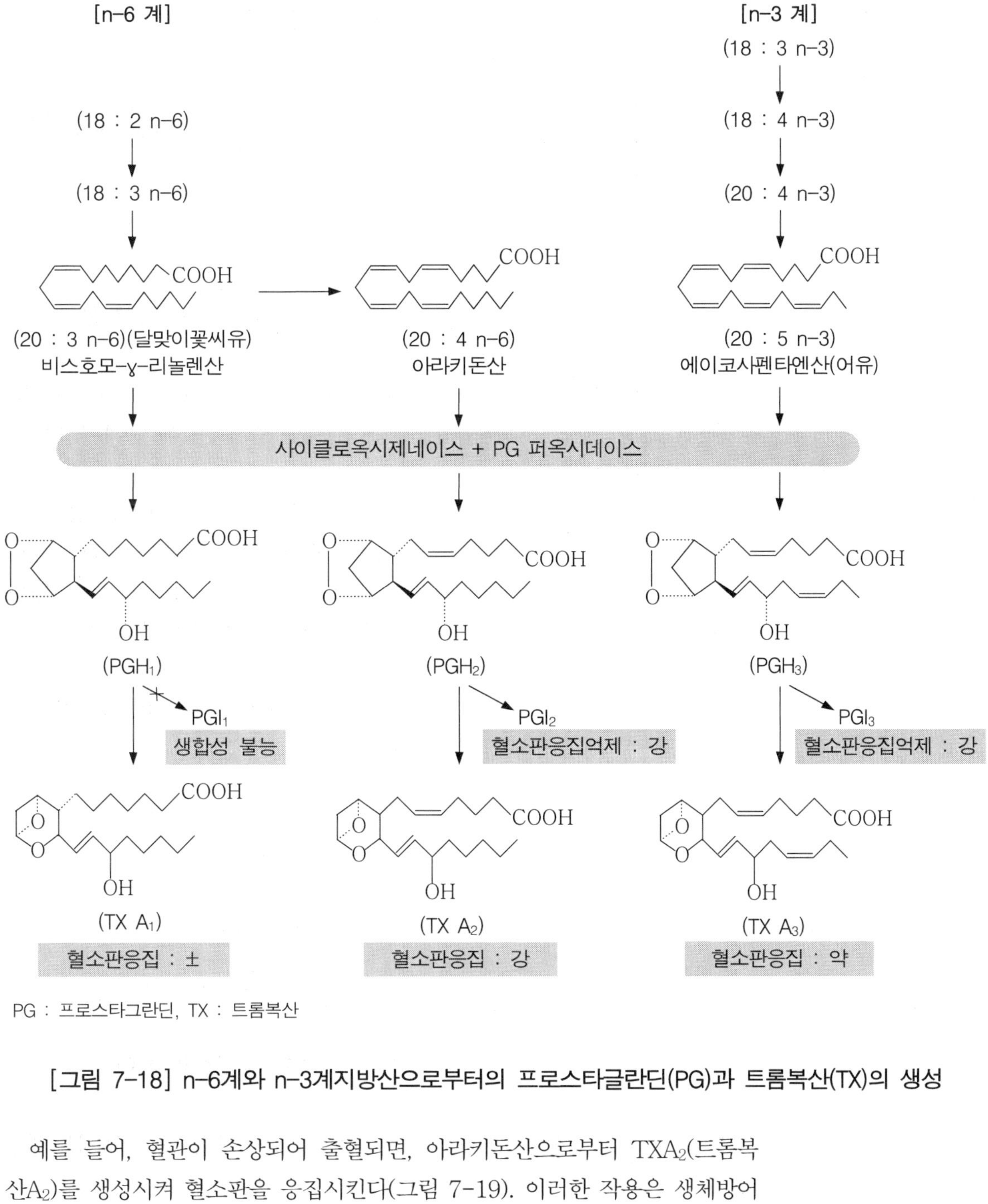

PG : 프로스타그란딘, TX : 트롬복산

[그림 7-18] n-6계와 n-3계지방산으로부터의 프로스타글란딘(PG)과 트롬복산(TX)의 생성

예를 들어, 혈관이 손상되어 출혈되면, 아라키돈산으로부터 TXA_2(트롬복산A_2)를 생성시켜 혈소판을 응집시킨다(그림 7-19). 이러한 작용은 생체방어의 하나로서 매우 중요하지만, 혈관 내에 혈전이 너무 많이 생기면 혈전증을 유발한다.

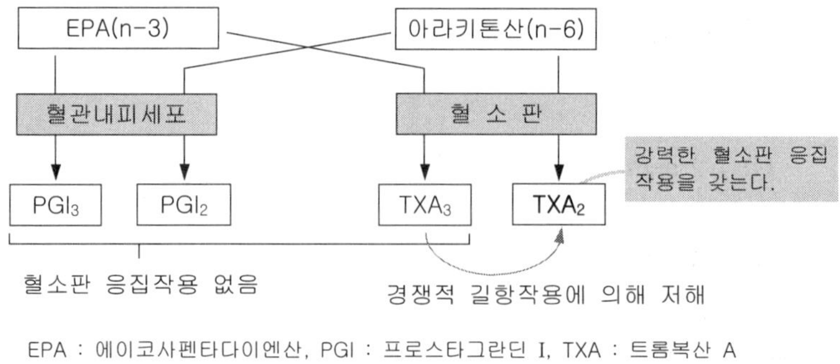

[그림 7-19] 트롬복산A_2(TXA_2)의 생성과 혈소판응집작용

어류를 많이 섭취하는 에스키모인과 유제품, 육식을 주로 하는 덴마크인의 장기간의 걸친 연구에서, 섭취하는 식사의 내용이 혈전증과 관계가 있다는 것이 밝혀졌다.

에스키모인과 덴마크인의 사망원인을 조사한 결과, 모두 콜레스테롤 섭취량은 높았지만, 에스키모인의 심장질환에 의한 사망률이 훨씬 낮았다고 한다.

이것은 덴마크인은 동물성지방의 섭취량이 많지만, 에스키모인은 EPA, DHA 등의 n-3계 지방산을 많이 함유하는 바다표범 등의 바닷고기의 섭취가 많기 때문인 것으로 밝혀졌다.

이와 같이 혈전증과 같은 질병을 예방하기 위해서는 n-6계와 n-3계 지방산의 적절한 비율의 섭취가 필요하다.

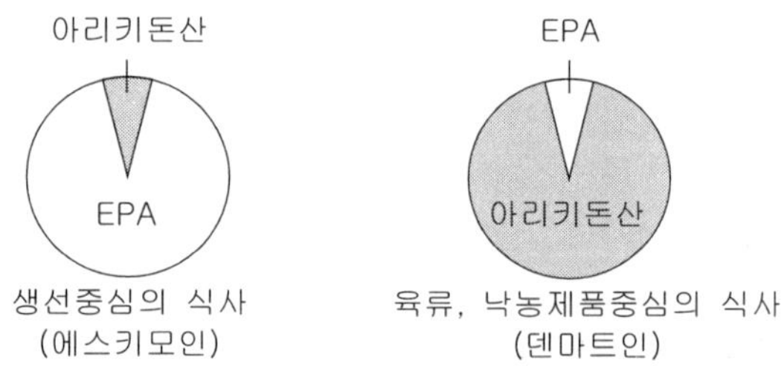

[그림 7-20] 식사내용에 따른 섭취 지방산의 차이

혈전증의 예방 : 혈소판의 활성화에 의한 TXA_2의 생합성을 저해하는 작용을 혈소판 응집저해작용이라고 한다.

혈소판의 응집저해활성을 갖는 식품성분으로는 마늘, 양파, DHA, EPA 등이 있다. 마늘과 양파는 TXA_2의 생합성 저해에 의해 강한 혈소판응집저해작용을 나타낸다.

한편, DHA나 EPA는 TXA_2와 항길항적 작용을 하는 TXA_3생성 촉진작용에 의해 혈소판응집저해작용을 나타낸다.

이외에도 n-3계의 DHA는 혈중 중성지방의 저하, 항알쯔하이머증 효과가 알려지고 있다.

n-6계와 n-3계 지방산의 섭취비율 : n-6계와 n-3계 지방산의 섭취 비율은 4 : 1로 권장하고 있으나 현재의 식생활에서는 n-3계 지방산의 섭취가 부족한 실정이다.

n-3계 지방산은 대두유, 카놀라유, 들기름, 어유 등에 많이 함유되어 있다.

한편, 성인병 예방을 위한 포화 : 1가 불포화지방산 : 다가불포화지방산의 비율은 3 : 4 : 3이다.

8. 필수지방산의 독성

1) 필수지방산의 과도섭취

필수지방산은 불포화도가 높기 때문에 그 섭취량이 많아지면 산화에 의한 과산화지질의 생성도 높아진다.

생성된 과산화물질은 세포막손상을 초래하여 세포파괴를 촉진시키며, 또한 과량의 고도불포화지방산의 섭취는 담석 및 암의 원인이 될 수 있다는 보고도 있다.

따라서 불포화지방산은 생선이나 식물성유지를 신선한 상태에서 섭취하는 것이 바람직하다.

2) 필수지방산 섭취와 비타민 E

비타민 E(토코페롤)는 천연항산화제로서, 고도불포화지방산이 많이 함유되어 있는 식물성 기름, 곡류배아 등에 존재하여 이들의 산패를 방지해 준다.

또한, 많은 고도불포화지방산의 섭취는 비타민 E의 요구량을 증가시킨다. 예를 들어, 들기름의 경우, 리놀렌산을 60%나 함유하고 있어, 과량섭취하면 비타민 E 결핍증을 초래하여 인체에 유해한 영향을 줄 수 있다.

필수지방산이 결핍되면, β-위치에는 필수지방산은 올레산으로부터 만들어진 5,8,11-에이코사트리엔산(C 20:3, 5,8,11-eicosatrienoic acid)으로 대치되어, 이중막의 구조와 기능을 상실하게 된다.

따라서 고도불포화지방산의 섭취가 증가하면 비타민 E의 섭취도 증가시켜 주어야 한다.

8장. 식용유지와 건강

8.1. 콜레스테롤과 동맥경화

1. 콜레스테롤의 생리적 작용

콜레스테롤은 포유동물의 생체막을 구성하는 주요 성분이며, 리포단백질, 담즙산, 스테로이드호르몬 및 비타민 D 전구체로서 생체에 필수불가결한 성분이다.

콜레스테롤에 의한 스테로이드호르몬의 합성은 여성호르몬인 에스트로젠(estrogen)과 남성호르몬인 테스토스테론(testosterone) 등의 성호르몬이 많다.

폐경기이후 여성의 혈중 콜레스테롤 함량이 증가되기 쉬운 것은 콜레스테롤로부터의 여성호르몬의 생성 저하도 하나의 원인이 된다.

콜레스테롤은 식품으로 섭취하지 않아도 필요에 따라 체내에서 합성된다. 식품에서 공급되는 것은 30%, 간에서 합성되는 것은 70% 정도이다.

콜레스테롤 섭취가 낮으면, 하루 800 mg 정도가 합성되며, 콜레스테롤의 30~60%는 주로 담즙산으로 대사된다.

2. 식품 중의 콜레스테롤

콜레스테롤은 동물성식품, 특히 동물성유지에 존재하는 스테롤이며, 식물성식품에는 거의 존재하지 않는다. 이것이 동물성유지의 섭취를 기피하는 이유이기도 하다.

[표 8-1] 식품 중의 콜레스테롤 함량

식 품	함량(mg/100g)	식 품	함량(mg/100g)
달걀(난황)	1,300	전 복	135
마른 오징어	980	새 우	130
달 걀	470	닭(날개)	116
메추리알	470	우 지	100
닭(간)	358	돈 지	100
명태알	340	문 어	90
주꾸미	301	낙 지	88
오징어	294	치 즈	80
돼지(간)	250	전지분유	78
소(간)	246	꽁 치	69
마요네즈	212	돼지(목살)	66
버 터	200	돼지(삼겹살)	64
뱀장어	196	고등어	48

3. 콜레스테롤의 생합성

콜레스테롤은 주로 간에서 당질과 지방산의 분해로 생성되는 아세틸 CoA로부터 합성된다.

먼저 2개의 아세틸 CoA가 HMG-CoA 환원효소 및 여러 효소에 의해 여러 단계를 거쳐 유리형 콜레스테롤을 합성한다.

합성된 유리 콜레스테롤은 세포막, 스테로이드호르몬, 담즙산 생산에 이용된다.

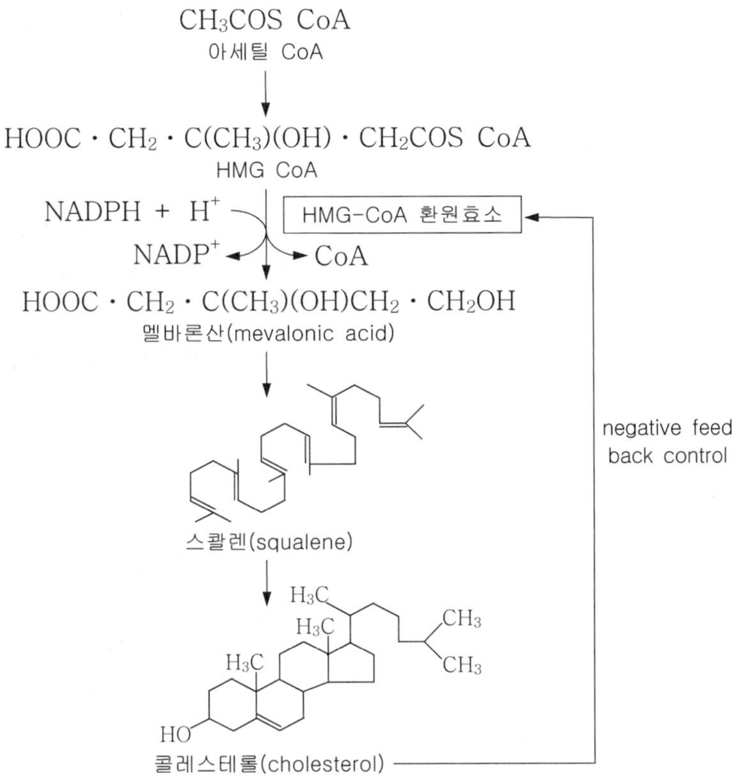

[그림 8-1] 콜레스테롤의 합성과정

이 합성경로의 HMG CoA 환원효소는 율속효소(律速酵素, 반응의 움직임을 보고 조절하는 효소)로 작용한다. 즉, 콜레스테롤이 체내 부족과잉 공급되면 합성을 억제한다.

체내에는 이 같은 조절 기구가 있기 때문에, 콜레스테롤의 섭취가 부족하면, 생합성에 의해 공급하고, 반대로 과잉섭취하면 체내의 negative feed-back control에 의해 억제되어 일정량이 유지된다.

따라서 콜레스테롤이 많은 달걀 몇 개를 먹었다고 바로 동맥경화가 일어나는 것은 아니다. 평소에 혈중 콜레스테롤 수치가 정상이면, 식품에 대해 크게 우려할 필요는 없다.

HMG CoA 환원효소(3-hydroxy-3-methyl glutaryl CoA reductase) : HMG CoA를 NADPH 존재하에서 환원하여 멜바론산를 생성하는 반응을 촉진하는 효소이다. 콜레스테롤, 스테롤, 터펜의 생합성에 중요한 조절점이다.

Negative feedback control : 일련의 대사에서 그 경로의 초기단계 효소가 최종산물에 의해 저해되는 현상을 말한다.

4. 동맥경화란?

심장은 동맥을 통해 들어온 혈액을 정맥을 거쳐 말초신경 등에 보내는 역할을 한다. 동맥벽은 혈압에 대응할 수 있는 탄력적 구조를 갖고 있지만, 동맥에 만성염증이 생기면 혈관 벽이 굳어져 장기로의 혈액공급이 제한되는데 이를 동맥경화라고 한다.

1) 동맥경화의 원인

죽상 동맥경화(粥狀 動脈硬化, atherosclerosis) : 죽상 동맥경화의 죽상은 동맥벽에 죽과 같은 물질(atheroma)이 침착한다고 하여 붙여졌다.

유전적 요인도 하나의 원인으로 생각되지만, 비만, 고혈압, 당뇨병, 지속적인 고콜레스테롤혈증의 상태에서의 흡연, 스트레스, 운동부족 등이 중요한 요인이다.

특히, 죽상 동맥경화는 혈중 콜레스테롤, 혈중 중성지질 등과 밀접한 관계가 있으며, 심근경색, 뇌출혈의 원인이 된다.

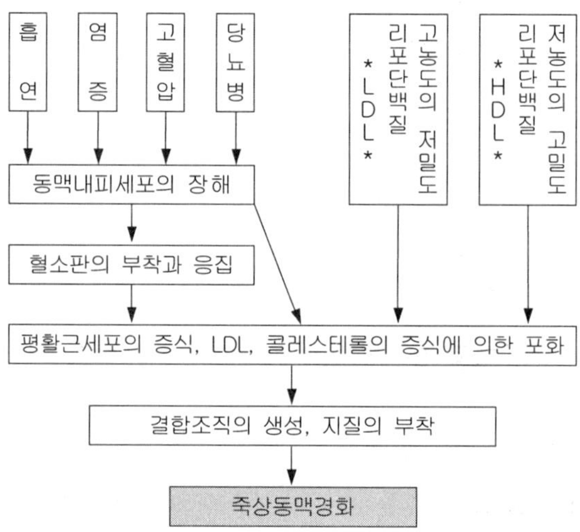

[그림 8-2] 죽상동맥경화의 형성과정

또한 동맥의 내피세포에 염증이 생기면 그 부분에 혈소판이 부착되거나 응집되어 죽상동맥경화를 유발시킬 수 있다. LDL(저밀도 리포단백질)도 평활근세포의 증식을 촉진하는 작용이 있어 혈중의 저밀도단백질(LDL)의 함량은 높으면 죽상동맥경화를 유발시킨다.

- 혈중 콜레스테롤의 정상범위 : 일반적으로 혈중 콜레스테롤의 정상치는 200 mg/dL 미만이며, LDL 콜레스테롤은 130 mg/dL 미만으로 하고 있다. 또 트리글리세라이드(중성지질)의 정상치는 100~150 mg/dL이다.

혈중 지질의 정상범위

	정상(양호)	정상(경계)
총콜레스테롤	200 mg/dL 미만	200~239 mg/dL
트리글리세라이드(중성지질)	100~150 mg/dL 미만	150~199 mg/dL
HDL 콜레스테롤	60 mg/dL 이상	40~59 mg/dL
LDL 콜레스테롤	130 mg/dL 미만	130~159 mg/dL

콜레스테롤이 정상치를 넘으면, 혈관 벽에 쌓여 혈관이 좁아져, 혈액 속의 산소와 영양분의 운반이 어려워진다. 이 때문에 뇌졸중, 협심증, 심근경색 등을 일으킬 수 있다.

일반적으로 혈중의 총콜레스테롤의 수치가 200 mg/dL 미만이면 정상이며, 200~239 mg/dL이면 건강에는 이상이 없으나 자기관리나 예방조치가 필요하다.

혈중 콜레스테롤이 정상치를 넘으면, 혈관 벽에 쌓여 혈관이 좁아져, 혈액 속의 산소와 영양분의 운반이 어려워진다. 이 때문에 뇌졸중, 협심증, 심근경색 등을 일으킬 수 있다.

혈중 콜레스테롤이 240 mg/dL 이상이면, 200 mg/dL 미만인 사람에 비해, 동맥경화성 질환에 걸릴 확률이 급격히 증가하는 것으로 알려져 있다.

그러나 혈중의 총콜레스테롤 수치는 보통 VHDL 콜레스테롤, LDL 콜레스테롤, HDL 콜레스테롤의 합으로 나타내기 때문에, 혈청콜레스테롤 수치가 높으면, 어느 것인가를 검토할 필요가 있다.

2) LDL의 산화와 동맥경화

심근경색(心筋梗塞)등의 원인이 되는 동맥경화는 산화변성된 LDL(저밀도리포단백질)을 대식세포(macropharge)가 빈식(貧食)하여 비대해진 포말세포가 동맥벽에 축적되어 형성된다.

따라서 동맥경화를 예방하기 위해서는

① LDL 콜레스테롤을 감소시킬 것, HDL 증가시킬 것

② 활성산소에 의한 LDL의 산화변성을 감소시킬 것

③ LDL 산화변성을 막기 위해 항산화제를 함유한 식품을 섭취할 것 등이다.

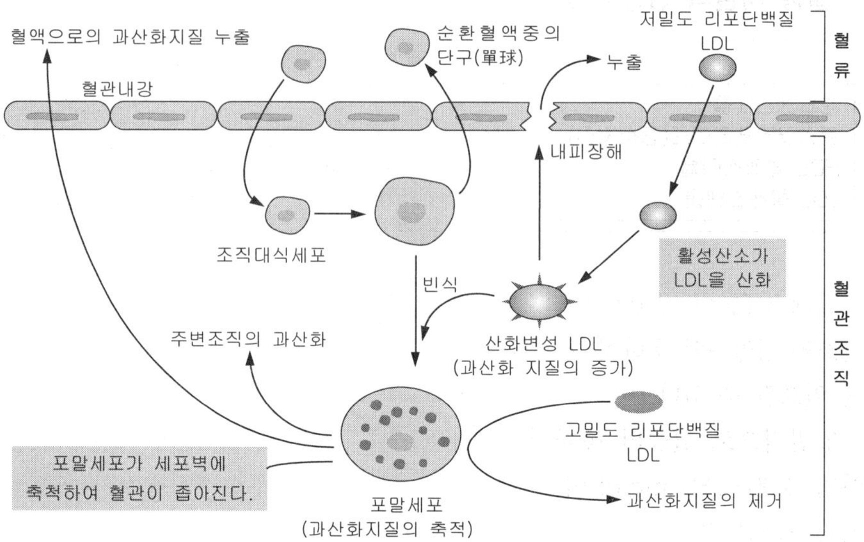

[그림 8-3] LDL의 산화와 동맥경화의 생성

대식세포(macropharge) : 동물 체내 모든 조직에 분포하여 면역을 담당하는 세포. 균을 많이 먹어 치운다고 해서 대식세포라고 한다.

빈식(貧食) : 세균이나 이물질을 먹어 처리하는 작용

포말세포(泡沫細胞) : 산화변성된 LDL 등의 지질이 모인 죽상의 세포

5. 유지의 불포화도와 혈중 콜레스테롤

혈중 콜레스테롤은 섭취하는 식용유지의 불포화도에 영향을 받는다. 일반적으로 동물성 유지에 많은 포화지방산은 콜레스테롤을 상승시키고, 식물성 유지에 많은 불포화지방산은 콜레스테롤의 상승을 억제하는 것으로 알려져 있다.

1) 포화지방산

과거에는 포화지방산 중에서 미리스트산(C 14:0)과 팔미트산(C 16:0)만이 혈중 콜레스테롤을 증가시키는 것으로 알려져 왔지만, 근래에는 라우르산(C 12:0)도 관련이 있는 것으로 보고되고 있다.

2) 불포화지방산

불포화지방산 중에서 리놀레산(C 18:2)의 혈중 콜레스테롤 저하작용이 알려져 있다. 리놀레산함량이 높은 해바라기유, 홍화유 등은 혈중 콜레스테롤을 저하시키는 작용을 갖는다.

그러나 같은 함량의 리놀레산을 함유하더라도 혈중 콜레스테롤의 함량을 저하시키는 기름이 있는 반면 감소시키지 않는 기름이 있다는 보고도 있어,

리놀레산 이외 성분의 관여도 있는 것으로 생각된다.

한편, 올레산은 리놀레산정도는 아니지만, 포화지방산에 비해 혈중 콜레스테롤의 상승을 억제하는 것으로 알려져 있다.

6. 혈중 콜레스테롤의 개선 성분

혈중 콜레스테롤을 저하시키는 방법으로는 ① 콜레스테롤의 흡수 억제, ② 콜레스테롤의 재합성 억제, ③ 혈액으로의 방출 억제 등이 있다.

혈중 콜레스테롤의 저하물질로는 식이섬유, 식물스테롤, 녹차 카테킨, 대두 단백질, 키토산, 저분자화 알진산나트륨, 인지질 등이 있다.

1) 식이섬유

콜레스테롤은 간에서 담즙산으로 합성되고, 지방의 흡수를 돕기 위해 담낭을 거쳐 십이지장으로 배출된다. 그리고 회장(소장 아랫부분)에서 재흡수되어 간장으로 돌아간다(장간순환).

여기에서 담즙산의 재흡수를 저해하면, 콜레스테롤로부터의 담즙산합성이 촉진되고, 이로 인해 혈 중 콜레스테롤은 간장으로의 이동이 증가하고, 결국 혈중 콜레스테롤이 감소한다.

이와 같이 식이섬유는 담즙산과 결합하여 배설되어 담즙산의 재흡수를 저해하고, 콜레스테롤로부터의 담즙산 생성을 촉진하여 혈중 콜레스테롤을 저하시킨다(그림 8-4).

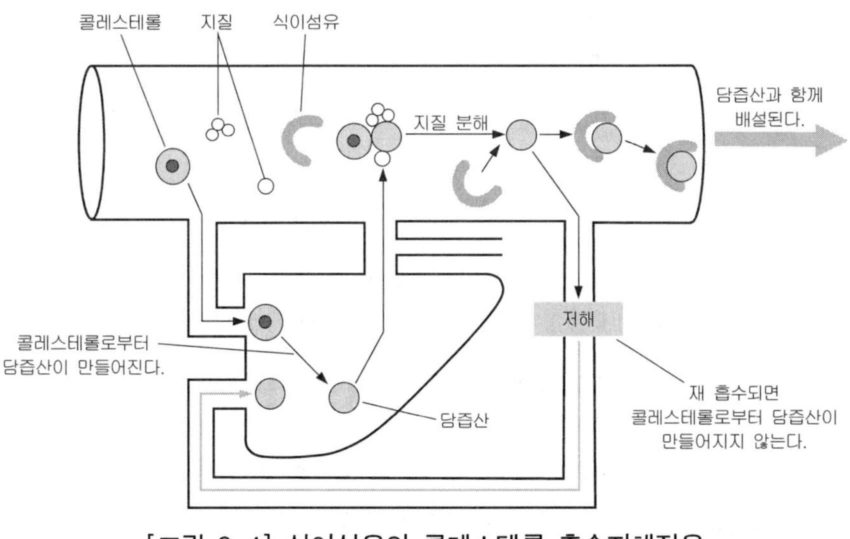

[그림 8-4] 식이섬유의 콜레스테롤 흡수저해작용

2) 식물스테롤(phytosterol)

식물스테롤은 혈중 콜레스테롤 및 LDL 콜레스테롤의 저하작용을 갖고 있다.

콜레스테롤은 소장에서 담즙산과 결합하여 흡수되며, 식물성스테롤도 콜레스테롤과 유사한 구조를 갖고 있어 담즙산과 결합한다.

그러나 콜레스테롤과 식물성 스테롤이 공존하면 경쟁적으로 담즙산과 결합하여, 그 결과, 담즙산과 결합하지 못한 콜레스테롤은 체외로 배출되어 콜레스테롤 흡수가 저하된다.

한편, 식물스테롤은 거의 소화되지 않기 때문에 체내의 축적도 없으며, 안정성도 높다.

현재 식물스테롤은 혈중 콜레스테롤의 저하목적으로 제조, 판매되며, 우유, 두유, 음료, 식용유, 마가린 등의 식품에도 첨가되고 있다.

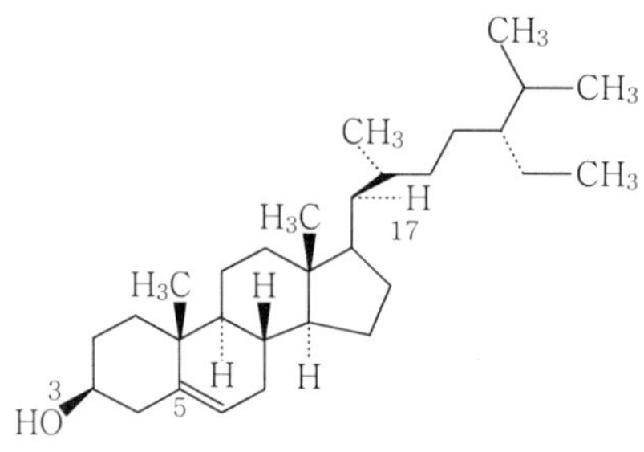

β-시토스테롤(β-sitosterol)

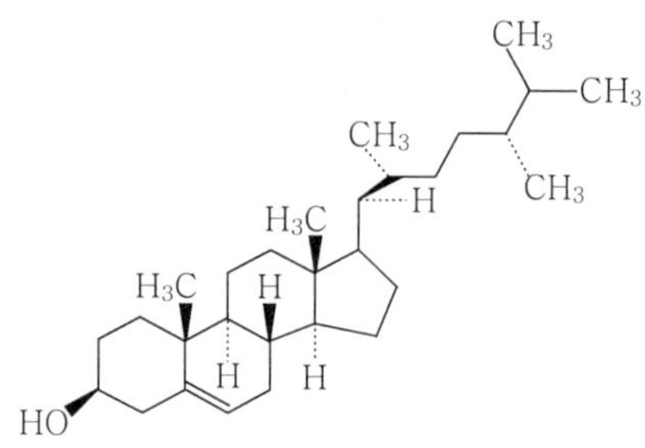

감페스테롤(campesterol)

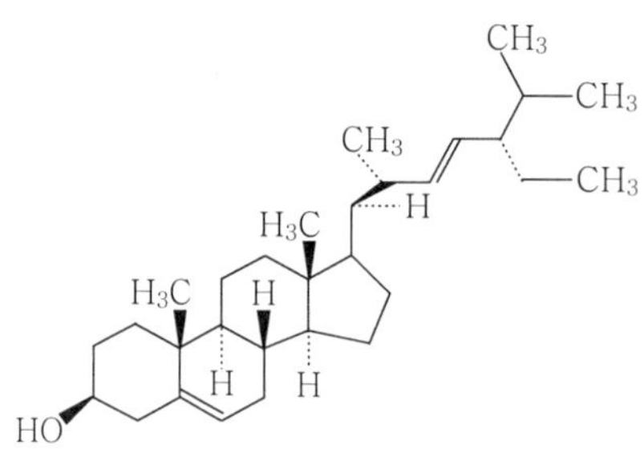

스티그마스테롤(stigmasterol)

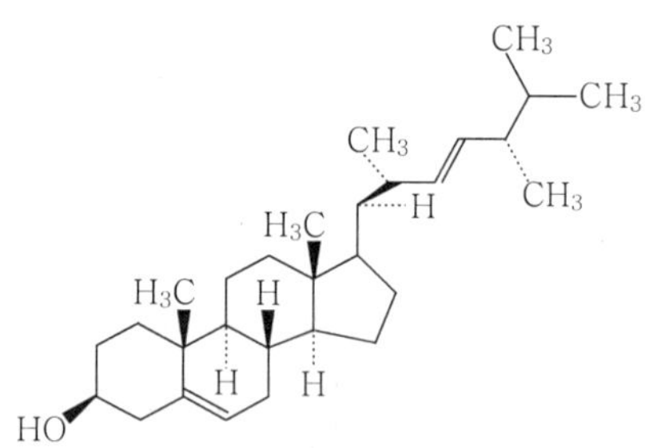

부라시카스테롤(brasicasterol)

[그림 8-5] 혈중콜레스테롤 저하작용을 하는 식물스테롤의 화학구조

식물스테롤(phytosterol)의 종류 : 동물스테롤은 대부분이 콜레스테롤이지만, 식물스테롤은 그 종류가 많다. 식물스테롤의 대부분은 β-시토스테롤, 감

페스테롤, 스티그마스테롤, 부라시카스테롤의 4가지이며, 식물 중에는 대부분 3위치에 지방산과 에스터 결합한 형태로 함유되어 있다. 이외에 해조류에 함유되어 있는 후코스테롤(fucosterol)이 있다.

식품 중의 식물스테롤의 함량 : 식물스테롤은 두류, 곡류의 배아에 많다. 식물스테롤은 정제되지 않은 식물성유지에 많이 함유되어 있으며, 정제된 식물성 유지에도 비교적 많다. 특히, 정제 식용유 중에서는 미강유(783.6 mg/100g)에 가장 많으며, 채종유, 옥수수기름 등에도 많이 비교적 많다.

[표 8-2] 정제 식물성식용유 중의 식물스테롤 함량(mg/100g)

종 류	시토스테롤	캄페스테롤	스티그마스테롤	부라시카스테롤	총함량
미강유(현미유)	466.1	180.5	135.1	1.9	783.6
옥수수기름	271.9	75.2	26.7	-	373.8
채종유	221.2	175.9	5.5	46.2	448.8
목화씨기름	203.2	23.6	2.0	0.1	228.9
참기름(정제)	182.7	65.8	17.7	-	266.2
해바라기유[1)]	121.2	25.6	13.4	1.0	161.2
땅콩기름	100.5	29.9	8.5	-	138.9
대두유	98.8	39.9	32.3	0.6	171.6
홍화유[1)]	76.1	19.2	7.1	0.5	102.0
팜 유	23.7	9.6	4.3	0.4	38.0
올리브유(정제)	72.8	2.7	0.8	-	76.3

1) 고올레산 품종

건강기능식품으로서의 식물스테롤과 식물스테롤에스터 : 상업적으로 식물스테롤은 식물성 유지의 탈취공정 중의 부산물로부터 정제, 제조된다(제2장 참조).

건강기능식품으로서의 식물스테롤이란 β-시토스테롤, 부라시카스테롤, 스티그마스테롤, 캄페스테롤의 혼합물을 식용에 적합하도록 제조, 가공한 것을 말한다.

또한, 식물스테롤에스터이란 식물스테롤을 식용유지 유래 지방산으로 에스터화하여 제조한 것을 말한다.

단, 식물스테롤 원료는 위 4가지 식물스테롤이 모두 검출되고 이들의 합이 90% 이상이어야 하며, 에스터화한 원료는 식물스테롤 에스터와 유리 식물스테롤의 합이 80% 이상, 유리 식물스테롤이 10% 이하이어야 한다.

식물스테롤의 섭취량 : 건강식품공전에는 1일 0.8~3 g을 섭취하면 혈중 콜레스테롤 개선에 도움을 준다고 되어 있다. 이 때문에 식물스테롤은 혈중 콜레스테롤의 저하 목적으로, 우유, 두유, 음료, 식용유, 마가린 등에 첨가되고 있다.

한편, 식물스테롤, 식물스테롤에스터의 섭취는 β-카로틴의 흡수를 저해한다는 보고가 있어, 카로틴이 풍부한 채소나 과일을 충분히 섭취해야 한다.

3) 대두 펩타이드

대두 단백질의 소화과정에서 생성되는 펩타이드는 담즙산과 결합하여 그대로 배설되어 동맥경화를 예방하는 효과가 있다.

8.2. 활성산소와 건강

1. 활성산소란?

물질의 가장 에너지의 낮은 안정한 상태를 기저상태라고 한다. 공기 중의 산소는 대부분 기저상태의 산소이며, 이것보다 에너지가 높아 다른 물질과 반응하기 쉬운 산소를 활성산소라고 한다.

활성산소는 질병이나 암의 원인으로 생체에 매우 위험하지만, 반면에 그 강력한 힘을 이용한 생체방어기구도 존재하여(표 8-3), 양날의 칼과 같이 존재한다.

예를 들어 염증은 외부 미생물에 대한 감염방어를 위해, 백혈구가 발생하는 활성산소에 의한 조직 장해이다.

[표 8-3] 활성산소의 생리작용

생리 작용	병리 작용	
살균작용	염증	소화기 궤양
순환제어	류마티스	신경변성질환
호르몬작용의 중개	알레르기	발암
면역작용 발휘와 조절	동맥경화증	간염
세포증식제어	심근경색	췌염
	뇌경색	당뇨병
	고혈압	백내장
	기타 많은 질병	

활성산소는 위험하지만, 필연적으로 발생하며, 또한 발생해야만 할 필요가 있다. 이 때문에 생체에는 여분의 활성산소를 제거하는 기구와 물질이 존재하여 활성산소를 제어한다.

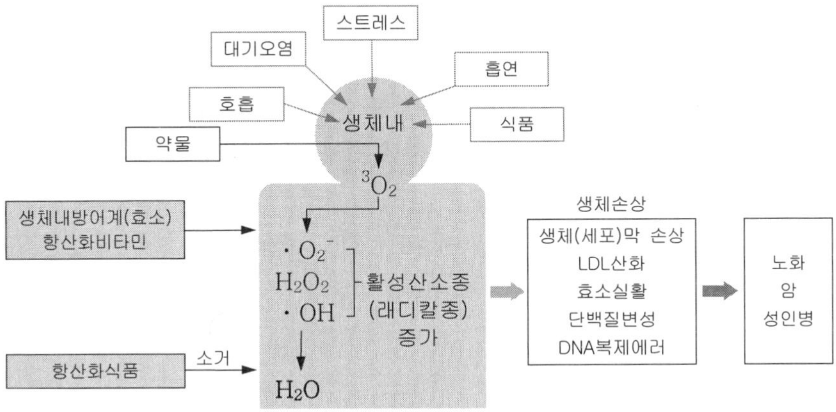

[그림 8-6] 활성산소에 의한 생체의 손상

활성산소의 생성 요인 :
(1) 자외선, 방사선
(2) 화학물질(담배연기, 농약, 항암제)
(3) 발암성물질(벤조피렌, 다이옥신, 석면 등)
(4) 금속이온(철, 구리 등)

2. 활성산소의 종류

활성산소에는 일중항 산소(singlet oxygen, $^1O_2$), 초과산화물(superoxide, $O_2^- \cdot$), 유리 래디칼(free radical), 과산화수소((H_2O_2)와 수산 래디칼(hydroxyl radical, HO ·) 등이 있다.

한편, 과산화지질도 활성산소에 포함된다. 지질의 산화에 의해 생성되는 지질과산화물(ROOH)는 분해되어 하이드로페옥시 래디칼(ROO ·), 알콕시 래디칼(alkoxy radical, RO ·) 등의 래디칼을 형성하기 때문에 넓은 의미에서 활성산소에 포함시킨다.

3. 생체성분에 대한 활성산소의 영향

활성산소는 대단히 반응성이 높아 모든 생체성분이 표적이 되어 대부분의 질병의 원인이 된다. 활성산소와 관련되는 질병은 전체 질병의 90%를 넘는 것으로 추정된다. 여기에서는 주요 표적성분과 그 장해에 대하여 설명한다.

1) 단백질

단백질은 세포의 기본적인 성분으로, 활성산소에 의한 장해는 세포기능 저하를 초래하여 질병과 노화에 직접 관련된다.

활성산소에 의한 단백질의 공격으로 특정 아미노산잔기의 산화적 변형, 펩타이드의 절단, 중합 등이 일어난다. 이것에 의해 단백질의 입체구조가 손상되어 면역기능 등이 저하된다. 효소의 경우는 실활된다.

2) 핵산

유전정보를 갖는 DNA와 RNA에 대한 활성산소의 장해는 정상적인 단백질 합성의 저해, 세포분열의 장해, 유전 장해 등을 초래하여 암 등을 일으키게 된다.

방사선 피복, 약물, 담배연기 등에 의한 DNA사슬의 정단 등이 알려지고 있다. 방사선조사에서는 물 분해에 의해 생성된 수산 래디칼이 작용물질이 된다.

3) 지질

생체막은 불포화지방산이 많은 복합지질을 주요 성분으로 하여 구성되어 있다. 또 리포단백질도 불포화지방산이 풍부한 성분이다. 불포화지방산은 특히 활성산소에 의한 공격을 받기 쉬운 물질이며, 산화되어 과산화지질이 된다. 과산화지질은 활성산소를 생성하여 다른 물질과 조직에 피해를 증대시킨다. 과산화지질은 비교적 수명이 긴 활성산소종으로, 혈류에 의해 체내 다른 장소로 이동하여 장해를 일으키는 경우도 있다. 과산화지질의 축척은 동맥경화 등 많은 질병과 노화를 초래한다.

4. 활성산소와 노화

생명체의 노화나 수명에 대해서는 불분명한 것이 많고, 미해결된 문제가 있다. 그러나 많은 정황 근거를 보면 활성산소와 밀접한 관계가 있는 것이 분명해지고 있다.

1) 산소 소비량과 최대수명

동물의 체중당의 산소소비량과 최대수명의 관계를 조사한 결과, 산소소비량이 큰 동물, 즉 활성산소의 발생이 많은 동물일수록 수명이 짧다(그림 8-7).

이와 같이 활성산소를 많이 발생하는 동물일수록 수명이 짧다는 것은 과도

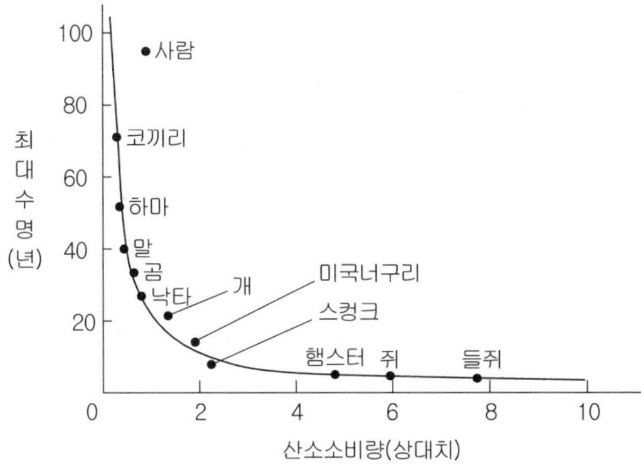

[그림 8-7] 산소소비량과 최대수명

한 운동을 시키거나 체온이 높은 동물일수록 수명이 짧아지고, 에너지를 제한한 실험쥐의 수명이 길어지는 등 많은 실험결과에서 뒷받침되고 있다.

예를 들어, 집파리의 날개를 제거하거나 작은 병에 가두어 운동량을 제한하면 수명이 현저히 연장되었다고 한다. 또 마음껏 먹여 사육한 쥐의 수명은 약 24개월인 반면, 60%로 절식하여 사육한 쥐는 36개월로, 수명이 1.5배 증가하였다고 한다.

이외에 곤충과 파충류와 같은 냉혈동물은 낮은 온도에서 사육하면 수명이 연장되었다고 한다. 초파리의 경우 10℃에서 사육한 경우, 평균수명은 120일이지만 30℃에서는 14일이었다.

5. 항산화제(antioxidant)

1) 항산화제와 노화

쥐의 과산화물은 노화됨에 따라 증가하다는 연구 결과도 있다. 이러한 결과는 활성산소나 래디칼을 제거하는 항산화물질을 많이 함유한 동물은 수명이 길어진다는 것을 암시한다.

실제로 생쥐의 경우 항산화제을 먹여 사육하면 수명이 24개월에서 31개월로 현저히 증가되었다.

한편 나이가 늙어감에 따라 활성산소에 대한 방어능력이 감소하지만 항산화효소의 활성을 높이면 수명이 증가한다.

한 예로 초파리에게 항산화효소인 SOD(superoxide dismutase)와 카탈레이스(catalase)의 활성을 높인 경우 수명이 30% 이상 증가했다는 연구보고가 있다.

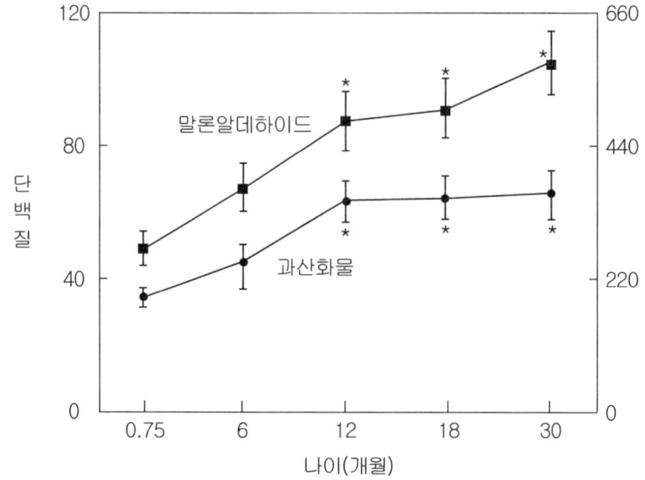

[그림 8-8] 노화에 따른 쥐의 간세포 중의 과산화물의 변화

2) 항산화효소

생체 내에는 여분의 활성산소를 제거하는 별도의 방어기구가 마련되어 있다. 이들 방어기구 중의 하나로 항산화효소가 있다.

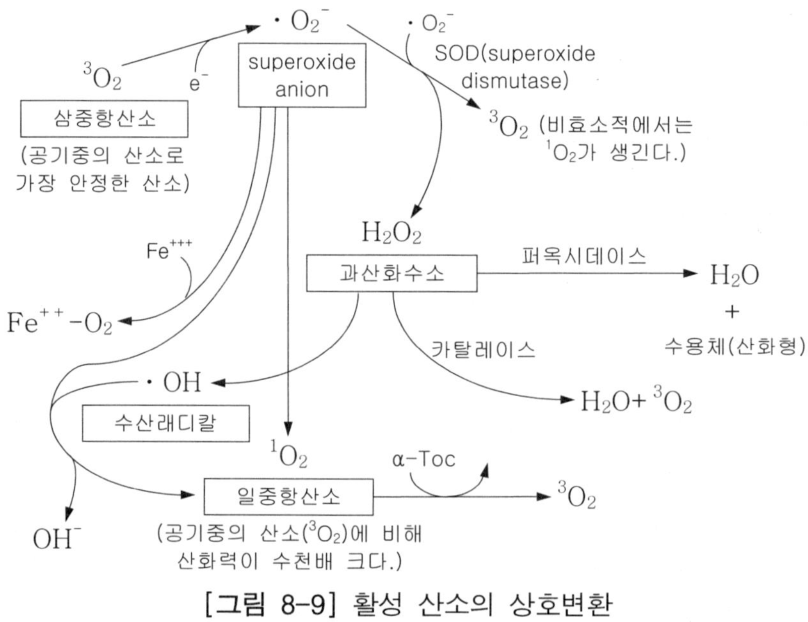

[그림 8-9] 활성 산소의 상호변환

(1) **초과산화물제거효소(SOD, superoxide dismutase)** : SOD는 수퍼옥사이드(superoxide, $O_2^- \cdot$)를 불균일화하여 과산화수소(H_2O_2)로 전환하는 효소이다.

SOD는 금속이온을 함유하는 효소이며, 포유류의 미토콘드리아에는 Mn-SOD, 세포질에는 Cu, Zn-SOD가 존재한다.

$$Cu^{2+}\text{-SOD} + O_2^- \longrightarrow Cu^{+}\text{-SOD} + O_2$$
$$Cu^{2+}\text{-SOD} + O_2^- + 2H^+ \longrightarrow Cu^{+}\text{-SOD} + H_2O_2$$

SOD에 의해 생성된 과산화수소는 카탈레이스나 글루타싸이온과산화효소에 의해 제거되지만, 금속이온이 존재하면 Fenton반응에 의해 대단히 반응성이 높은 수산 래디칼를 생성한다(그림 8-10).

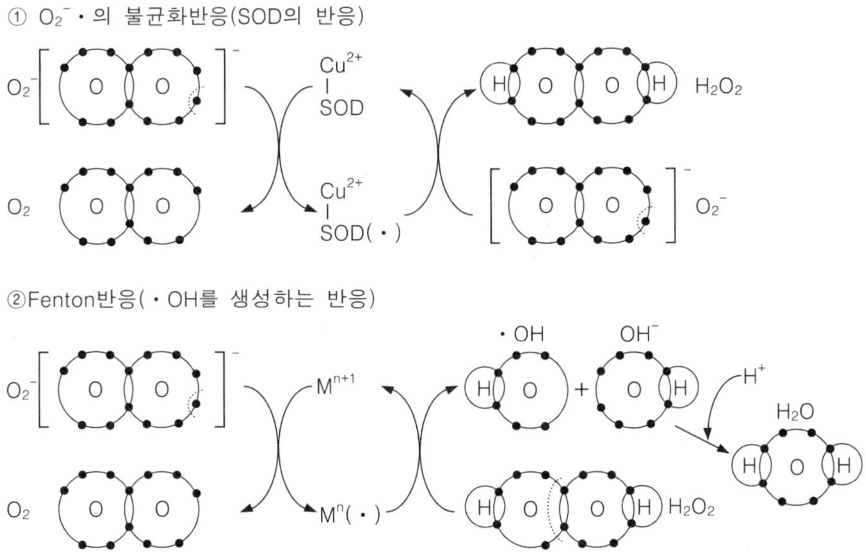

[그림 8-10] SOD의 반응과 수산래디칼(HO ·)의 생성

SOD 활성과 수명과의 관계를 조사한 결과(그림 8-11), SOD활성이 높을수록 동물의 수명이 길어지는 것으로 나타났다.

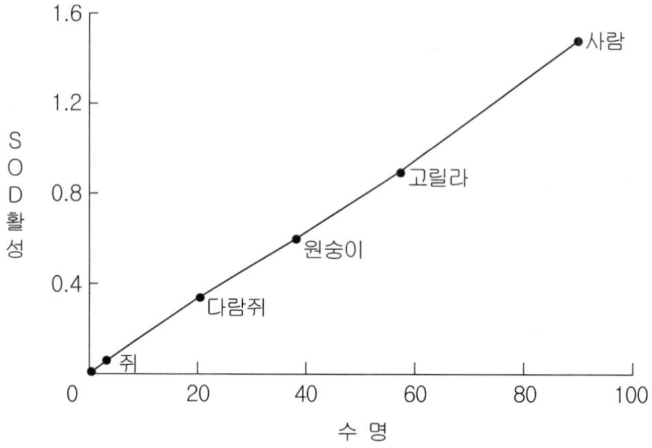

[그림 8-11] 포유류의 SOD 활성과 수명과의 관계

(2) **카탈레이스(catalase)** : 과산화수소(H_2O_2)를 불균일화하여 물과 산소로 분해, 제거하는 효소이다. 간장과 적혈구에 많다. 4개의 subunit로 구성된 효소로 분자 당 4개의 헤마틴(hematin)을 함유한다.

$$2H_2O_2 \longrightarrow 2H_2O + O_2$$

$$2H_2O_2 + \underset{(\text{수소공여체})}{AH_2} \longrightarrow 2H_2O + A$$

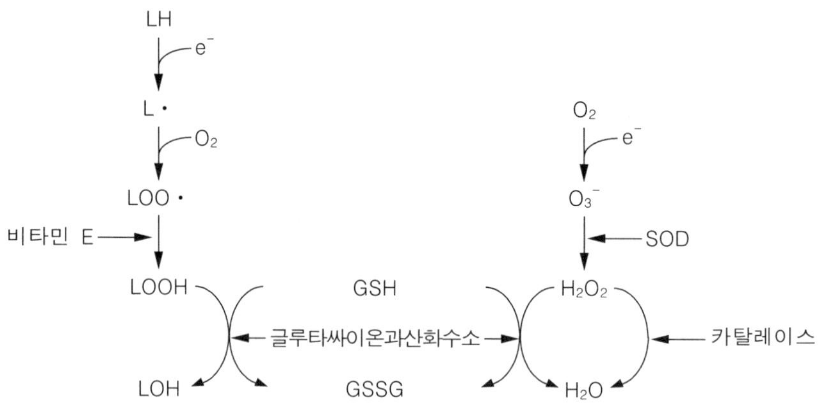

[그림 8-12] 생체에서의 과산화물의 제거 기구

(3) **글루타싸이온과산화효소(glutathioneperoxidase)** : 과산화수소와 과산화물을 제거하는 효소로 셀레늄(Se)를 함유한다. 이름 그대로 글루타싸이온

을 환원제로 이용하여 과산화수소와 과산화물을 제거한다. 생체내의 과산화수소의 제거는 주로 이 효소에 의해 이루어진다.

$$2GSH + H_2O_2 \longrightarrow GSSG + 2H_2O$$
$$2GSH + ROOH \longrightarrow GSSG + ROH + H_2O$$

3) 항산화비타민

(1) 토코페롤(vitamin E) : 래디칼 억제능을 갖는 지용성 비타민으로, 종류로는 α-, β-, γ-, δ-토코페롤과 α-, β-, γ-, δ-토코트리엔올이 있다(그림 8-13).

생리적 작용면에서 보면 α-토코페롤이 가장 중요하며, β-토코페롤은 α-토코페롤의 1/2~1/3정도의 활성을 나타낸다. 또한 α-토코페롤은 천연 α-토코페롤의 3/4정도이다.

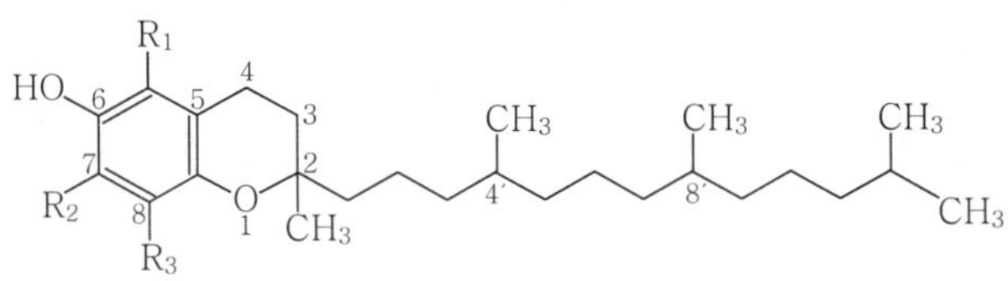

토코페롤

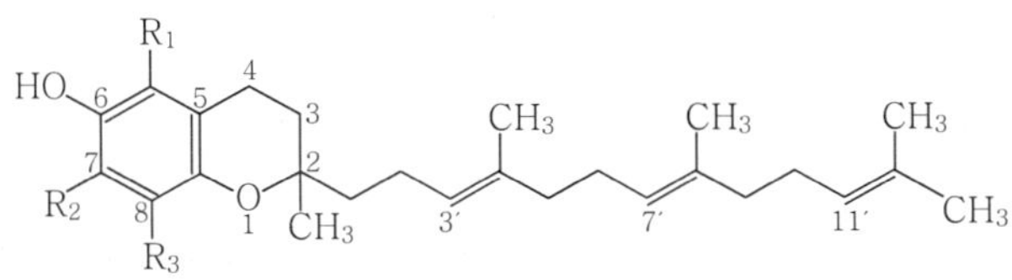

토코트리엔올

	토코페롤	토코트리엔올
$R_1+R_2=R_3=CO_3$	α	α
$R_1=R_3=CH_2$, $R_3=H$	β	β
$R_1=H$, $R_2=R_3=CH_3$	γ	γ
$R_1=R_2=H$, $R_2=CH_3$	δ	δ
$R_1=R_2=R_3=H$	토콜(tocol)	토코트리엔올

[그림 8-13] 토코페롤과 토코트리엔올의 구조

지질 퍼옥시 래디칼(ROO・)과 반응하여 하이드로퍼옥사이드(ROOH)로 되어 연쇄반응을 차단하여 항산화효과를 나타낸다.

또 토코페롤류는 일중항산소를 소거하는 작용도 갖고 있어, 광증감산화방지에도 유효하다.

생체내의 지용성물질, 특히 생체막 등의 산화방지에 중요한 역할을 한다. 또 식용유지의 항산화제로서도 대량 이용되고 있다.

토코페롤의 일중항 산소 소거작용 : 일중항 산소의 소거방식에는 물리적 소거방식과 화학적 소거방식이 있다.

$$^{1}O_2 + Q \longrightarrow {}^{3}O_2 + Q\text{(물리적 소거)}$$
$$^{1}O_2 + Q \longrightarrow Q - O_2\text{(화학적 소거)}$$

물리적 소거는 일중항 산소의 에너지만을 빼앗아 안정화하는 방식으로 소거제 자신도 아무런 변화도 받지 않는다. 화학적 소거방식은 일중항 산소와 결합하여 반응계에서 제거되는 경우이다. 이 경우에는 소거제(quencher)를 소비하여 산화물을 만든다. 즉, 화학적 소거방식은 일중항 산소 1분자마다 1분자의 소거제가 소비되기 때문에 효율이 나쁜 반응이다. 따라서 좋은 소거제는 물리적 소거반응을 빠르게 일으키고, 화학적 소거반응은 적게 일으키는 것이다.

α-토코페롤은 물리적 소거와 화학적 소거를 거의 100:1의 확률로 행하며, α-토코페롤 1분자는 100분자의 일중항 산소를 소거한다.

(2) **아스코브산(비타민 C)** : 대단히 산화되기 쉬운 수용성 비타민이며, 산화되어 데하이드로아스코브산(산화형 비타민 C)이 된다(그림 8-14). 강한 환원력으로 수용액 중의 일중항 산소와 래디칼을 제거한다.

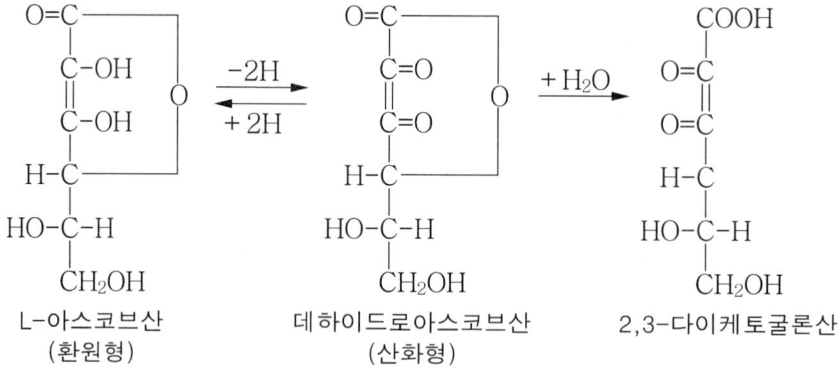

[그림 8-14] 아스코브산으로부터의 데하이로아스코브산의 생성

또한 토코페롤 래디칼을 환원시켜 토코페롤을 재생시키며, 그 외에 폴리페놀성 항산화제의 항산화력을 상승시키는 상승제이기도 하다.

4) 그 밖의 항산화 물질

그 밖의 항산화 물질로는 카로테노이드, 플라보노이드, 안토시아닌, 폴리페놀화합물, 카테킨과 타닌 등이 있다.

카로테노이드의 일중항 산소 소거작용 : 대표적인 물리적 소거제로서는 β-카로틴이 있으며, 다음과 같이 일중항 산소를 삼중항 산소로 퇴행시키는 것으로 알려져 있다.

$$^{1}\beta\text{-carotene} + {}^{1}O_2 \longrightarrow {}^{3}\beta\text{-carotene} + {}^{3}O_2$$

이와 같은 소거방식은 β-카로틴 뿐 만 아니라 공액이중결합을 그 분자 내에 9개 이상을 가진 카로테노이드 화합물에서도 나타난다. 토코페롤도 물리적 소거를 행하지만, 효율은 카로테노이드 보다 낮다.

카로테노이드류의 일중항 산소 소거활성은 라이코펜 > 아스타잔틴 > α-카로틴 > β-카로틴의 순이다.

[표 8-4] 카로테노이드의 일중항 산소 소거능 및 비타민 A 활성

종류	일중항 산소 소거속도정수[1)]	비타민 A 활성
라이코펜	31	0
γ-카로틴	25	44
아스타잔틴	24	-
칸타잔틴	21	-
α-카로틴	19	53
β-카로틴	14	100
제아잔틴	10	0
루테인	8	0
크립토잔틴	6	57
크로신	1.1	-
α-토코페롤	0.3	-

[1)]일중항 산소 소거속도정수는 1몰(mol)이 1초간에 소거하는 일중항 산소를 표시. 단위=$10^{9}M^{-1}S^{-1}$

5) 항산화식품

채소나 과실을 충분히 섭취하는 식사가 각종 질병과 암의 위험을 줄인다는 것은 거의 확정적인 것으로 생각된다.

채소에는 전체적으로 토코페롤, 아스코브산, 카로틴류, 폴리페롤 등의 항산화성분이 풍부한 것들이 많고, 식이섬유도 풍부하기 때문이다.

미국의 국립암연구소에서 1990년에 시작한 암예방을 위한 디자이너 후드 프로그램에서는 약 40여종의 식품을 피라미드모양으로 배치하여 추천하고 있다. 이 중에서 마늘을 비롯한 채소류가 상위에 위치하고 있다(그림 8-15).

또 미국의 한 면역조사에서 채소와 과실을 많이 섭취하는 사람은 뇌졸중과 심장병에 의한 사망율이 저하된다고 보고하였다.

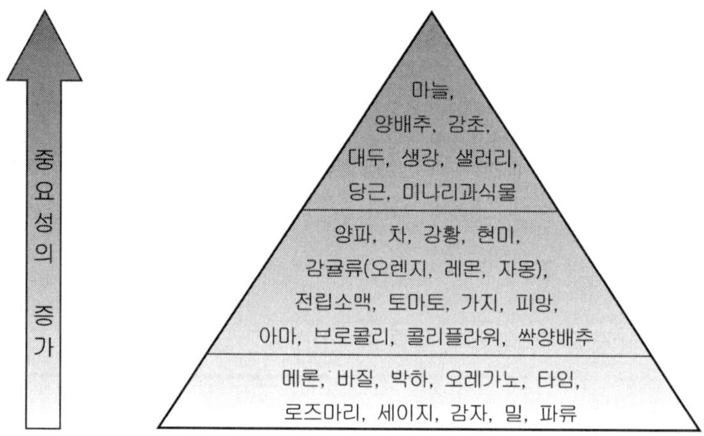

[그림 8-15] 암의 위험을 줄여주는 식품

8.3. 지방대체품(fat substitutes)

근래 식생활의 급격한 변화로 인해 지방섭취가 증가하고 있다. 특히, 포화지방의 과다섭취는 비만, 동맥경화, 암의 원인이 되고 있다. 이 때문에 지방질과 비슷한 기능(조직감, 촉감, 크림성 등)을 가지면서 칼로리가 없거나 적은 지방 대체품이 개발되고 있다.

1. 지방대체품의 분류

지방대체물은 성분조성에 따라 탄수화물계, 단백질계, 지방계 및 합성 지방대체품으로 분류된다.

1) 탄수화물계 지방대체품

탄수화물계 지방대체품의 소재는 변성전분, 말토덱스트린, 폴리덱스트린, 덱스트린, 셀룰로오스 등이다. 이들은 친수성 콜로이드물질로 수용액에서 점도를 증가시키거나 젤을 형성하여 유지와 같은 매끄러운 조직감을 부여한다.

그러나 탄수화물계 지방대체품은 튀김에는 사용하기 어렵다.

말트린(maltrin) : 옥수수전분을 가수분해하여 생산하는 단맛이 없는 올리고당으로, 중합도는 평균 20 정도이다. 뜨거운 물에 녹으며, 냉각하면 젤을 형성하여 담백한 풍미와 입안에서 매끄러움을 주며, 경화유와 비슷한 조직감을 부여한다.

저지방 스프레이 마가린, 샐러드드레싱, 크림류 등에 이용된다.

2) 단백질계 지방대체품

단백질계 지방대체물의 소재는 주로 우유단백질이지만, 난황, 밀, 대두단백질을 이용하여 제조하기도 한다.

단백질계 지방대체품은 고온의 조리유나 튀김유로는 사용할 수 없다. 이는 고온에서 단백질이 변성되어 지방 특유의 조직감을 나타내지 못하기 때문이다.

심플레스(simplesses 상품명) : 난백과 농축유청단백질(whey protein concentrate, WPC)을 단독 또는 혼합하여 고온처리, 미세 입자화하여 지방과 유사하게 만든 제품이다.

심플레스는 입안의 촉감이나 조직감이 유지와 비슷하다. 치즈, 요구르트, 각종 크림 및 튀김과정을 거치지 않는 제품(마가린, 샐러드유 등)에 이용된다. 칼로리는 0.3 kcal/g이다.

3) 지방계 지방대체품

탄수화물계 지방대체품이나 단백질계 지방대체품은 유지와 같은 조직감을 못 나타내는 단점이 있지만, 지방계 지방대체품은 유지와 같은 조직감을 나타낼 수 있다.

지방계 지방대체품의 소재는 유화제, MCT(medium chain triacylglycerol) 등이다.

올레스트라(olestra 상품명) : 설탕에 지방산을 6~8개 결합시킨 설탕 지방산에스터의 일종으로, 미국에서 비만 예방을 위하여 개발되었다.

풍미, 열안정성 등의 성질이 유지와 비슷하여 가열조리, 튀김유 등으로 사용이 가능하다. 또한 체내에서 흡수되지 않아 칼로리는 거의 제로이며, 콜레스테롤이 전혀 없다는 장점이 있다.

단점은 지용성 비타민(비타민 A, D, E, K)의 흡수를 저해하고, 다량 섭취시 설사를 유발한다. 따라서 첨가식품에는 지용성 비타민의 강화가 필요하다.

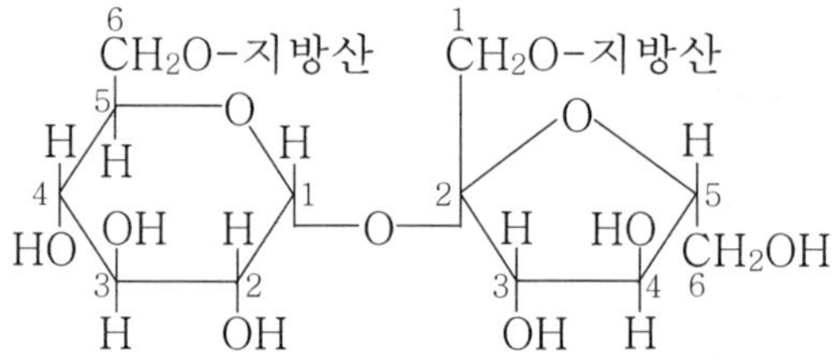

지방계 지방대체품 올레스트라의 구조

카프레닌(caprenin 상품명) : C 8:0(caprylic acid), C 10:0(capric acid), C 22:0(behenic acid)의 지방산과 글리세롤을 에스터화하여 제조한 것이다. 즉, 트리아실글리세롤의 1, 3번에 수용성인 C 8:0과 C 10:0을 결합시키고, 2번 위치에 C 22:0이 결합된 것이다.

카프레닌은 유지와 같은 경로로 흡수, 대사된다. 그러나 1,3번위치에 결합된 C 8:0과 C 10:0은 체내에서 가수분해되어 완전히 소화, 흡수되지만, C 22:0은 융점이 높아(80℃) 인체에서 일부만 흡수되어 칼로리는 5kcal/g이다.

주로 저칼로리, 저지방 초콜릿 제조에 사용된다.

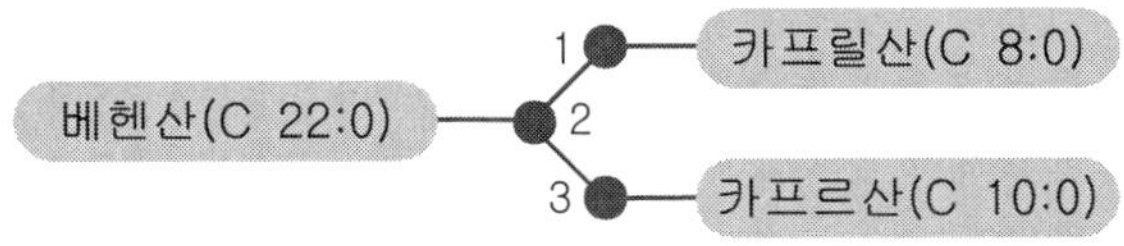

지방계 지방대체품 카프레닌의 구조

8.4. 기능성 유지(지질)

근래 비만, 당뇨병, 고혈압 등의 질병은 약이 아닌 식품성분으로 예방 또는 개선하고자 하는 사회적 인식이 높아지고 있다. 지금까지 그 용도가 높지 않고, 건강증진에 기여하는 기능성이 알려져 있지 않았던 식품성분 중에서 비만의 개선효과, 혈중 콜레스테롤의 저하 효과 등을 갖는 것이 있다.

여기에서는 최근 주목되고 있는 기능성 지질들에 대하여 설명하고자 한다.

1. 1,3-다이글리세라이드(1,3-diglyceride, 1,3-diacylglycerol, 1,3-DG)

다이글리세라이드는 1,2-다이글리세라이드(1,2-DG)와 1,3-다이글리세라이드(1,3-DG)의 이성질체가 존재하며, 이중에서 1,3-다이글리세라이드는 체지방축적을 억제하는 작용이다.

1) 체지방 축적 억제효과

트리글리세라이드는 체내에서 1,3-라이페이스(1,3-lipase)에 의해 2-모노글리세라이드와 2개의 지방산으로 분해되어 흡수된 후, 트리글리세라이드로 재합성된다. 재합성된 트리글리세라이드는 에너지원으로 이용되거나 간, 내장에 축적된다.

그러나 1,3-다이글리세라이드는 분해되어 흡수된 후 재합성이 어렵고, 에너지원으로만 이용된 후, 간에 축적되지 않고 배출된다. 즉, 트리글리세라이드에 비해 체지방 축적이 매우 적다.

이 같은 효과로 다이글리세라이드로 구성된 식용유가 허가되어 시판되고 있다. 또 이 식용유에 혈중콜레스테롤의 저하효과가 있는 식물스테롤을 배합한 식용유도 시판되고 있다.

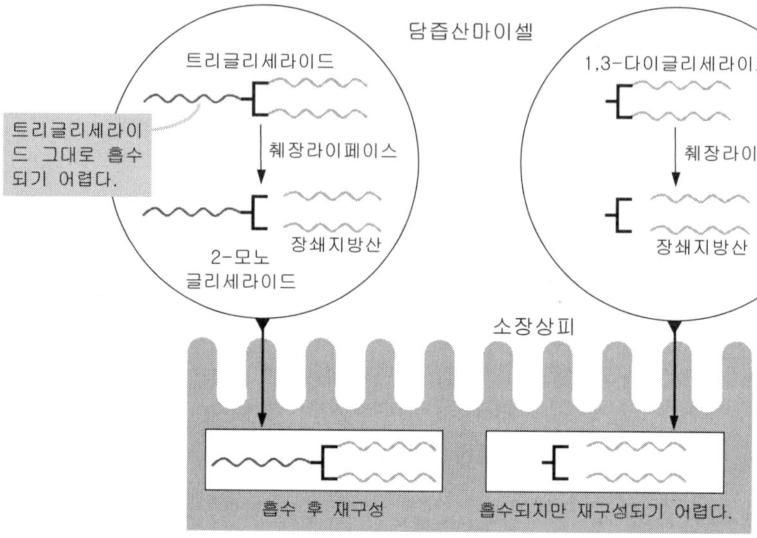

[그림 8-16] 1,3-다이글리세라이드의 체내 흡수 기작

2) 식물성유지 중의 다이글리세라이드의 함량

다이글리세라이드는 앞서 말한 바와 같이 1,2-다이글리세라이드와 1,3-다이글리세라이드를 말한다. 식품에도 함유되어 있으나 그 함량은 비교적 적다. 그러나 식물성유지에는 비교적 다량으로 함유되어 있다.

[표 8-5] 주요 식물성 유지 중의 다이글리세라이드 함량

식물성 유지	다이글리세라이드(%)	트리글리세라이드(%)
면실유	9.5	87.0
팜유	5.8	93.1
올리브유	5.5	93.3
옥수수기름	2.8	95.8
홍화유	2.0	95.6
대두유	1.0	97.9

2. 중쇄지방(MCT, medium chain triacylglycerol)

식품기능학적 관점에서 보면, 탄소수가 8~10개의 포화 지방산을 중쇄지방산이라고 하며, 중쇄지방산으로 구성된 트리아실글리세롤을 중쇄지방(MCT)이라고 한다.

중쇄지방은 체내에서 대사되어 지방조직에 축적되지 않고, 당에 가까운 흡수형태로 이용되기 때문에 기능성 소재로의 이용이 진행되고 있다.

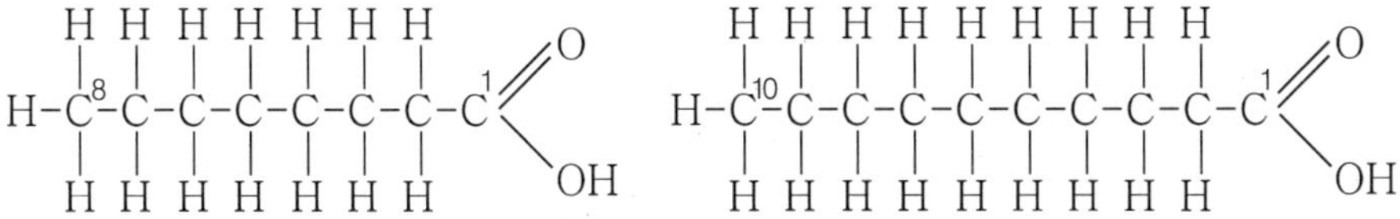

카프릴산(C 8:0)　　카프르산(C 10:0)

[그림 8-17] 중쇄지방산의 구조

1) 중쇄지방(MCT)의 흡수, 대사

중쇄지방은 구강의 라이페이스와 위산작용으로 분해되어, 대부분 유리지방산으로 십이지장에 도달하기 때문에 췌장 라이페이스에 의한 가수분해를 필요로 하지 않는다.

또한, 물에 대한 친화력이 높기 때문에 트리아실글리세롤과 달리 림프관을 거쳐 간이나 지방조직으로 가지 않고, 직접 간장으로 들어가 에너지원으로 이용되기 때문에, 체내에 축적되기 어렵다.

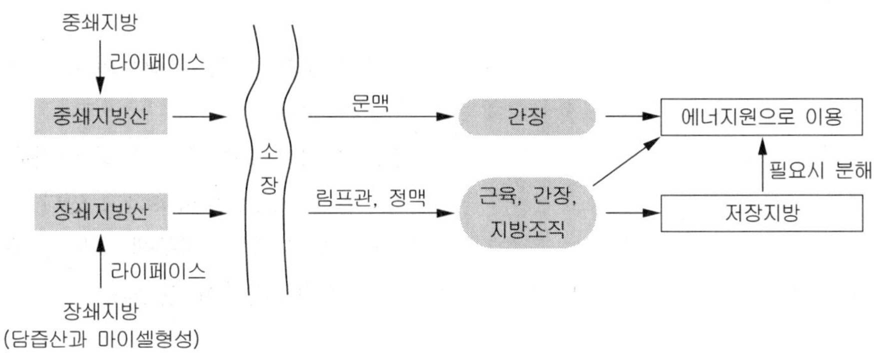

[그림 8-18] 중쇄지방산과 장쇄지방산의 흡수

또한, 중쇄지방산의 분해속도는 장쇄지방산보다 4배 정도 빠른 특성을 갖고 있다.

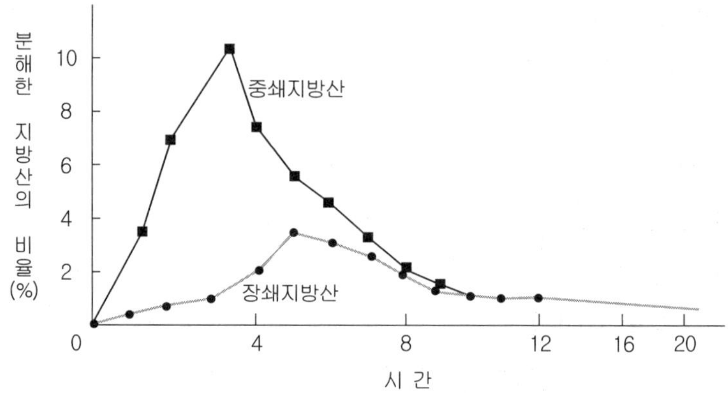

[그림 8-19] 중쇄지방산과 장쇄지방산의 분해속도

2) 중쇄지방의 이용

중쇄지방은 담즙산이 없이도 소화, 흡수되기 때문에, 간 장해 등으로 지방을 이용할 수 없는 성인의 에너지 공급원식품으로 이용되고, 미숙아의 에너지 보충, 수술 후 체력이 약해진 사람의 유동식, 고령자의 저영양상태 개선 등의 다양한 방면에 사용되고 있다.

3) 중쇄지방의 제조

천연의 중쇄지방(탄소 수 8~10 기준)은 동물성의 경우, 유제품의 유지방에 3~5%가 함유되어 있는 이외에 모유에도 존재한다.

식물성의 경우에는, 팜핵유에 5~10% 정도가 함유되어 있다. 특히 야자유에는 15% 정도를 함유하고 있어, 중쇄지방 제조의 원료로 사용되고 있다.

그러나 중쇄지방만으로는 필수지방산을 섭취할 수 없기 때문에 식물성 중쇄지방(MCT)과 장쇄지방(LCT)을 혼합하여 에스터교환하여 만든다.

3. 공액 리놀레산(CLA, conjugated linoleic acid)

공액리놀레산은 리놀레산(n-6)과 같이 탄소수 18개에 2개의 이중결합을 갖는 지방산이지만, 2개의 이중결합이 공액형의 구조를 갖는다. 그러나 공액리놀레산은 필수지방산은 아니다.

보통, 소 등의 반추동물의 제1위에 존재하는 혐기성 세균이 갖는 리놀레산 이성화효소(isomerase)에 의해 합성되기 때문에, 반추동물의 젖이나 유제품 근육 등에 존재한다.

1) 공액 리놀레산의 종류

Trans-10, cis-12-octadecadienoic acid, cis-9, trans-11-octadecadienoic acid, trans-9, trans-11-octadecadienoic acid 등이 있다(그림 8-21).

한편, 트랜스형을 많이 함유하는 특징이 있지만, 경화유 등에서 생성되는 인공적 트랜스지방산과는 성질이 다르며, 인공적 트랜스지방산과는 구별하고 있다.

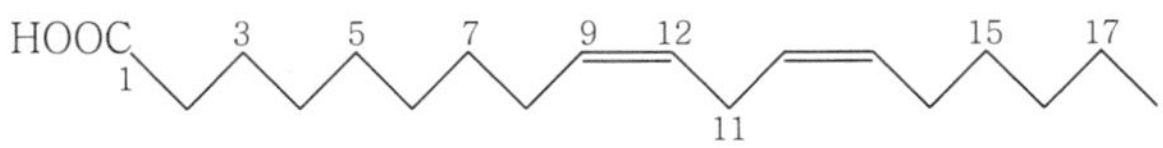

리놀레산(cis 9, cis-12-octadecadienoic acid)

[공액 리놀레산]

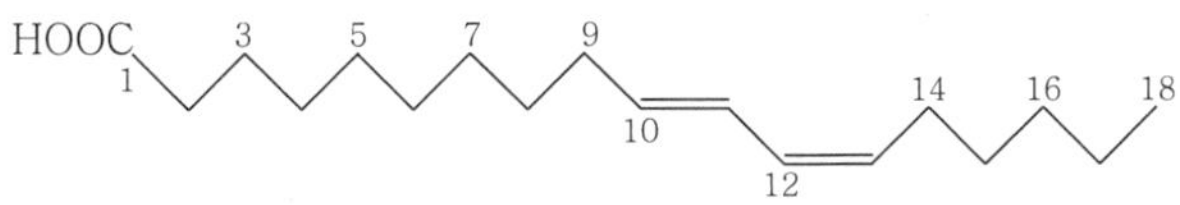

trans-10, cis-12-octadecadienoic acid

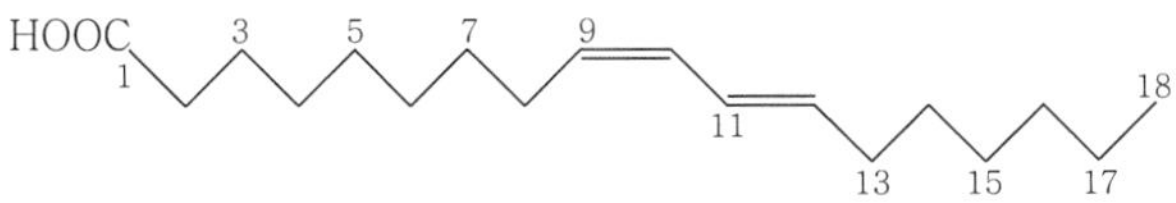

cis-9, trans-11-octadecadienoic acid

* 이외에 trans-9, trans-11-octadecadienoic acid 등도 존재

[그림 8-21] 공액리놀레산의 구조

2) 공액 리놀레산의 생리효과

가장 잘 알려진 생리효과는 체지방축적 억제효과이며, 사람, 돼지, 닭 등에서 그 효과가 확인되고 있다.

체지방축적 억제효과는 근육, 지방조직 중의 지방산합성 억제, 지방산의 β-산화 촉진, 에너지 대사의 촉진 등이 상호적으로 관련된 것으로 생각된다. 이외에 항산화, 항암, 항동맥경화, 면역증진 등의 효과도 입증되고 있다.

3) 식품 중의 공액리놀레산

반추동물의 젖이나 유제품(우유, 버터, 치즈, 요구르트 등)에 존재하나, 극히 미량 존재한다.

시판되는 공액리놀레산은 리놀레산을 알칼리처리하는 유기합성법에 의해 제조되며, cis-9, trans-11 및 trans-10, cis-12-CLA의 동량 혼합물로 생각된다.

근래 홍화유 유래의 CLA가 개발되어 가공식품으로의 이용이 확대되고 있다.

[표 8-6] 식품 중의 공액리놀레산(CLA) 함량

식 품	공액리놀레산 함량 (mg/지질 1 g)	식 품	공액리놀레산 함량 (mg/지질 1 g)
우 유	5.5	소(넓적다리)	2.9
버 터	4.7	닭고기	0.9
연 유	7.0	양고기	5.6
아이스크림	3.6	난 황	0.6
요구르트	4.4	베이컨	2.5
천연치즈	3.6	소시지	1.5
가공치즈	5.0		

INDEX

E

F

G

H

I

K

L

M

N

O

P

R

S

T

U

V

W

찾 아 보 기

마

바

사

타

파

하

인 지
생 략

식용유지제품의 지식
(Knowledge of Edible Fat & Oil Products)

발 행 2014년 7월 30일 초 판 발행
2016년 8월 10일 수정판 발행
2022년 2월 15일 2 쇄 발행
저 자 손 종 연
발행인 임 종 철
발행처 도서출판 진로
주 소 서울 동대문구 고미술로 49(의증B/D 3층)
등 록 제305-2003-28호
전 화 02) 2215-0203
팩 스 02) 2216-0208
ISBN 978-89-86877-77-9(93570)

정가 18,000원